나도잘하고싶다

예제로 쉽게 따라하는

Revit
& Navisworks

피앤피북

기존의 Autocad를 활용한 설계 방식은 2차원과 3차원 작업의 분리로 인해 상호간의 연계성이 부족하였습니다. 이로 인해 발생되는 시간 및 노력의 손실은 결국 비용과도 관계가 깊어집니다. 이러한 문제점을 해결하고자 개발된 Revit은 parametric(파라메트릭) 개념을 활용한 대표적인 BIM 툴의 하나입니다. Revit은 개별 요소들의 집합으로 작성된 설계물이더라도 공통의 알고리즘, 즉 매개 변수의 조정을 통하여 다수의 연계된 요소들을 일괄적으로 생성 및 수정되도록 하기에 설계 과정에서의 다양한 노력을 줄일 뿐만 아니라, 양방향 설계 방식(2차원과 3차원 동시 설계)을 통해 상호간의 오류를 최소화함으로써 건축물에 대한 설계 품질의 확보와 효율적인 시공을 가능하게 합니다.

공주대학교 고인룡 교수는 Revit을 활용한 설계 단계에서의 정보 수준 즉, LOI(Level Of Information) 개념을 처음으로 국내에 주창한 바 있으며, 기존 Autocad를 활용한 설계 정보 추출에 대한 한계를 극복하고자 Revit 등 다양한 BIM 툴을 활용한 다양한 설계 정보 추출의 가능성을 구체적으로 제시한 바 있습니다.

이 외에도 현재 Revit 등 BIM 툴의 활용에 대한 다양한 연구가 학계에서 활발하게 진행 중에 있으며, 정부(조달청)에서도 2016년부터 맞춤형 서비스로 집행되는 모든 공공발주 공사의 건축설계를 2차원에서 3차원 방식으로 전환하고자 BIM 설계를 적용 및 발주키로 권고한 바 있습니다. 미국은 2007년 28%에서 2012년 71%로 BIM 적용 비율이 해마다 증가되고 있습니다.

본서는 건축 및 토목 분야의 BIM(Building Information Modeling, 건설 정보 모델링) 요구에 맞춰 3차원 정보화 설계 프로그램으로서 널리 알려져 있는 Revit 2021과 Navisworks 2021에 대하여 소개하고 있습니다.

한 권의 도서로 BIM 툴의 모든 것을 다루지는 못하지만, Revit의 주요 도구 활용법을 따라하기 쉬운 예제를 중심으로 학습되도록 구성하였으며 또한 SketchUP, 3DS-MAX, Lumion과의 연계(호환) 작업 방법도 함께 수록하였습니다. 더욱이 Revit과 함께 설계 단계에서부터 향후 시공을 전제한 시공성 검토를 사전에 수행할 수 있도록 도와주는 Navisworks의 활용법도 예제를 통해 학습되도록 구성하였습니다.

Revit을 처음 접하는 학습자의 입장에 서서 본서의 내용을 구성하고자 최대한 노력하였으나 미처 수록하지 못한 내용이나 오류가 있을 수 있습니다. 이에 대한 매서운 질타와 질의를 늘 겸허하게 받아들일 것이며, 이를 통해 보다 완성도 높은 도서가 되도록 지속적으로 노력하겠습니다. 아울러 본서가 출간되기까지 물심양면으로 애써주신 공주대학교 BIM & 참여 디자인 연구실의 고인룡 교수님과 김유진 연구생 그리고 도서출판 피앤피북 대표님과 임직원들, 마지막으로 존엄하신 하나님께 감사의 뜻을 전합니다.

2021년 1월
저자 박남용, 안혜진

CONTENTS

03 종합 예제를 활용한 예습·복습하기 / 285

CONTENTS

 04 작성된 형상과 특성 정보의 도면화 / 319

07 나비스웍스를 활용한 BIM 정보의 검토 / 457

AUTODESK® REVIT® AUTODESK® NAVISWORKS

PART 01

Revit과 처음 인사하기

01

Revit과 처음 인사하기

🔽 01. 건축 설계와 시공에서의 BIM(Building Information Modeling) 역할

[BIM]이란 무엇인가? 영국의 정보 전문가 Michael Smith는 BIM에 대한 정의를 [다차원 도구로 건물에 대한 시각적 모델과 함께 다양한 데이터를 관리할 수 있는 도구로 디자인 단계부터 시공, 그리고 유지관리에 사용되고 있음.]이라고 정의한 바 있으며, 국가마다 BIM에 대한 정의와 그 역할을 다음과 같이 설명합니다.

① 호주

BIM 모델은 두 가지 본질적인 특성을 가지고 있어야 함. 첫 번째, 객체 기반의 건물의 3차원 표현이어야 하며, 두 번째, 모델에 대한 어떤 정보나 객체 속성을 포함해야 함. 정보가 없는 3차원 모델은 BIM이라 말할 수 없음.

② 미국

다차원의 정보를 포함한 컴퓨터 정보 모델을 개발하고 이를 활용해 설계 문서로 작성할 뿐만 아니라 새로운 건축물의 시공과 운영 과정을 시뮬레이션 하는 데 목적이 있음. BIM 모델은 정보가 풍부한 객체 기반이며, 파라메트릭으로 정의된 건축물의 디지털화된 표현임. 이 정보 모델에서 사용자 요구에 맞는 다양한 뷰(View)를 추출하고, 건축물의 설계를 사전에 검토하여 시공성을 향상시킬 수 있음.

③ 한국

건축, 토목, 플랜트를 포함한 건설 전 분야에서 시설물 객체의 물리적 혹은 기능적 특성에 의해 시설물 생애주기 동안 의사결정을 하는데 신뢰할 수 있는 근거를 제공하는 디지털 모델과 그 작성을 위한 업무 절차를 포함해 지칭함(국토해양부, 2010)

즉, BIM(Building Information Modeling)이란 설계 과정에서부터 단순한 형상 객체를 구축하는 것에 머물지 않고 설계 단계별로 다양한 정보가 포함된 형상 데이터들을 동시에 구축해가는 과정(LOI, Level of Information)을 함. 이를 통하여 향후 설계 및 시공·유지 관리에서의 사전 및 현장 검토를 체계적으로 수행할 수 있으므로 기존 설계 과정에 대한 효율을 보다 향상시킬 수 있음. 이런 측면에서 AUTODESK사의 REVIT은 대표적인 BIM 관련 디지털 설계 도구이자 향후의 활용 가능성이 더욱 기대되는 프로그램임.

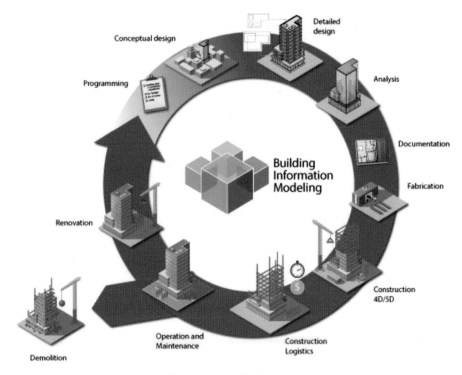

[BIM의 수행 및 적용 범위]

출처 : http://www.lr.org/en/_images/213-59608_en-isl-2015-BIM_Illustration.png

⬇ 02. REVIT과의 설레는 첫 만남

✏ 2.1 인터페이스(Interface)의 이해

1 시작 인터페이스의 구성

REVIT 2021은 탭별 리본과 패널을 통해 효과적인 디자인 작업을 할 수 있습니다.

① 실질적인 설계 작업을 위한 모델(프로젝트) 선택 영역 ➜ 최근에 작업하였던 프로젝트들을 신속히 열거나, 시작 환경 설정을 위한 [템플릿] 선택

② 정보 모델링에 사용되는 패밀리 선택 영역 ➜ 설계 작업에 사용되는 패밀리인 벽, 문, 창, 가구 등을 새롭게 작성하거나 기존 [패밀리]를 열어 수정 가능

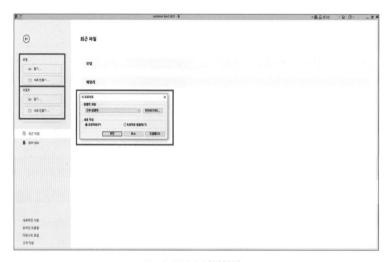

Revit 2021 시작화면

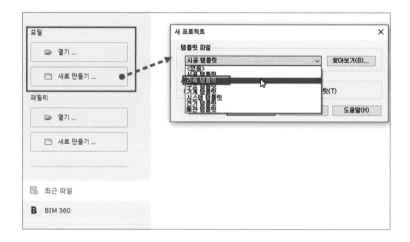

Revit 2021 프로젝트 새로 만들기 화면

2 프로젝트 인터페이스의 구성

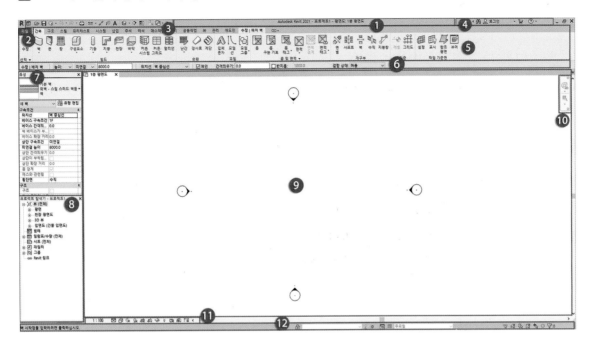

① 제목 표시줄 : 프로젝트의 제목(파일명) 표시

② 파일 탭 : 새 프로젝트 열기, 불러오기, 인쇄 등의 기본적인 파일의 관리

③ 신속 접근 도구 막대 : 자주 사용되는 도구 등록

④ 정보 센터 : 도구에 대한 도움말 검색

⑤ 리본 메뉴 : 주제별 탭과 패널로 연결되어 구성

⑥ 옵션 바 : 실행된 도구에 세부 옵션 입력 및 수정

⑦ 특성창 : 작성된 객체의 정보 입력 및 수정

⑧ 프로젝트 탐색기 : 설계를 위한 다양한 작업 뷰(평면, 입면, 3D뷰 등)에 접근 및 관리

⑨ 작업창 : 실제적인 모델 작업 등이 이루어지는 작업 영역

⑩ 스티어링 휠(Steering Wheel) : 도면 영역의 둘러보기 및 화면 확대·축소를 도와주는 도구

⑪ 뷰 컨트롤 막대 : 작업 화면에 작성된 객체에 대한 시각적인 편의성 조절 (그림자, 축적 조정, 상세 수준 등)

⑫ 상태 막대 : 실행 도구에 대한 작업 진행 메시지와 현재 도면의 상태 표시

(1) 제목 표시줄

열기되거나 저장된 [프로젝트]의 이름과 현재 작업화면 [뷰] 명칭을 표시

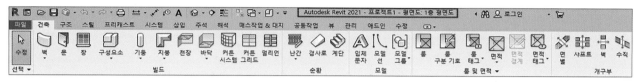

(2) 파일 탭 파일

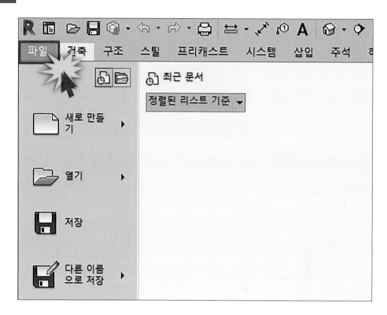

WISDOM_Autodesk Revit

▌ [탭]과 [패널]이란 뭘까요?

Revit은 건축 / 구조 / 시스템 등의 탭(Tab)으로 구성되어 있습니다. 예를 들어 건축 탭 내에는 필드 패널 / 순환 패널 / 모델 패널 등으로 띠(Ribbon)를 이루며 상호 연결되어 구성되어 있습니다.

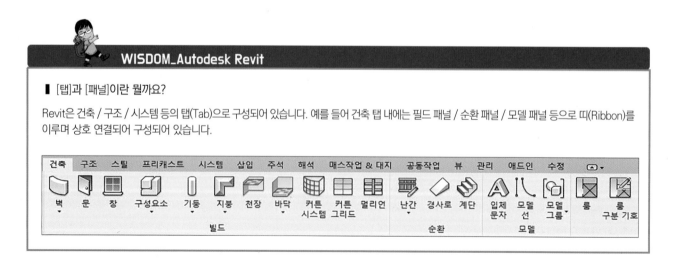

①  새로 만들기 / [Ctrl]+N

Revit의 새로운 프로젝트 및 패밀리 등을 작성

② 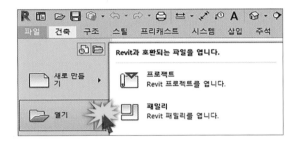 열기 / [Ctrl]+O

저장된 프로젝트 파일과 패밀리 열기

③ 저장 , 다른 이름으로 저장 / [Ctrl]+S

Revit 프로젝트는 *.rvt라는 확장자로 저장되고, 패밀리는 rfa, 템플릿은 rte로 각각 저장됨.

④ 내보내기 / 단축키 없음

다른 응용 프로그램에서 사용할 수 있는 호환 파일 작성

WISDOM_Autodesk Revit

▌ 새로 만들기와 열기, 저장에서 선택할 수 있는 주요 파일 유형에 대하여 알아보아요.

• 프로젝트(Project) : 레빗 설계를 위한 도면과 3차원 작업을 위한 작업 공간으로 확장자는 rvt임.
• 패밀리(Family) : 레빗에서 사용되는 구성 요소(Component)를 말한다. 프로젝트 작업에서는 다양한 패밀리들이 사용되며 확장자는 rfa임.
• ADSK 파일 : 건물 구성요소를 프로젝트에 적용할 수 있는 오토데스크사의 데이터 파일이다. 구성 요소의 정확한 배치나 카테고리에서 패밀리가 자동으로 작성되는 이점이 있지만, 타 지역의 언어 문제와 제품 버전의 호환성 등으로 오류가 생길 확률이 있다. 확장자는 adsk임.
• IFC(Industry Foundation classes) 파일 : BIM 표준 교환 파일명으로 다른 프로그램과 상호 호환이 가능하도록 하는 운용 솔루션이다. 확장자는 ifc임.

⑤  인쇄 / [Ctrl]+P

시트에 배치된 설계 정보를 실제 용지나 전
자문서인 [PDF] 파일 등으로 인쇄

⑥ 닫기 / [Ctrl]+F

해당 [닫기] 버튼을 클릭할 때마다 열려진
프로젝트를 차례로 닫음.

WISDOM_Autodesk Revit

▍ A360에 대하여 들어보셨나요?

파일을 다운로드하지 않고도 모델과 도면을 브라우저에서 바로 볼 수 있으며, A360에 파일을 업로드한 다음 링크를 생성하여 이메일이나 채팅을 통해
파일을 공유할 수 있습니다.

(3) 신속 접근 도구막대

작업 과정에서 자주 사용 되어지는 도구들로 구성된 막대이며, 사용자의 필요에 따라 도구를 추가 및 제거할 수 있음.

(4) 정보 센터

Revit 프로그램에 등록된 각종 도구의 사용법 및 개념을 알고자 할 경우 빈 란에 [도구명]을 입력하고 [🔍]을 클릭함.

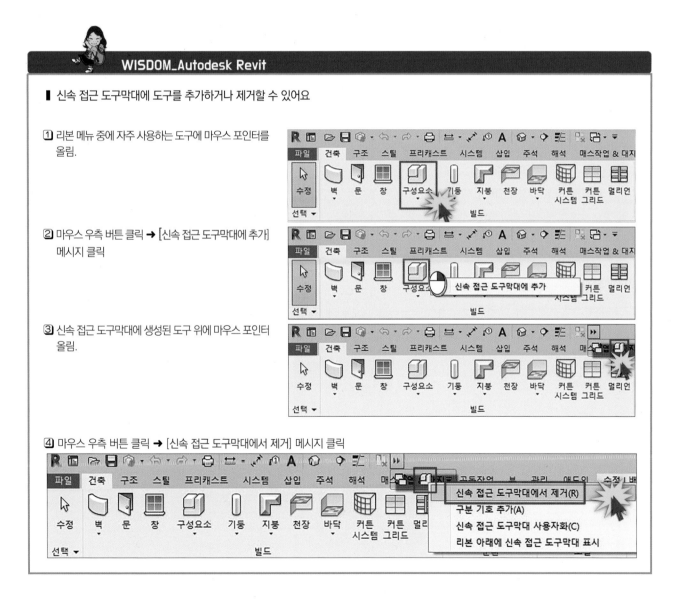

WISDOM_Autodesk Revit

▌ 신속 접근 도구막대에 도구를 추가하거나 제거할 수 있어요

① 리본 메뉴 중에 자주 사용하는 도구에 마우스 포인터를 올림.

② 마우스 우측 버튼 클릭 ➜ [신속 접근 도구막대에 추가] 메시지 클릭

③ 신속 접근 도구막대에 생성된 도구 위에 마우스 포인터 올림.

④ 마우스 우측 버튼 클릭 ➜ [신속 접근 도구막대에서 제거] 메시지 클릭

(5) 각종 탭과 패널

Revit 2021의 리본 메뉴는 건축, 구조, 시스템, 삽입 등 총 14개의 탭으로 구성되어 있습니다.

① 건축 탭

비내력 구조물을 작성하기 위한 도구들로 구성된 리본 메뉴

② 구조 탭

내력 구조물을 작성하기 위한 도구들로 구성된 리본 메뉴

③ 스틸 탭

구조 연결 및 상세 강철 프레임 요소를 배치할 수 있는 도구들로 구성된 리본 메뉴

④ 프리캐스트 탭

샵 드로잉 및 CAM 파일이 작성되는 3D 구조 모델 작성을 위한 사용하기 쉽고 간편한 작업 환경을 제공하는 리본 메뉴

⑤ 시스템 탭

덕트나 파이프 등 건축물 내에 적용되는 설비 시스템 도구들로 구성된 리본 메뉴

⑥ 삽입 탭

각종 외부 파일 링크와 이미지, 패밀리 등을 삽입하기 위한 도구들로 구성된 리본 메뉴

⑦ 주석 탭

치수 표시 및 각종 문자, 태그 등을 표현하기 위한 도구들로 구성된 리본 메뉴

⑧ 해석 탭

설계에 따른 구조적인 하중과 부하, 에너지 해석 등을 위한 도구들로 구성된 리본 메뉴

⑨ 매스작업&대지 탭

매스작업 모델링과 지형을 작성할 수 있는 도구들로 구성된 리본 메뉴

⑩ 공동작업 탭

많은 사용자 간의 작업 지원 및 동기화를 적용시킬 수 있는 리본 메뉴

⑪ 뷰 탭

3차원 및 카메라 뷰와 일람표, 단면 뷰 등을 표현할 수 있는 도구들로 구성된 리본 메뉴

⑫ 관리 탭

프로젝트의 재료, 객체 스타일, 공유 매개변수 등 제어하는 도구들로 구성된 리본 메뉴

⑬ 애드인 탭

Revit의 기본 기능 외 추가 설치된 도구들로 구성된 리본 메뉴

⑭ 수정 탭

이동, 정렬, 간격 띄우기 등 편집을 위한 도구들이 모여 있는 리본 메뉴

WISDOM_Autodesk Revit

▌ 모델링 작업을 위한 작업창이 작다고 느껴질 경우 리본 탭을 조절하여 확장시킬 수 있습니다.

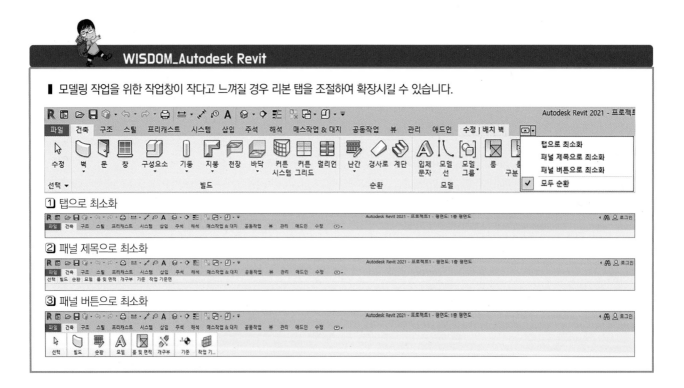

(6) 옵션 바

선택 도구(명령어)에 대한 세부 옵션 제시 (ex, 벽 도구의 옵션)

| 수정 | 배치 벽 | 높이: | ∨ | 미연결 | ∨ | 8000.0 | 위치선: | 벽 중심선 | ∨ | ☑제인 | 간격띄우기: | 0.0 | □반지름: | 1000.0 |

(7) 특성과 프로젝트 탐색기

① 특성
작성 객체에 대한 세부적인 정보 확인 및 변수
수정

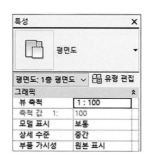

② 프로젝트 탐색기
다양한 도면 뷰(평면도, 입면도 등)의 관리
및 전환

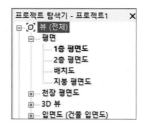

WISDOM_Autodesk Revit

▌ [특성 및 프로젝트 탐색기] 창의 제목줄을 마우스로 클릭 후 끌기 하여 자유롭게 이동 및 크기 조절할 수 있습니다.

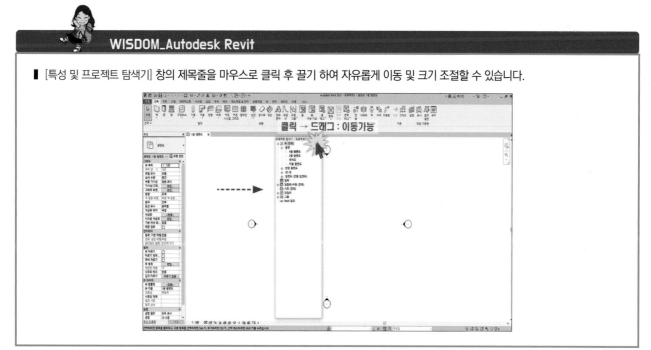

(8) 작업창

① 각종 뷰별 작업창

[프로젝트 탐색기]의 평면도, 입면도, 3D 뷰를 더블 클릭하여 정확한 정보 모델 작성

| 평편도 뷰 | 입면도 뷰 | 3D 뷰 |

참고] 3D뷰의 입체 레벨을 화면에서 잠시 지우는 방법은 [특성]창의 [가시성/그래픽 재지정(VV, VG)]의 편집에서
[주석카테고리]의 [☐레벨들]을 체크 해제한다.

② 입면 전환 도구 활용 따라하기

ⓐ 📷예제 [1-1.rvt] 파일 열기

ⓑ 평면도를 중심으로 좌측 입면 전환 아이
콘의 [검은색] 부분 더블 클릭

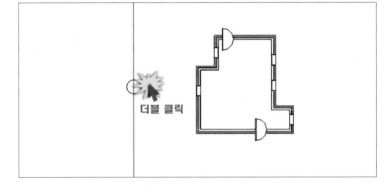

ⓒ 전환된 [입면뷰] 확인

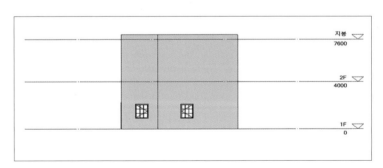

ⓓ [프로젝트 탐색기] ➜ [1층 평면도] 더블 클릭 ➜ 좌측 입면 전환 아이콘의 [검은색] 부분 클릭 ➜ 그림과 같이 제시된 파란색 실선을 클릭 후 끌기 하여 뷰의 시작점을 변경

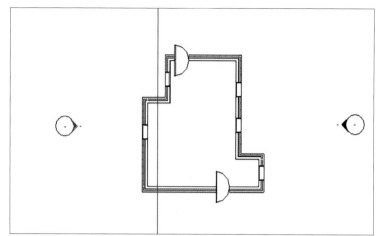

ⓔ [프로젝트 탐색기] ➜ [서측 입면도] 더블 클릭 후 변경된 입면 확인

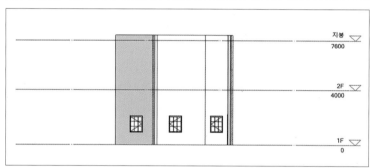

WISDOM_Autodesk Revit

▌입면 전환 아이콘을 활용하여 자유롭게 입면도를 삭제 또는 추가할 수 있어요.

• [입면 전환 아이콘] 원의 실선을 클릭하면 그림과 같이 방위표의 방향을 바꾸거나 삭제할 수 있는 체크 박스 사용이 가능

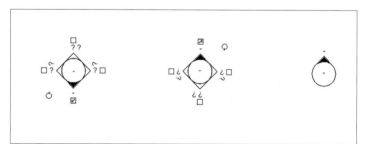

• 방위표의 방향을 체크하여 [입면도]를 삭제 또는 추가 가능

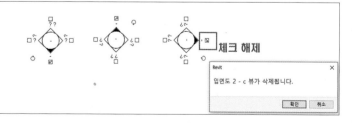

(9) 스티어링 휠(Steering Wheel)과 뷰 큐브(View Cube)

① [스티어링 휠(Shift+W)]을 활용하여 해당 문자에 마우스를 클릭과 끌기만으로도 화면의 작업창의 확대 및 축소, 이동을 가능하게 함. (평면 뷰에서의 스티어링 휠은 [줌, 뒤로, 초점이동]으로 구성됨. 3D 뷰에서는 [줌, 궤도, 뒤로, 초점이동] 등으로 구성되며 뷰 큐브가 함께 나타남)

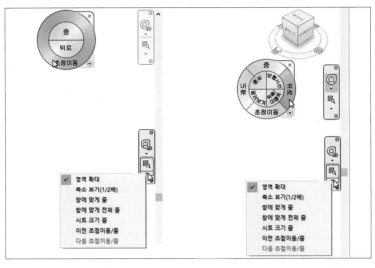

평면   3D 뷰

② [뷰 큐브(View Cube)]는 3D 뷰에서 보여지는 객체의 뷰를 편리하게 전환할 수 있는 도구이며, 큐브의 각 면 또는 모서리, 꼭지점을 클릭하거나 방위를 끌기 하여 자유롭게 뷰를 회전 가능함.

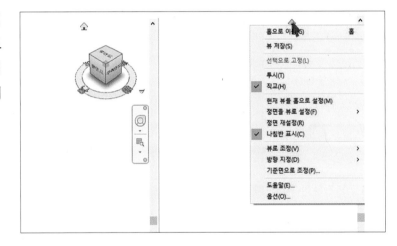

(10) 뷰 컨트롤 막대

①   ② ③ ④ ⑤ ⑥ ⑦ ⑧ ⑨ ⑩ ⑪ ⑫

1:100

① 축척(Scale) : 뷰의 축척 변경
② 상세 수준 : 작성 개체 요소들의 그래픽 수준을 조절(낮음, 중간, 높음)
③ 비주얼 스타일 : 뷰의 시각적 스타일을 변경(실선, 은선, 음영, 색상 처리, 사실적, 레이트레이싱)
④ 태양 설정 : 태양의 경로 옵션을 설정
⑤ 그림자 설정 : 그림자 유무 설정

⑥ 뷰 자르기 : 뷰에서의 표현 가능 영역 설정

⑦ 자르기 영역 표시(숨기기) : 뷰에서의 표현 가능 영역 표시 및 숨김

⑧ 임시 숨기기 분리 : 선택된 요소 숨김과 분리

⑨ 숨겨진 요소 표시 : 숨겨진 모델 요소 표시

⑩ 임시 뷰 특성 : 사용 가능한 뷰 옵션 리스트를 표시

⑪ 해석 모델 표시 : 해석 모델 설정이 가시성/그래픽 재지정 대화상자에 지정된 대로 표시

⑫ 구속조건 표시

(11) 상태 막대

화면 상단의 도구를 클릭하여 실행할 경우, 단계별 도구 활용 순서 제시됨.

ex) 건축탭 ➔ [🗀] 클릭 ➔ 상태막대 지시 사항 확인 `벽 시작점을 입력하려면 클릭하십시오.`
벽

✏️ 2.2 작업 환경 제어를 위한 옵션

1️⃣ 저장 알림 간격 설정

예상하지 못한 상황 등으로 인한 작업 파일 손실 예방

파일 버튼 [파일] 클릭 ➔ 하단의 [옵션] 클릭 ➔ [일반] ➔ [알림] 카테고리

❷ 키보드 단축키 설정

파일 버튼 [파일] 클릭 ➜ [옵션] 클릭 ➜ 사용자 인터페이스 ➜ [키보드 단축키 : 사용자화(C)...] 클릭

❸ 템플릿 파일 경로 등록

파일 버튼 [파일] 클릭 ➜ [옵션] 클릭 ➜
[파일 위치] 클릭 ➜ [+] 클릭 후 [신규 템플릿]
찾기 후 [열기] 클릭

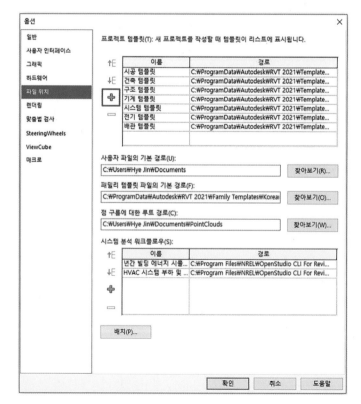

2.3 효율적 작업을 위한 다양한 단축키

1 리본 메뉴 도구별 단축키 표현

(1) 탭별 단축키 표현

도면 작업 중에 Alt 키를 누르면 신속 접근 도구와 탭 ⟷ 단축키 표현

(2) 패널별 도구 단축키 표현

해당 탭 ⟷ 별 단축키 입력 시 리본 메뉴 내 세부 패널(Panel) 도구의 단축키 표현

(ex. 벽 도구 선택 : 키보드에서 Alt 키 입력 ➡ 키보드 [A] 입력 ➡ 키보드에서 [W] 입력)

WISDOM_Autodesk Revit

▌특성 및 프로젝트 탐색기가 갑자기 사라져도 편리하게 ON/OFF할 수 있는 방법이 있습니다.

ⓐ [뷰] 탭 클릭 ➡ 오른쪽의 [사용자 인터페이스] 클릭

ⓑ 프로젝트 탐색기 및 특성 항목의 체크 유무를 확인

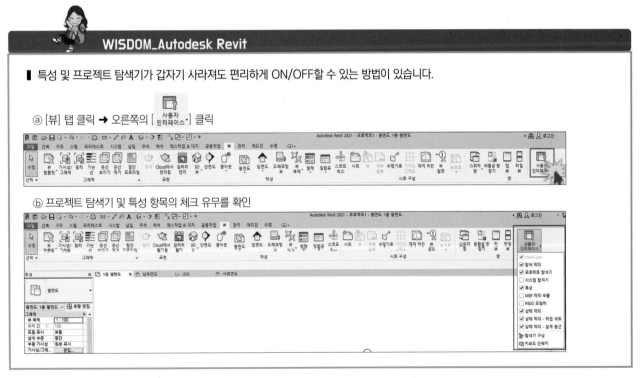

WISDOM_Autodesk Revit

▌ 편리한 작업을 위하여 프로젝트 탐색기의 ⊕⋯ **3D 뷰** 를 단축키로 설정해 볼까요?

① [뷰] 탭의 [사용자 인터페이스▾] 클릭 ➔ [키보드 단축키] 클릭

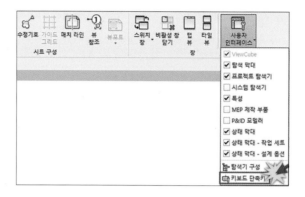

② 검색 ➔ [3D] 입력

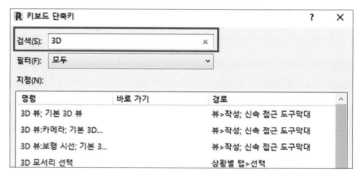

③ [명령]의 [3d 뷰 ; 기본 3D 뷰] 클릭 ➔ [새 키 입력]에 [3D] 입력 ➔ [지정] 클릭 ➔ [확인] 버튼 클릭

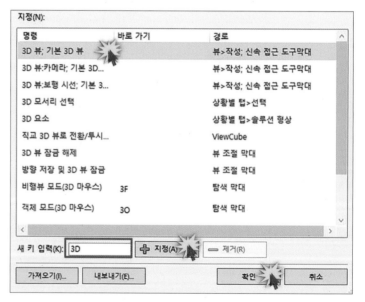

❷ 뷰 관련 단축키

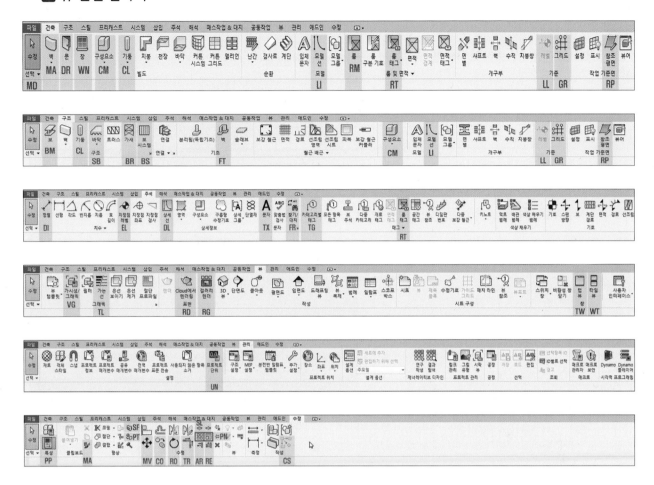

(1) 주요 뷰 컨트롤 단축키

① 그래픽 화면표시 옵션 - [단축키 : GD]

② 와이어프레임 - [단축키 : WF]

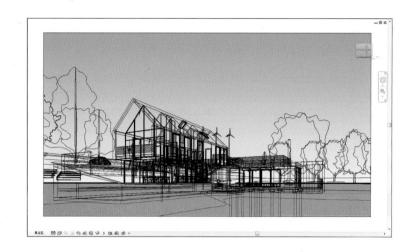

③ 은선 - [단축키 : HL]

④ 음영처리 - [단축키 : SD]

⑤ 태양 설정 – [단축키 : SU]

⑥ 뷰에서 요소 숨기기 - [단축키 : EH]
  (숨길 객체 선택 후 키보드에서 EH 입력)

⑦ 뷰에서 요소 보이기 - [단축키 : EU]
  (키보드에서 RH 입력 ➜ 숨겨진 객체 선택
  후 키보드에서 EU 입력)

⑧ 숨기기 요소 토글 모드 - [단축키 : RH]

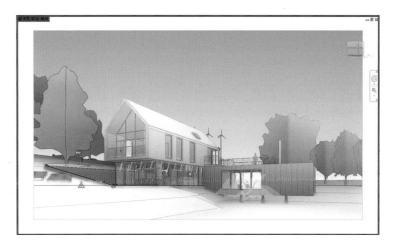

⑨ 뷰에서 카테고리 숨기기 - [단축키 : VH]
　(숨길 카테고리 객체 선택 후 키보드에서
　VH 입력)

⑩ 뷰에서 카테고리 보이기 - [단축키 VU]
　(키보드에서 RH 입력 ➡ 숨겨진 카테고리
　객체 선택 후 키보드에서 VU 입력)

⑪ 임시 분리 - [단축키 : HI]
　(객체 선택 후 키보드에서 HI 입력)

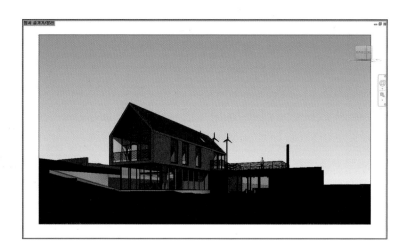

⑫ 임시 숨기기 - [단축키 : HH]
　(객체 선택 후 키보드에 HH 입력)

⑬ 임시 숨기기 분리 복구 - [단축키 : HR]

(2) 기타 뷰 관련 단축키

① 가시성 그래픽 재지정 - [단축키 : VV, VG]

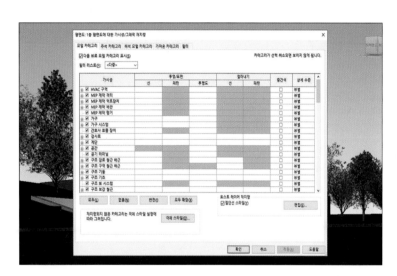

② 렌더 - [단축키 : RR]

③ Cloud에서 렌더링 – [단축키 : RD]

(AUTODESK 계정으로 로그인 후 [계속] 버튼 클릭 ➜ [3D 뷰 및 출력 유형, 렌더 품질, 이미지 크기, 노출] 값을 변경 ➜
[렌더] 버튼을 클릭하여 렌더링 진행)

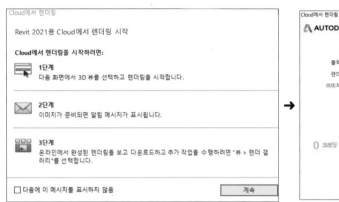 

④ 갤러리 렌더 – [단축키 : RG]

(갤러리 렌더에서는 [] 를 활용하

여 파노라마 및 일조 분석 등 다양한 렌더링 기법을 적용할 수 있으며, [↓] 버튼을 클릭하면 다양한 이미지 포맷

로 다운로드 가능합니다. Transparent Background를 활성화할 경우 배경(하늘) 이미지가

투명 처리된 PNG, TIFF 포맷으로 저장되어, Photoshop 등의 이미지 편집 프로그램에서 다양한 배경 합성이 가능
합니다.)

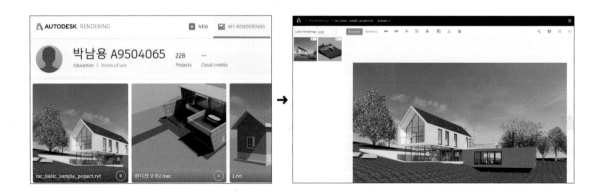

❸ 화면 조절 단축키

ZA : 창에 맞게 줌

ZP : 이전 팬(pan)

ZZ : 영역 확대(확대 사각 범위 지정)

ZS : 도면 크기에 맞춤

ZC : 이전 줌(zoom)

ZV : 0.5배 뷰 축소(반복 입력 시 반복 뷰 축소 가능)

❹ 알아두면 편리한 주요 핫 키

Ctrl+N : 새 프로젝트 열기

Ctrl+S : 저장하기 / 다른 이름으로 저장하기

Ctrl+Z : 단계별 실행된 명령 취소하기

Ctrl+C : 선택된 객체 복사하기

Ctrl+V : 선택된 객체 붙이기

Ctrl+O : 기존 프로젝트 열기

Ctrl+P : 인쇄하기

Ctrl+Y : 단계별 취소된 명령 복구하기

Ctrl+X : 선택된 객체 잘라내기

Ctrl+F4 : 열려 있는 프로젝트 닫기

❺ 알아두면 편리한 기능키

F1 : 도움말

F8 : 스티어링 휠의 켜기와 끄기

F10 : 키 탭(상단 탭의 단축키) 표시

F7 : 맞춤법 검사하기

F9 : 시스템 탐색기 열기

Memo ▌ Autodesk **REVIT & NAVISWORKS**

03. 맛보기 정보 모델링 따라하기

3.1 맛보기 학습 이유

Revit의 기능을 세부적으로 살펴보기에 앞서 간단한 건물을 미리 작성해 보는 이유는, Revit의 화면 구성과 정보 모델링의 작성 과정을 전반적으로 경험함으로서 Revit 운용의 두려움을 미리 해소하기 위함입니다.

즉, 맛보기 예제는 Revit의 전체적인 기능을 다루는 것은 아니며, Revit을 활용한 대략적인 정보 모델링의 흐름을 미리 파악하기 위함입니다.

3.2 맛보기 주택 모델링

【완성 예시 : 📁예제 [1-2.rvt] 파일】

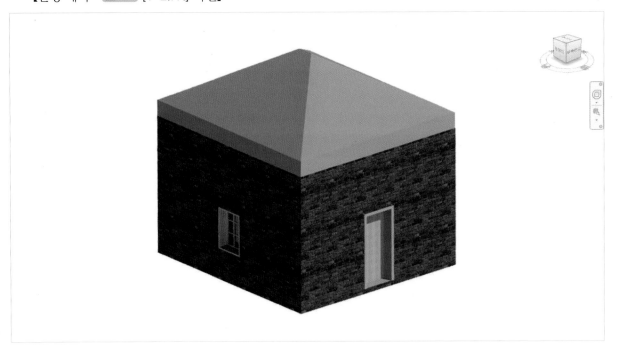

1 바닥 작성

① Revit 실행 ➡ 시작 화면 ➡ [건축 템플릿] 클릭

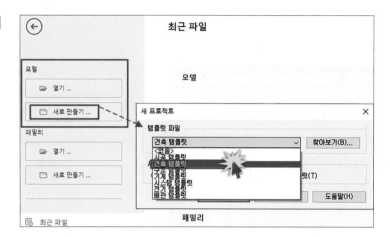

② [프로젝트 탐색기] ➡ [평면] ➡ [1층 평면도] 더블 클릭

(뷰나 객체를 클릭할 때에는 항상 선택 도구를 활용함. 모델링 작업 중 키보드에서 단축키 [MD]를 입력하거나 키보드의 Esc 버튼을 두 번 입력하면 [선택 도구]로 전환됨)

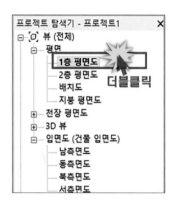

③ [건축] 탭 ➡ [빌드] 패널 ➡ [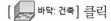 바닥] ➡

[바닥: 건축] 클릭

④ [수정/바닥 경계 작성] 탭 ➜ [그리기] 패널 ➜ [□] 클릭 ➜ 마우스를 움직여 임의 시작 점 지정 ➜ 마우스를 우측 하단의 대각선 방향으로 끌기 하여 두 번째 점 지정 ➜ 키 보드에서 [MD] 또는 Esc 버튼을 [2회] 입력 하여 [선택] 패널의 [수정] 도구로 전환 ➜ 수 평선 클릭 ➜ 제시된 수직 임시 치수 문자 클릭하여 [길이 : 5700]으로 변경 ➜ 제시 된 수평 임시 치수 문자 클릭하여 [길이 : 5200]으로 변경

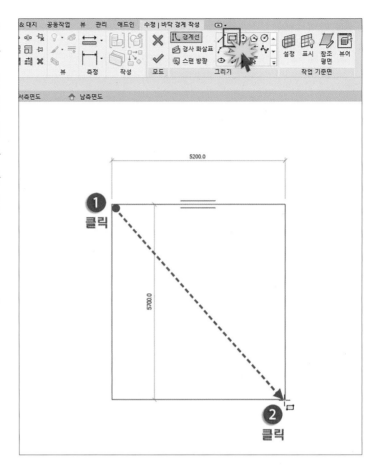

⑤ [수정/바닥 경계 작성] 탭 ➜ [모드] 패널 ➜ [✔] 클릭

② 벽 작성

① [건축] 탭 ➜ [빌드] 패널 ➜ [벽] ➜ [벽: 건축] 클릭

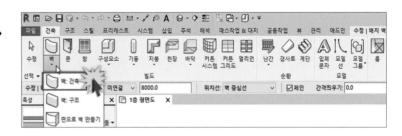

② [수정/배치 벽] 탭 ➜ [그리기] 패널 ➜ [☝] 클릭

③ 옵션 값 중 [높이 : 2층], [간격띄우기 : 150]
　으로 설정

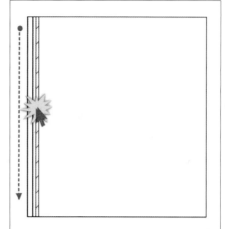

④ [특성] 창에서 [외벽 : 스틸 스터드 벽돌벽] 유
　형 선택 ➜ 작성된 바닥의 좌측 외곽선 선
　택 ➜ [벽] 생성 확인

⑤ 작성된 바닥의 나머지 외곽선을 선택하여
　그림과 같이 [벽] 작성

⑥ 키보드에서 [MD] 입력 ➜ [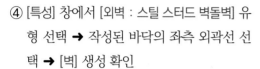] 클릭 ➜ 그
　림과 같이 작성된 [벽] 선택
　(모델링 작업 중 키보드에서 단축키 [MD]
　를 입력하거나 키보드의 Esc 버튼을 두 번
　입력하면 선택 도구로 즉시 전환됨)

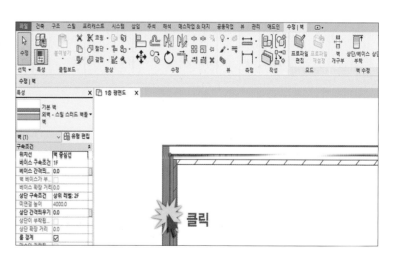

⑦ [⬍] 클릭 ➡ 그림과 같이 [벽] 방향 전환

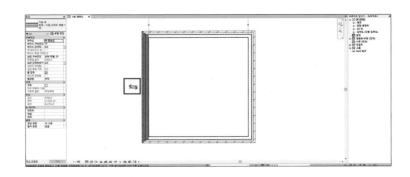

3 문과 창 작성

① [건축] 탭 ➡ [빌드] 패널 ➡ [문] 클릭

② 그림과 같이 하단 [벽] 선택

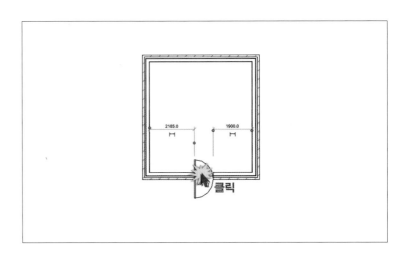

③ 키보드에서 [MD] 입력 ➡ 작성된 [문]
   클릭 ➡ 키보드의 Space Bar 입력 ➡ [문]의
   방향 전환 확인

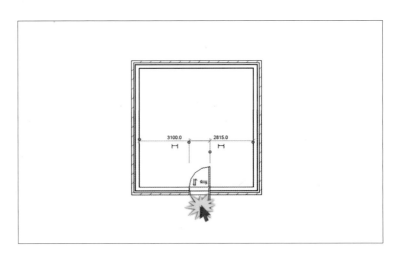

④ [건축] 탭 키보드에서 Esc 2회 입력 → [장] 클릭 후 좌측 벽 중간부 클릭하여 [창] 설치

⑤ 키보드에서 [MD] 입력 → 좌측 [창] 선택 → [↩] 클릭하여 그림과 같은 방향으로 전환

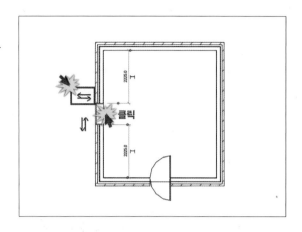

4 천장 작성

① [건축] 탭 → [빌드] 패널 → [천장] 클릭

② [수정/배치 천장] 탭 → [천장] 패널 → [자동 천장] 클릭

③ 마우스 포인터를 [벽]으로 둘러싸인 내부 공간으로 이동 → 빨간색 가이드라인 확인 후 클릭하여 천장 생성

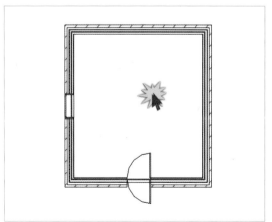

④ 천장 뷰에서만 확인 가능하다는 경고문 확인

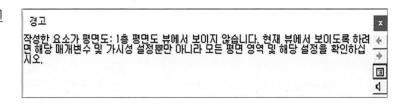

⑤ 지붕 작성

⑤ [건축] 탭 ➡ [빌드] 패널 ➡ [지붕] 선택 ➡
[외곽설정으로 지붕 만들기] 클릭

⑥ [가장 낮음 레벨 주의] 대화창 ➡ [2층] 선택
➡ [예] 클릭

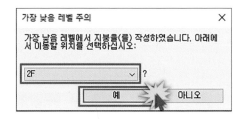

⑦ [수정/지붕 외곽설정 작성] 탭 ➡ [그리기] 패
널 ➡ [ ] 클릭 ➡ 좌측 상단 [벽] 모서리
점 지정 ➡ 우측 하단 [벽] 모서리 점 지정

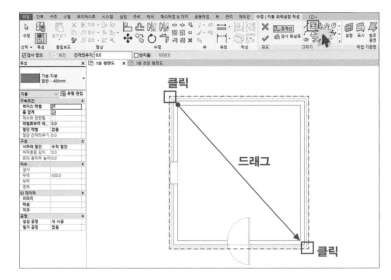

⑧ [수정/지붕 외곽설정 작성] 탭 ➜ [모드] 패널 ➜ [✔] 클릭

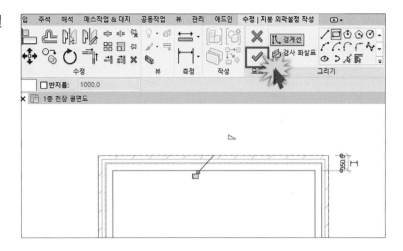

⑨ [하이라이트된 벽을 지붕에 부착하시겠습니까?] ➜ [부착] 클릭

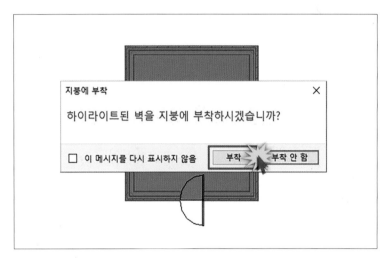

⑩ [프로젝트 탐색기] ➜ [3D 뷰] ➜ [3D] 더블 클릭

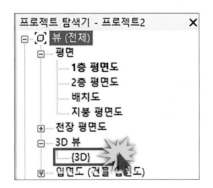

⑪ 작성된 결과 확인

AUTODESK® REVIT®   AUTODESK® NAVISWORKS

PART 02

주요 도구별 활용법과 특성 다루기

02

주요 도구별 활용법과 특성 다루기

01. 다양한 객체 선택

1.1 객체 선택법의 종류

1 개별 선택

① 예제 [2-1.rvt] 파일 열기

② [수정] 도구를 이용하여 그림과 같이 [벽]
선택(객체를 선택하기 위한 수정 도구는 키
보드에서 단축키 [MD] 입력 또는 Esc 키 2회
입력)

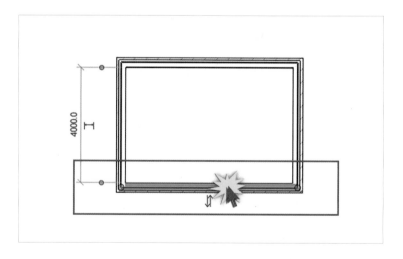

2 다중 선택

① [▶예제] [2-1.rvt] 파일 열기

② [🔧수정] 도구 클릭 ➜ 키보드의 [Ctrl] 키 클릭

➜ 마우스 포인터 [🔧] 변경 확인 ➜ 키보드
의 [Ctrl] 키를 누른 채 그림과 같이 [벽] 다중
선택

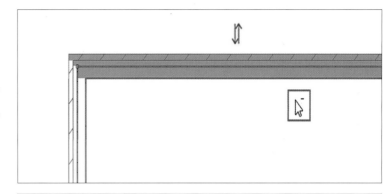

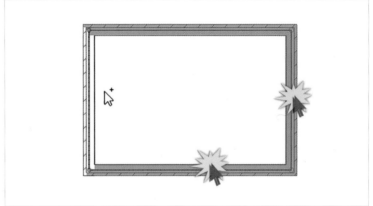

③ 키보드 [Shift] 키 클릭 ➜ [🔧] 변경 확인
➜ 대상을 클릭하여 선택에서 제외

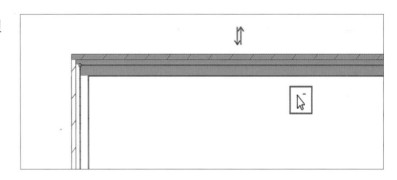

WISDOM_Autodesk Revit

▌ [Ctrl] + [Shift] 키를 동시에 누른 상태에서 [🔧]로 표시되면 선택과 제외가 동시에 가능합니다.

❸ 사각형 범위 지정 선택

윈도우(Window) 선택 방법과 크로싱(Crossing) 선택 방법을 활용 가능합니다.

① **예제** [2-1.rvt] 파일 열기

② 그림과 같이 마우스 좌측 상단 지정 ➜ 좌측 상단 대각선 방향으로 끌기 하여 실선의 선택 범위 지정(범위 안에 포함된 사물만 선택됨 : Window 방법)

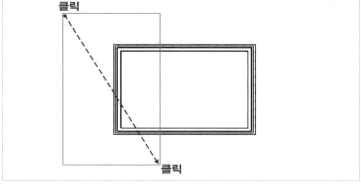

③ 그림과 같이 마우스 우측 하단 지정 ➜ 좌측 상단 대각선 방향으로 끌기 하여 점선의 선택 범위 지정(범위 안에 포함된 사물과 걸쳐진 객체 선택됨 : Crossing 방법)

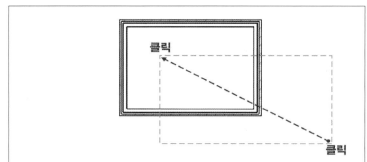

❹ 필터링 선택

[🔽필터] 필터링 선택법으로, 선택된 다수의 객체 중에 특정 요소만 선택 가능

① **예제** [2-2.rvt] 파일 열기

② [윈도우 선택] 방법으로 전체 객체 선택

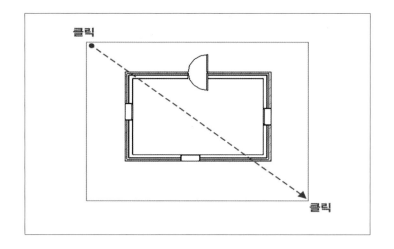

③ [수정/다중 선택] 탭 ➔ [🔽] 클릭
　　　　　　　　　　 필터

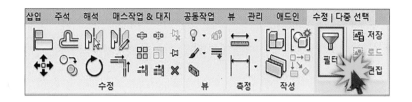

④ 필터 대화상자 ➔ [모두 선택 안 함(N)] 클릭 ➔
　 [카테고리] 안의 원하는 객체를 선택 ➔
　 [확인] 클릭

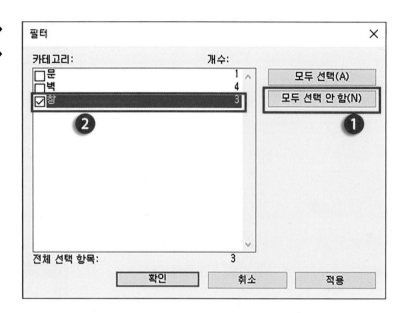

⑤ [창] 요소만 선택된 것 결과 확인

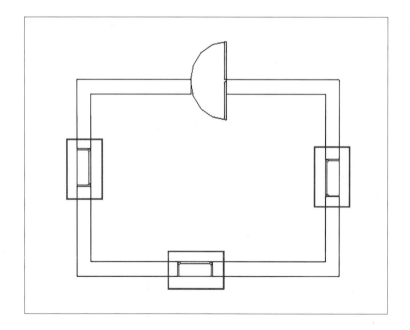

5 동일 유형 선택

선택된 객체와 동일한 유형의 객체를 일괄적으로 선택 가능합니다.

① 🎬**예제** [2-2.rvt] 파일 열기

② 작성된 [창문] 중 한 개 선택

③ 키보드에서 [SA] 입력

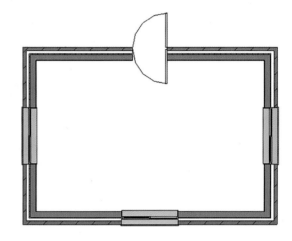

④ 동일 유형의 [창] 다중 선택 결과 확인

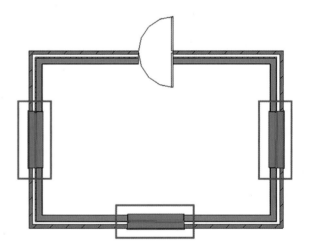

Memo ┃ Autodesk **REVIT & NAVISWORKS**

WISDOM_Autodesk Revit

▌ 마우스의 우측 버튼을 활용하여 동일 객체 요소를 다중 선택할 수 있습니다.

① 그림과 같이 다중 선택의 기준이 되는 [창] 선택

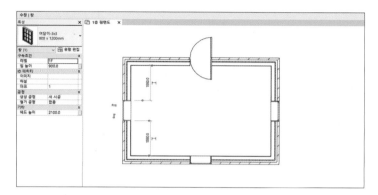

② 선택된 객체 위에서 마우스 우측 버튼 클릭 ➜ [모든 인스턴스(Instance) 선택] ➜ [뷰에 나타남] 클릭

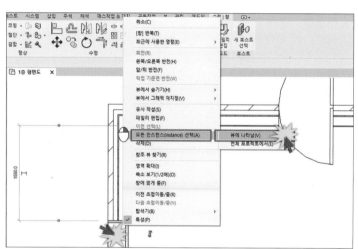

③ 화면 뷰에 나타난 동일 유형의 [창] 선택 확인

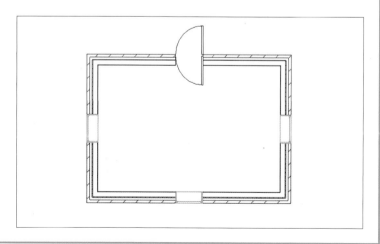

❻ 순환 및 연결 선택

겹쳐져 작성되어 있거나 근접된 객체 사이의 선택법으로 키보드의 탭 ⇥ 키를 활용합니다.

① 🔒예제 [2-3.rvt] 파일 열기

② 그림에서 표시된 문과 벽이 상호 겹쳐진 부
분에 마우스 포인터를 위치시킴

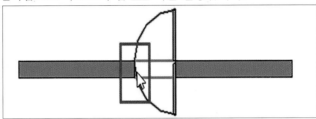

③ 키보드의 Tab ⇥ 키 연속 입력 ➜ 순환 선
택 결과 확인

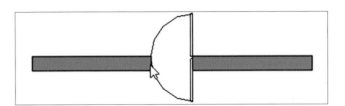

WISDOM_Autodesk Revit

▌ 벽체가 선택된 상태에서 ⇥ 키를 누르면, 좌측의 그림과 같이 선택된 벽체와 연결된 벽체가 동시에 선택됩니다.

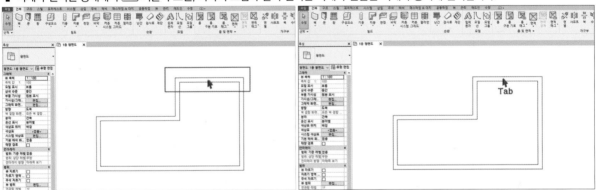

▌ 객체를 선택 후 키보드에서 Ctrl + 좌측 방향키 ◀를 입력하면 현재에서 한 단계 이전 객체를 다시 선택할 수 있습니다.

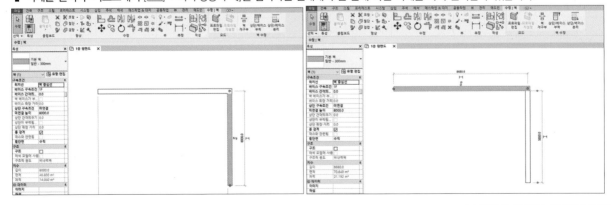

1.2 객체 스냅

1 스냅의 필요

객체를 배치하거나 선을 스케치할 때 주변 객체에 존재하는 [특정점, Object Snap Point]을 정확히 지정되도록 하여 설계 도서 작성의 생산성을 높일 수 있습니다. 스냅 점은 도면 영역에 모양(삼각형, 정사각형, 다이아몬드 등)으로 표시됩니다.

2 스냅의 설정

① [관리] 탭 ➜ [설정] 패널 ➜ [🧲] 클릭
스냅

② [스냅] 대화상자 ➜ [객체 스냅] ➜ 필요한 스냅 기능 체크

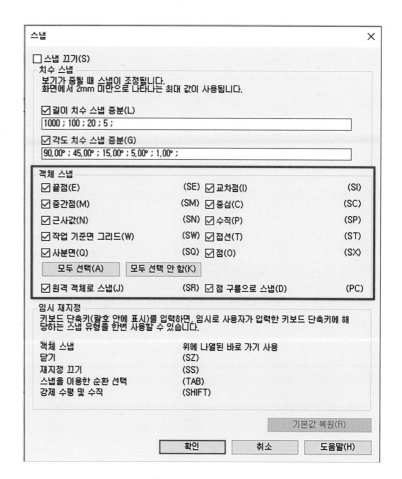

📥 02. 그리드와 레벨 작성

✏️ 2.1 그리드와 레벨 작성의 필요성

[그리드]는 설계도서 작성에서 사용되는 중심선 또는 축선을 의미합니다. 그리드를 기준으로 기둥과 벽을 작성한 뒤 기초를 효율적으로 작성할 수 있습니다.

[레벨]은 입면도 상에서 작성되며, 건축물의 수직적인 층을 구분하는 기준으로 활용됩니다.

✏️ 2.2 그리드 작성

1️⃣ 수직과 수평 그리드 작성

① [프로젝트] ➜ [건축 템플릿] 클릭

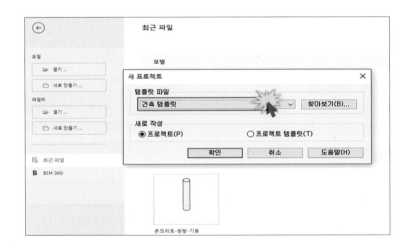

② [건축] 탭 ➜ [기준] 패널 ➜ [⌗] 클릭
그리드

③ [특성] 창 → [그리드 6.5mm 버블] 선택

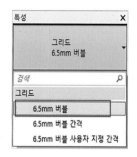

④ 마우스 포인터 이동 → [하단 점] 지정 → [상
단 점] 지정하여 그림과 같이 [수직 그리드
선] 작성

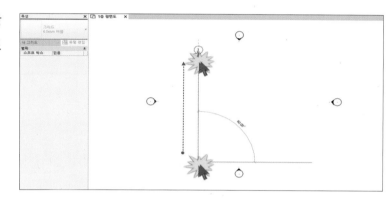

⑤ 헤드(버블) 안의 숫자 더블 클릭 → 명칭 변
경([특성] 창의 [이름] 변경을 통해서도 명칭
변경 가능)

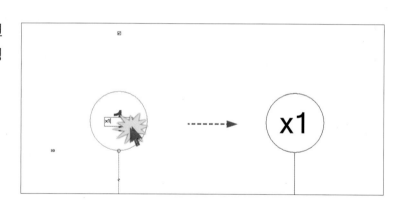

⑥ [x1]로 명칭 변경 → 마우스 포인터를 화면
빈 곳에 클릭하여 마무리

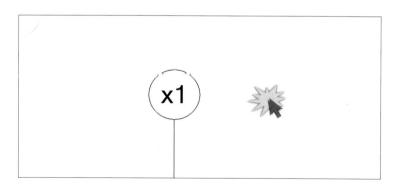

⑦ 키보드에서 [MD] 입력 ➡ 작성된 [그리드] 선택 ➡ [수정/그리드] 탭 ➡ [수정] 빌드 ➡ [⟳] 클릭 ➡ 선택된 그리드 선에서 [기준점] 지정 ➡ 마우스를 수평 방향으로 이동하여 복사될 방향 지시 ➡ 키보드에서 [간격값 : 3000] 입력 ➡ Enter↵

(단축키 [MD]는 [선택] 패널의 [수정] 도구의 단축키임)

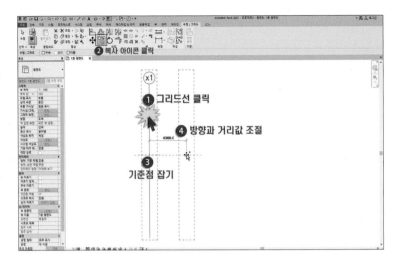

⑧ ⑦번과 동일한 방법으로 [거리 : 5000] 간격 복사

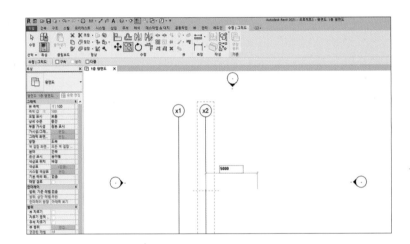

⑨ ⑦번과 동일한 방법으로 [거리 : 4000] 간격 복사

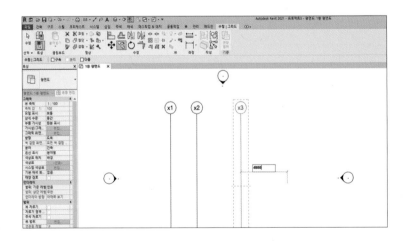

⑩ 수평 그리드선 작성을 위해 [우측점] 지정 ➜ [좌측점] 지정 ➜ [수정] 클릭 ➜ 그리드의 [버블] 더블 클릭 ➜ [y1]으로 명칭 변경 ➜ 마우스 포인터를 화면 빈 곳에 클릭하여 마무리

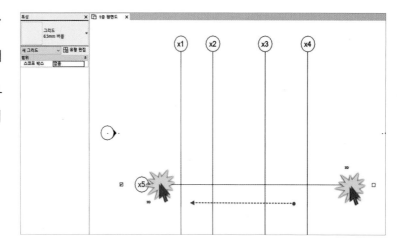

2 배열 복사 도구를 활용한 그리드 작성

① 작성된 수평 그리드 클릭 ➜ [수정/그리드] 탭 ➜ [수정]패널➜[🔲] 선택 또는 키보드에서 [AR] 입력

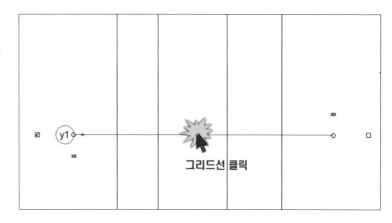

그리드선 클릭

② [수평 그리드]에서 기준점 지정 후 마우스를 이동하여 그림과 같이 복사될 방향 지시 ➜ [간격 값 : 3000] 입력 ➜ Enter↵

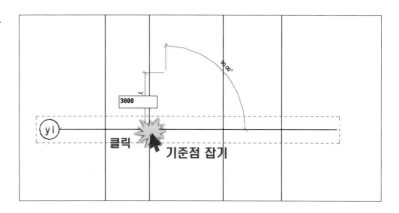

3000

클릭 기준점 잡기

③ 원본을 포함한 복사 [개수 : 4] 입력

④ 완료된 배열 복사 확인

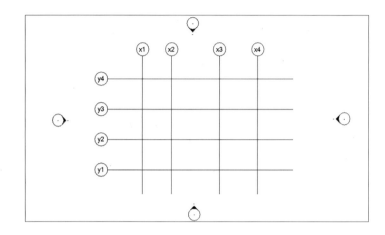

🖸 배열 그룹 해제

배열 복사를 하면 기본적인 옵션이 [그룹 및 연관]으로 설정이 되어 있어 복사된 그리드 선은 그룹화 됩니다.

① 그림과 같이 그룹으로 설정된 수평 그리드
   선택 ➡ [수정 / 모델 그룹] 탭 ➡ [그룹] 패널
   ➡ [ ] 클릭

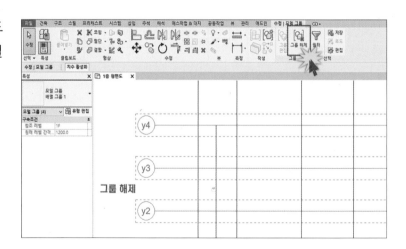

② 그룹 해제된 그리드선 [y4] 클릭 → [수정/그리드] 탭 → [수정] 패널 → [✛] 클릭 → 선택된 그리드 선에서 기준점 지정 → 방향 지시 후 [거리 값 : 1000]을 입력 → Enter↵

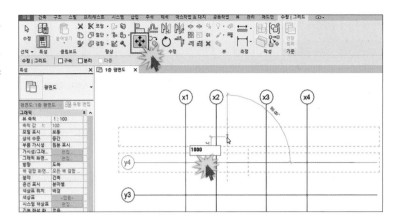

③ 이동된 그리드 선 확인

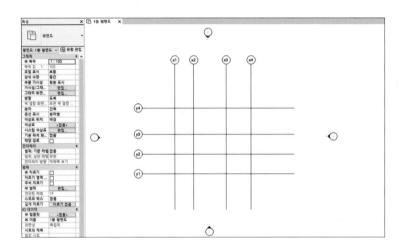

Memo ┃ Autodesk **REVIT & NAVISWORKS**

WISDOM_Autodesk Revit

▌ 간격 차이가 있을 경우 복사 도구의 [☑ 다중] 옵션을 활용하여 연속적인 그리드를 만들 수 있습니다.

① [건축] 탭 ➔ [기준] 패널 ➔ [그리드] 클릭 ➔ 그림과 같이 [x1] 수직 그리드 작성

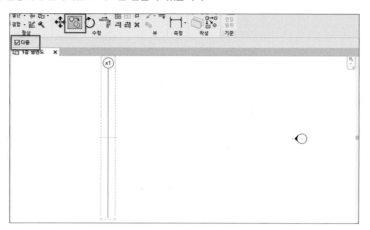

② [수정] 클릭 ➔ 수직 그리드 선택 ➔ [수정/그리드 탭]

➔ [수정] 패널 ➔ [⟳] 클릭 ➔ [옵션 바 : 다중 체크 옵션] ➔ 기준점 지정 ➔ 마우스를 움직여 수평 방향 지시 ➔ [거리 : 3000] 입력 ➔ Enter↵ ➔ 방향 지시 [거리 : 4500] 입력 ➔ Enter↵

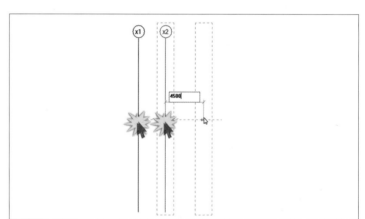

③ ②의 방법으로 [거리 : 4000] 복사

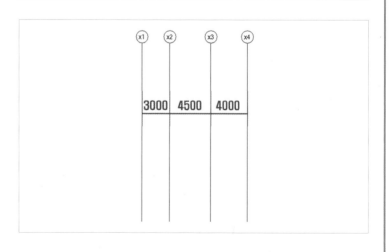

WISDOM_Autodesk Revit

▌간격 차이가 있을 경우 [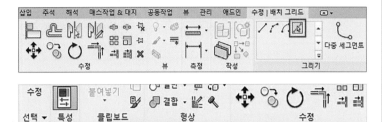] 선 선택과 간격 띄우기 값을 활용하여 보다 쉽게 그리드를 복사할 수 있습니다.

① [건축] 탭 ➜ [기준] 패널 ➜ [그리드] 클릭

② [수정/배치 그리드] 탭 ➜ [그리기] 패널 ➜ [ ] 클릭

③ [옵션] 바 ➜ [간격 띄우기 : 4000] 입력

④ 복사 대상 그리드 위로 마우스 포인터 이동 ➜ 파란색
   [점선]의 간격 띄우기 예정선 표시

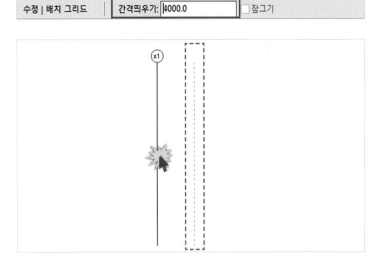

⑤ 복사될 그리드의 방향 결정 후 클릭

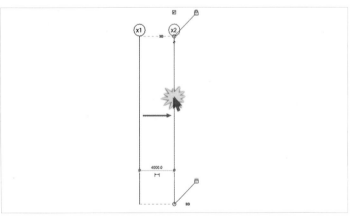

WISDOM_Autodesk Revit

▌ 특성 편집 – 그리드의 헤드를 변경할 수 있습니다.

① 🔲예제 [2-4.rvt] 파일 열기

② [x1] 그리드 선 선택 ➡ [특성] 창 ➡ [🔲 유형 편집]
　 클릭

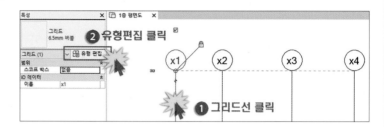

③ 좌측 상단 [　　복제(D)...　　] 클릭
　 (복제를 하지 않고 유형 편집을 하면 그리드의 속성이
　 모두 변하게 됨)

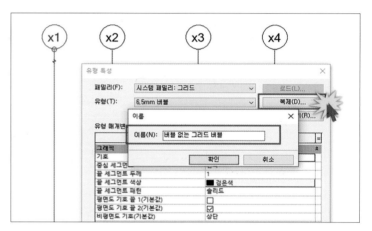

④ [유형 매개변수] 대화상자 ➡ [기호] ➡ [그리드 헤드
　 – 원]을 [그리드 헤드 – 버블 없음]으로 변경

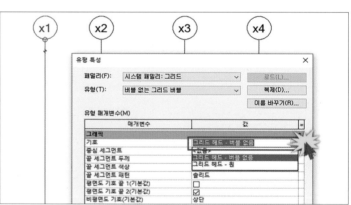

⑤ 변경된 그리드의 [헤드] 확인

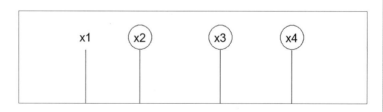

WISDOM_Autodesk Revit

▌특성 편집 – 그리드의 선을 다양한 유형으로 변경할 수 있습니다.

① [예제] [2-4.rvt] 파일 열기

② [x1] 그리드 선 선택 → [특성] 창 → [유형 편집] 클릭

③ 좌측 상단 [복제(D)...   ] 클릭
   (복제를 하지 않고 유형 편집을 하면 그리드의 속성이
   모두 변하게 됨)

④ [중심 세그먼트] → [연속]에서 [사용자]로 변경

⑤ [중심 세그먼트 색상]과 [끝 세그먼트 색상]을 각각 [빨
   간색]과 [파란색]으로 변경

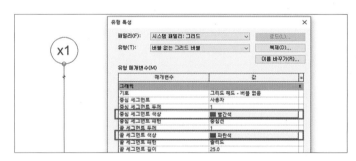

⑥ 특성이 변경된 [그리드 선] 선 확인

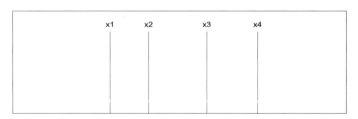

※ 알아 두면 좋아요
   [중심 세그먼트]는 빨간색, [끝 세그먼트]는 파란색으
   로 표시된 영역임.

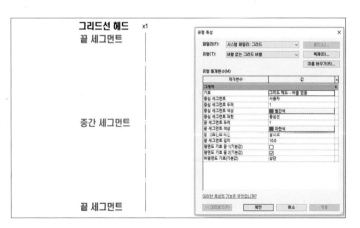

WISDOM_Autodesk Revit

■ [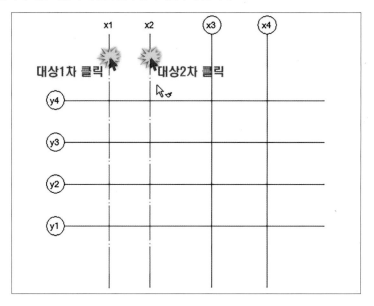] 유형 일치 특성(MA) 도구로 기준 대상과 동일하게 다른 대상의 특성을 쉽게 일치시킬 수 있습니다.

① [수정] 탭 ➜ [클립보드] 패널 ➜ [ ] 클릭 ➜ 기준
  그리드 선 선택

② 그림과 같이 특성을 일치하고자 하는 그리드 선 선택

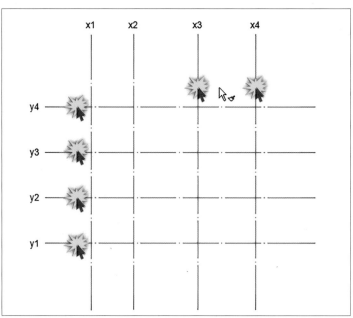

✏️ 2.3 레벨의 작성

높이의 기준이 되는 레벨의 작성과 편집에 대하여 살펴보도록 하겠습니다.

1️⃣ 그리기 도구를 활용한 레벨 작성

[그리기] 도구 중 [선 선택]을 활용한 레벨 생성 및 추가는 프로젝트 탐색기의 평면 변경과 동시에 이루어지는 장점이 있습니다.

① [프로젝트] ➜ [건축 템플릿] 클릭

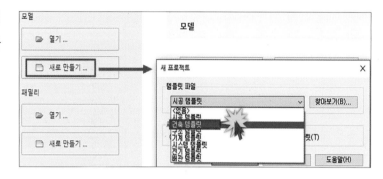

※ 작업 중이라면 키보드에서 Ctrl+N(신규)을 입력 ➜ [새 프로젝트] 대화창 ➜ [건축 템플릿] 선택 ➜ [확인]

② [프로젝트 탐색기] ➜ [입면도] ➜ [남측면도] 더블 클릭

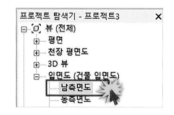

WISDOM_Autodesk Revit

▌[프로젝트 탐색기] 등이 사라졌을 경우에는 이렇게 하세요.

키보드에서 [Alt] 키 입력 ➜ [V] 입력 ➜ [UI] 입력 ➜ [프로젝트 탐색기]의 체크 유무 확인)

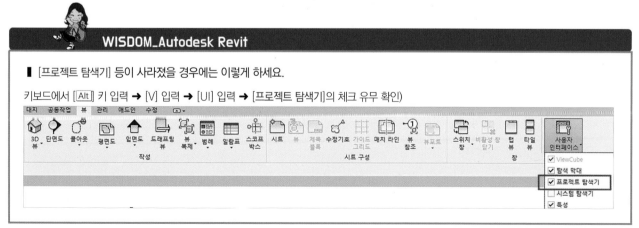

③ 제시된 기본 레벨 확인

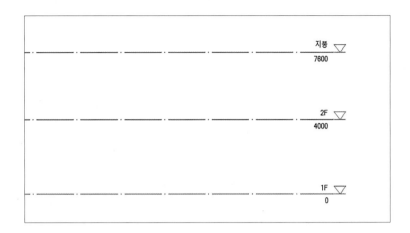

④ 1층을 제외한 2층과 지붕 레벨 동시 선택
  ➔ 키보드의 Del 키 입력하여 삭제
 [평면뷰]는 [배치도]를 제외하고 모두 삭제
  ➔ [지붕평면도]도 모두 삭제.

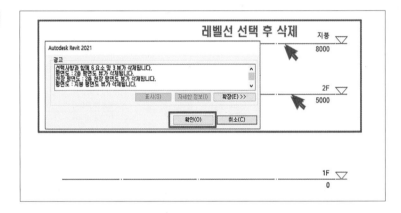

⑤ [뷰] 탭 ➔ [작성] 패널 ➔ [평면도] 클릭 ➔
 [평면도] 클릭

⑥ [새 평면도] 대화상자의 [□ 기존 뷰를 복제하지 않습니다.] 체크 해제 → 확인

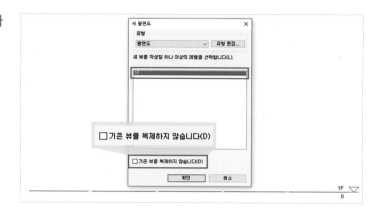

⑦ [평면] 뷰에 [1F]의 뷰가 생성

⑧ [건축] 탭 → [기준] 패널 → [레벨] 클릭
[옵션] 바 → [평면도 유형]에서 [구조평면도]를 제외하고 확인

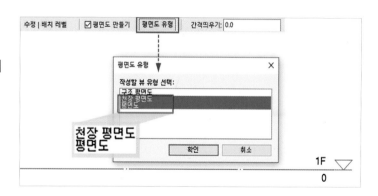

⑨ [수정] 클릭 → [남측면도] → [건축] 탭 → [기준] 패널 → [레벨] 클릭 → [선 선택] → [간격 띄우기 4,000] 입력

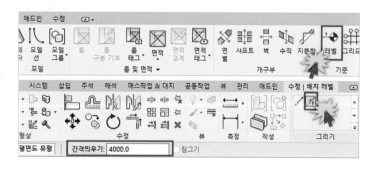

⑩ 1층의 레벨 선 선택 ➡ 레벨선 근처에 마우스 포인터 이동하여 그림과 같이 방향으로 2층의 레벨 값 [5,000] 지정 ➡ 클릭

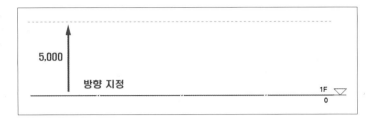

⑪ 같은 방법으로 [선 선택] ➡ 3층 레벨 값 [4,000] 지정 ➡ 클릭

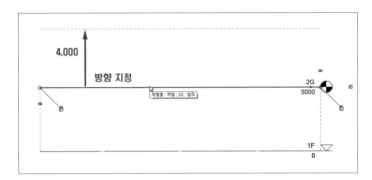

⑫ [레벨명] 더블 클릭 ➡ 각 층 [2F, 3F 또는 RF (지붕층)]에 맞게 레벨명을 수정

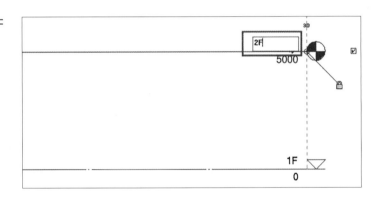

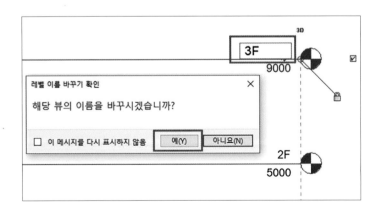

⑬ 2층 레벨 선 클릭 ➔ 마우스 휠을 돌려 헤더
[$\frac{2F}{5000}$ ▽]를 확대 ➔ [⌐♦⌐] [엘보 추가]
클릭

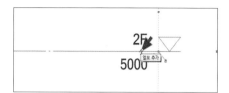

⑭ 2층 레벨 선 클릭 ➔ 추가된 [엘보] 점 클릭
➔ 마우스로 [엘보] 점을 끌기 하여 높이 조
정

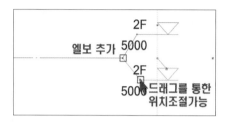

※ [레벨 선] 선택 ➔ [🔒] 클릭 ➔ [🔓]
해제 ➔ 개별 레벨 선의 길이 조정 가능

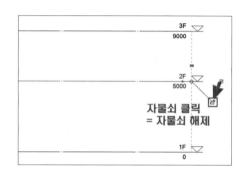

⑮ 프로젝트 탐색기에 추가된 새로운 레벨 확인

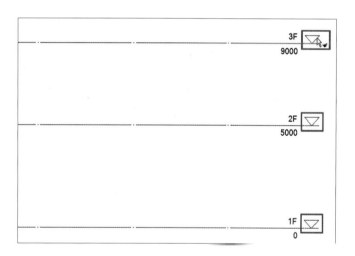

⑯ 프로젝트 탐색기에 추가된 새로운 레벨 확인

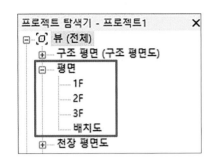

2 복사 도구를 활용한 레벨 작성

① [건축] 탭 ➡ [기준] 패널 ➡ [레벨] 클릭

　[수정] 패널 ➡ [⬡] 사용

② 1층 레벨선 선택 ➡ [⬡] 클릭 ➡ 선택된
　[레벨선]에 기준점 지정 ➡ 마우스를 이동
　하여 방향 지시 ➡ [높이 : 3,500] 입력 ➡
　Enter↵

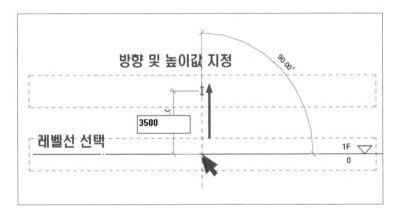

③ ②번과 동일한 방법으로 [높이 : 3,500] 추
　가 [레벨선] 작성

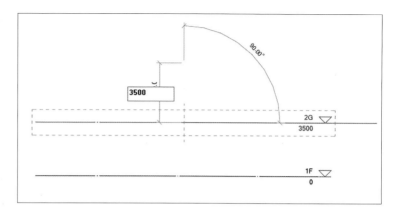

④ [레벨명] 더블 클릭 ➡ 각 층 [2층, 3층 또는
　RF(지붕층)]에 맞게 레벨명 수정

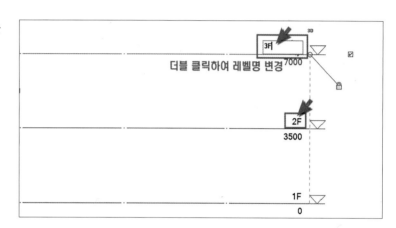

Memo ❚ Autodesk **REVIT & NAVISWORKS**

📥 03. 다양한 건축 및 구조 부재 작성

✏️ 3.1 Revit에서 건축 및 구조 부재의 종류와 특성

① 보 : 수직재의 기둥에 연결되어 하중을 지탱하는 수평 구조 부재

② 벽 : 비내력벽 또는 내력벽을 작성할 수 있으며, 둘레를 형성하여 공간을 규정하는 부재

③ 바닥 : 비내력 또는 내력의 바닥을 작성할 수 있으며, 내부공간의 수평 바닥을 구획하는 부재. 하중을 지탱하며 기둥이나 벽을 튼튼히 일체화하는 역할

④ 기둥 : 상부에서의 하중을 견디고 건물 붕괴를 방지하는 수직 구조재

⑤ 트러스 : 구조 부재가 휘지 않게 접합점을 고정하여 연결한 철재 골조 구조. 아치, 현수 및 보 형식을 일반적으로 사용하며, 대규모 철골 구조 공간을 작성하는 구조재

⑥ 가새 : 기둥의 상부와 다른 기둥 하부를 대각선으로 이어 횡력에 대하여 구조적으로 안전성을 확보하기 위한 경사 구조재

⑦ 보 시스템 : 보와 보를 연결하는 작은 보 작성

⑧ 독립 기초 : 기둥 하나 당 할당되는 기초

⑨ 벽 기초 : 흔히 줄 기초라고 하며, 벽 하부에 설치되는 기초

⑩ 슬래브 기초 : 매트 기초 또는 온통 기초로서 건물의 하중(무게)를 슬래브가 접한 모든 지면으로 전달하는 역할

✏️ 3.2 주요 건축 및 구조 부재 작성

🔳 기초 및 기둥의 작성

(1) 그리드 작성

① [프로젝트] ➡ [건축 템플릿] 클릭

② [건축] 탭 ➡ [기준] 패널 ➡ [⊞] 클릭
　　그리드

③ [프로젝트 탐색기] ➡ [평면] ➡ [1층 평면도]
　　더블 클릭 ➡ [수정/배치 그리드] ➡ [그리기]
　　패널 ➡ [╱] 클릭

④ 그림과 같이 그리드 작성(선 선택이나 복사
　　등의 명령을 이용하여 나머지 그리드 작성)

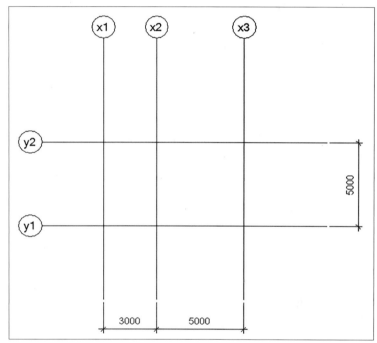

(2) 레벨의 작성

① [프로젝트 탐색기] ➡ [입면도] ➡ [남측면도]
　　더블 클릭

② 키보드에서 [ESC] 키 2회 입력 ➡ [1층 레벨
　　선] 선택 ➡ 아래로 [900] 높이의 레벨 복사

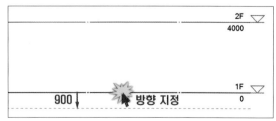

③ 복사된 레벨 [명칭] 더블 클릭 ➜ [기초보]로
　변경
　※보통 기초와 기초를 연결하는 보를 지중
　　보라 함.

④ 엘보 추가 [—⌁—] 클릭 ➜ [엘보] 점을 마우
　스로 클릭 후 끌기 하여 그림과 같이 레벨선
　간의 겹침 해결

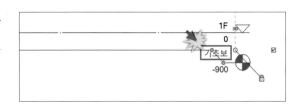

⑤ 작성된 레벨 확인

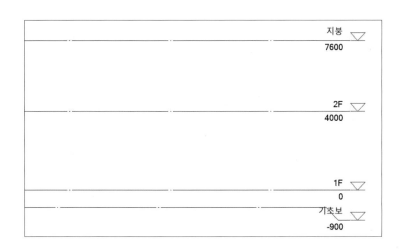

(3) 독립 기초의 작성

① [프로젝트 탐색기] ➜ [평면] ➜ [기초보] 더블
　클릭

② [구조] 탭 ➜ [기초] 패널 ➜ [　　🔨　　]
　　　　　　　　　　　　　　　분리됨(독립기초)

　클릭

③ 〈구조 기초〉 유형 패밀리를 로드하기 위해
　　[예(Y)] 클릭

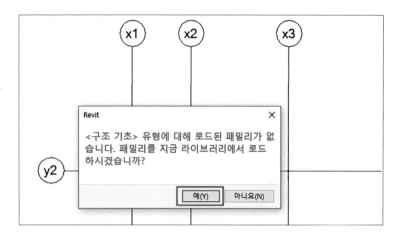

④ [구조 기초] 폴더 ➡ [기초 - 직사각형] 클릭

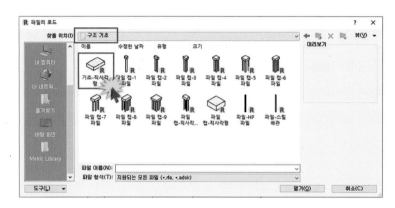

⑤ [수정/배치 복합 기초] 탭 ➡ [다중] 패널 ➡
　　[그리드 에서] 클릭

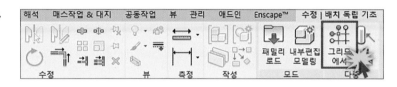

⑥ 마우스를 활용하여 1층 평면도에 배치된
　그리드를 크로싱(Crossing) 선택 방법으
　로 선택

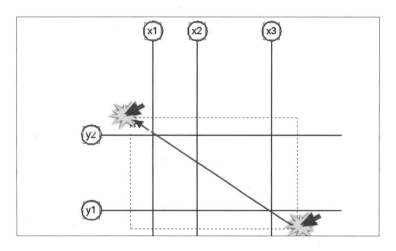

⑦ [수정/배치 독립 기초 〉 그리드 교차에] 탭 ➜
   [다중] 패널 ➜ [완료] 클릭

⑧ 경고문을 확인하고 작업 진행(기초 작성이
   완료되었지만 해당 뷰에서는 볼 수 없다는
   내용)

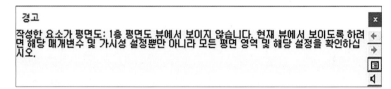

⑨ [특성창] ➜ 우측 스크롤바를 내림 ➜
   뷰 범위 [편집...] ➜ [편집] 클릭 ➜
   [하단 레벨] 또는 [무제한]으로 변경

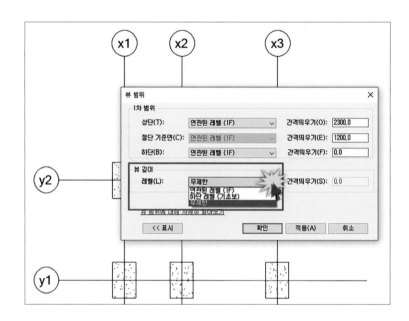

⑩ [기초보] 평면 뷰에서 [기초]가 보이는 것을
   확인

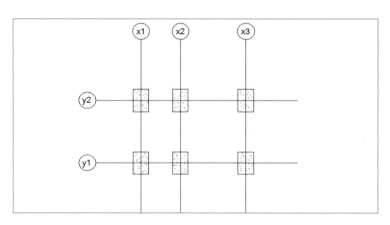

(4) 구조 기둥의 작성

① [프로젝트 탐색기] ➡ [평면] ➡ [기초보] 더블 클릭

② [구조] 탭 ➡ [구조] 패널 ➡ [　] 클릭
기둥

③ [수정/배치 구조 기둥] 탭 ➡ [모드] 패널 ➡ [　] 클릭
패밀리 로드

④ [구조 기둥] 폴더 ➡ [콘크리트] 폴더 ➡ [콘크리트 – 정사각형 – 기둥] 선택 ➡ [열기] 클릭

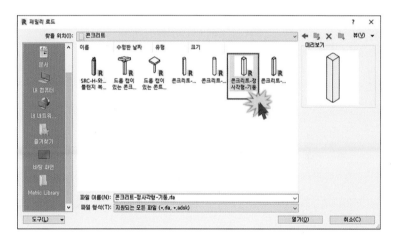

⑤ [옵션]바 ➡ [높이 : 2층]으로 변경

⑥ [수정/배치 구조 기둥] 탭 ➡ [다중] 패널 ➡ [그리드 에서] 클릭

⑦ 크로싱 선택 방법으로 그림과 같이 교차된
　그리드 선택

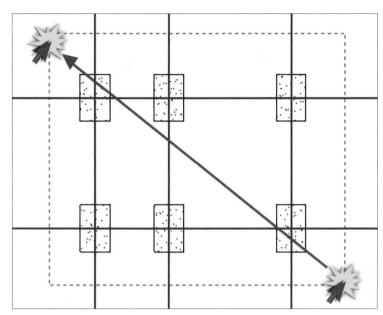

⑧ [신속 접근 도구 막대] ➜ [ ] 클릭 ➜ 작성
　된 기둥 확인

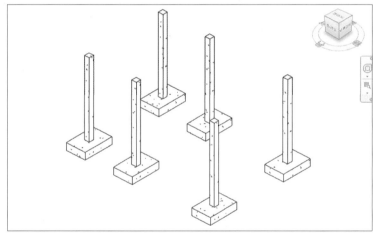

WISDOM_Autodesk Revit

▌ 기둥을 설치할 때 [옵션 바]에서 [높이]가 아닌 [깊이]로 설정하면 그림과 같이 기둥이 위가 아니라 아래로 돌출되므로 주의합니다.

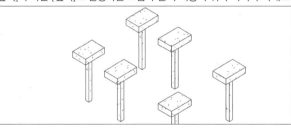

(5) 지중보(=기초보) 작성

① [프로젝트 탐색기] ➜ [평면] ➜ [기초보] 더블
클릭

② [구조] 탭 ➜ [구조] 패널 ➜ [보] 클릭

③ [수정/배치 보] ➜ [모드] 패널 ➜ [패밀리
로드] 클릭

④ [구조 프레임] 폴더➜ [콘크리트] 폴더 ➜ [콘
크리트 – 직사각형 보] ➜ [열기] 클릭

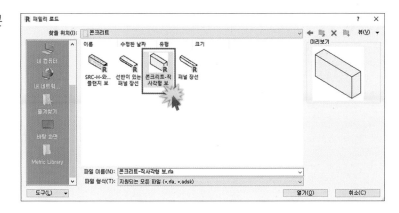

⑤ [수정/배치 보] 탭 ➜ [다중] 패널 ➜ [ㄅㄷ그리드에서]에서

클릭 ➜ 마우스를 활용하여 [기초] 평면도
에 배치된 그리드를 크로싱(Crossing)
방법으로 선택

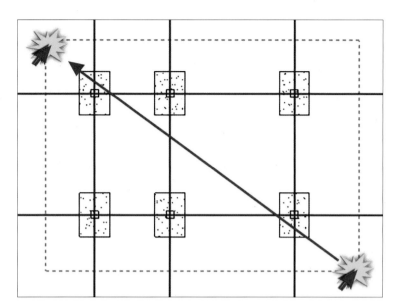

⑥ [신속 접근 도구 막대] ➜ [⌂] 클릭

⑦ [ㄅㄷ수정] 클릭 ➜ 키보드의 [Ctrl] 키를 누른 채
작성된 [기초보] 다중 선택
(보 하나를 선택 후 [SA]를 해도 무방)

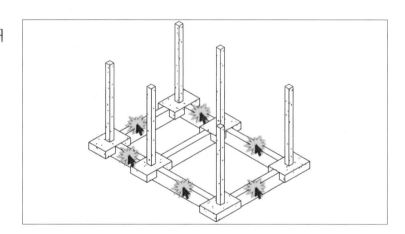

⑧ [특성 창] ➜ [유형 편집] ➜ [복제] ➜ 보의 [이
름 : 400x400mm]로 변경 ➜ [치수] 중 [h :
800]을 [h : 400]으로 변경 ➜ [확인] 클릭

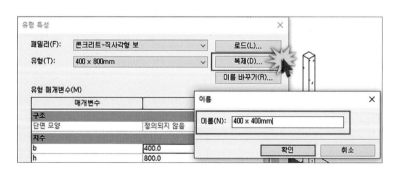

⑨ 변경된 [지중보] 변경 확인

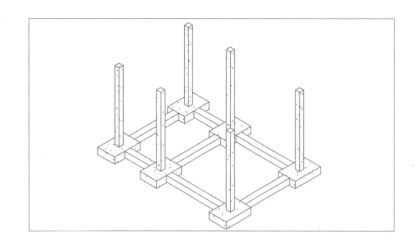

2 벽 기초와 슬래브 기초 작성

🔳예제 파일을 활용하여 벽 기초와 슬래브 기초를 작성하고 편집해 보도록 하겠습니다.

① 🔳예제 [2-5.rvt] 파일 열기

② [신속 접근 도구 막대] ➔ [🏠] 클릭

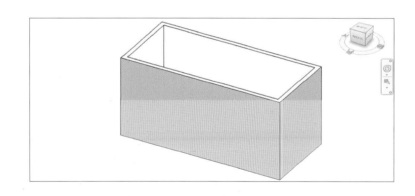

③ [구조] 탭 ➔ [기초] 패널 ➔ [벽] 클릭

④ [특성] 창 ➔ [유형 선택] 창 ➔ [벽 기초] 클릭

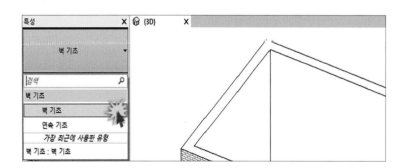

⑤ 그림과 같이 [벽 기초]를 설치하고자 하는
　　[벽] 선택 ➜ [벽 기초] 작성

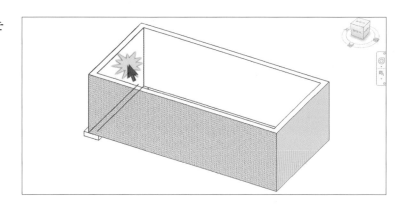

WISDOM_Autodesk Revit

▌[다중 선택] 다중 선택 방법으로 [벽 기초]를 작성해 볼까요? (예제 [2-5.rvt] 파일 열기)

① [구조] 탭 ➜ [기초] 패널 ➜ [벽] 클릭 ➜ [수정 / 배

　　치 벽 기초] 탭 ➜ [다중] 패널 ➜ [다중 선택] 클릭

② [다중 선택] 도구로 벽체 모두 선택 ➜ [완료] 클릭

③ 작성된 [벽 기초] 확인

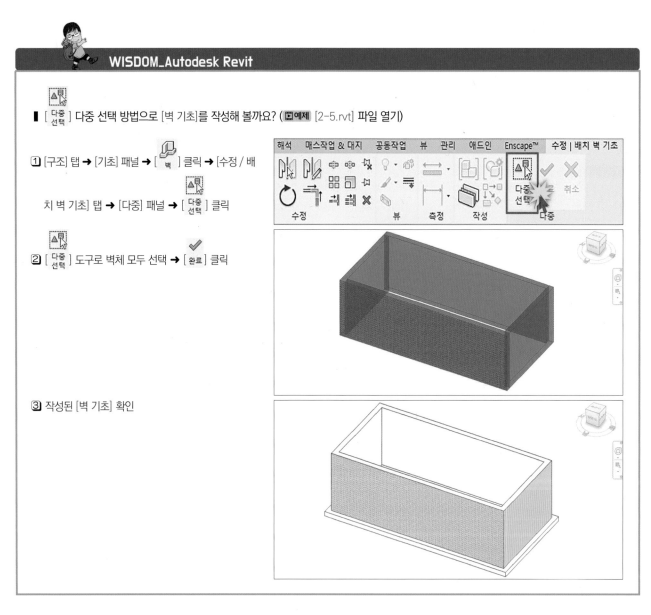

WISDOM_Autodesk Revit

슬래브 기초를 작성해 볼까요? (📗예제 [2-5.rvt] 파일 열기)

① [구조] 탭 ➜ [기초] 패널 ➜ [슬래브] ➜
　[🖊 구조 기초: 슬래브] 클릭

② [수정/바닥 경계 작성] 탭 ➜ [그리기] 패널 ➜ [⬚]
　클릭 ➜ [옵션 바] ➜ [간격띄우기 : 500] 입력

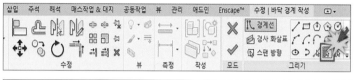

③ 그림과 같이 네 개의 구획된 [벽] 선택 ➜ [✔ 완료] 클릭

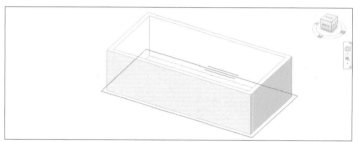

④ 슬래브 기초 작성 결과 확인

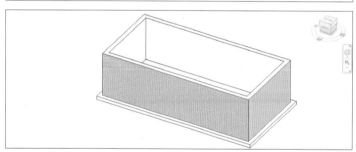

⑤ [구조] 탭 ➜ [기초] 패널 ➜ [슬래브] ➜
　[🖊 바닥: 슬래브 모서리] 클릭

⑥ 그림과 같이 바닥 모서리(edge) 선택 ➜ 바닥 슬래브
　모서리(Slab edge) 작성 확인(바닥 모서리 위에 마우
　스 포인터를 올려 두고 Tab ⇥ 키를 입력하면 연결된
　모서리(edge) 모두 선택 가능)

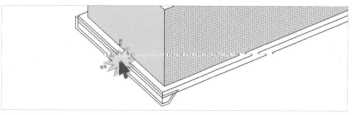

❸ 보 작성

보의 작성과 작성된 보를 여러 층(다층)에 일괄적으로 복사해 보도록 하겠습니다.

① 📽예제 [2-6.rvt] 파일 열기

② [신속 접근 도구 막대] ➡ [🏠] 클릭

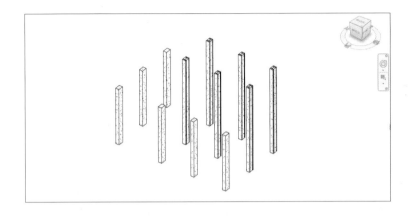

③ [구조] 탭 ➡ [구조] 패널 ➡ [🖼 보] 클릭

④ [수정/배치 보] 탭 ➡ [모드] 패널 ➡ [📥 패밀리 로드]

　클릭

⑤ [패밀리 로드] 대화상자 ➡ 📽예제 로 제공된
　[UB-Universal Beam] 선택 ➡ [열기] 클릭

⑥ [프로젝트 탐색기] ➔ [평면] ➔ [2층 평면도]
더블 클릭

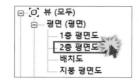

⑦ [구조] 탭 ➔ [구조] 패널 ➔ [보] 클릭

⑧ [수정/배치 보] 탭 ➔ [다중] 패널 ➔ [그리드에서]
클릭

⑨ 크로싱 선택 방법으로 그림과 같이 그리드
선택 ➔ [다중] 패널 ➔ [완료] 클릭

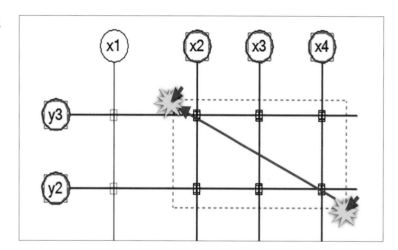

⑩ [신속 접근 도구 막대] ➔ [🏠] 클릭 ➔
생성된 [보] 확인

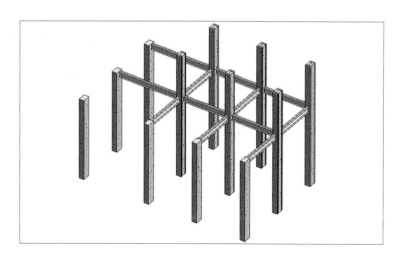

⑪ 작성된 [보] 선택 ➡ 키보드에서 [Ctrl] + C] 입력 ➡ 마우스 포인터를 빈 화면에 클릭하여 마무리

⑫ [수정] 탭 ➡ [클립보드] 패널 ➡ [ 붙여넣기] ➡

[선택한 레벨에 정렬] 클릭

⑬ [레벨 선택] 대화상자 ➡ [지붕] 지정 ➡ [확인] 클릭

⑭ 다층 복사된 보 확인

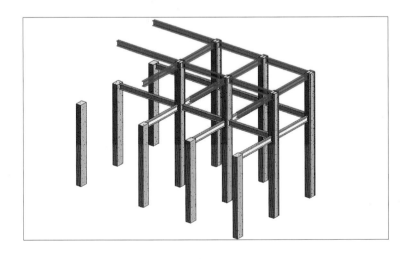

WISDOM_Autodesk Revit

▌ 유형 특성을 변경함으로써 철골 구조 기둥의 크기를 자유롭게 변경할 수 있습니다.

① 설치된 [기둥]을 선택
② [특성] 창 ➡ [유형 편집] 클릭

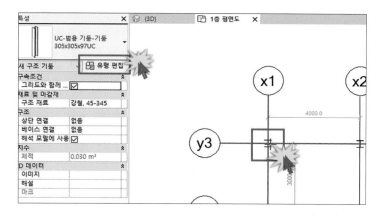

③ [복제(D)...] 클릭 ➡ 기둥의 [명칭] 변경 ➡
　 그림에서와 같이 매개변수의 [값] 변경

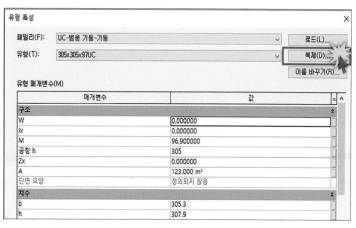

4 보 시스템 작성

① **예제** [2-7.rvt] 파일 열기

② [프로젝트 탐색기] ➔ [평면] ➔ [2층 평면도]
　 더블 클릭

③ [구조] 탭 ➔ [구조] 패널 ➔ [보 시스템] 클릭

④ [수정/보 시스템 경계 작성] 탭 ➔ [그리기] 패
　 널 ➔ [☐] 클릭

⑤ 그림과 같이 철골 기둥의 [끝점]과 [끝점]을
　 지정

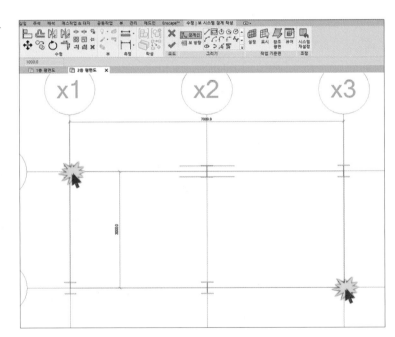

⑥ [수정/보 시스템 경계 작성] 탭 ➔ [그리기]
패널 ➔ [▢] 클릭 ➔ 방금 작성된 사각형
내부에 그림과 같이 임의의 직사각형 작성
➔ [✔완료] 클릭

(옵션 바에서 간격띄우기: -500.0 활용
하면 보다 정확하고 일정한 간격을 가진 내·
외부 도형 작성 가능)

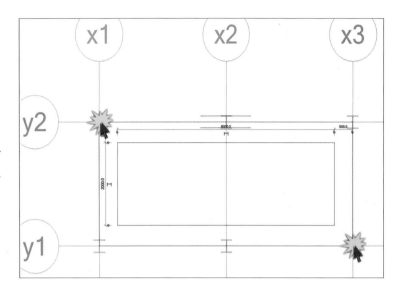

⑦ 작성된 [보 시스템] 확인

([보]에 한 태그(유형명칭)는 아래의 그림과
같이 [특성]창 ➔ [가시성/그래픽] ➔ [편집]
➔ [주석 카테고리 : 구조 프레임 태그]를 활용
하여 뷰에서의 숨김 제어 가능)

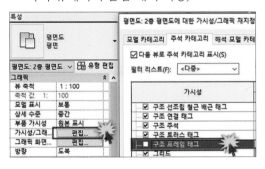

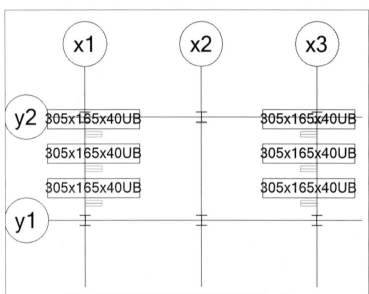

⑧ 작성된 [보 시스템] 클릭 ➔ [특성] 창 ➔ [배치규칙] / [고정간격] / [맞춤] 등의 값 변경 ➔ [보 시스템] 변경

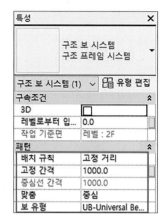

5 가새 작성

가새는 3D 뷰 또는 평면 뷰, 작업 기준면에서 추가할 수 있습니다. 가새 설치 후 선택된 가새의 [그립 점]을 이용하여 각도 및 위치 변경이 가능합니다.

① 📖예제 [2-8.rvt] 파일 열기

② [프로젝트 탐색기] ➔ [평면] ➔ [1층 평면도] 더블 클릭

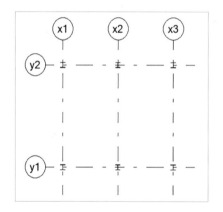

③ [구조] 탭 ➔ [구조] 패널 ➔ [   ] 클릭
가새

④ [수평/배치 가새] 탭 ➔ [그리기] 패널 ➔ [   ] 클릭

⑤ 옵션 바 ➔ [시작 : 1층] / [끝 : 2층]으로 변경 / [3D 스냅]은 가급적 체크 해제

| 시작: 1F | ∨ | 0.0 | 끝: 2F | ∨ | 0.0 | ☐3D 스냅 |

⑥ [1층 평면도]에서 그림과 같이 [y1] 열 그리
드 교차 지점에 좌측부터 마우스 포인터를
지정하여 [가새] 설치 ➔ 이번에는 우측부
터 마우스 포인터를 지정하여 [가새] 설치

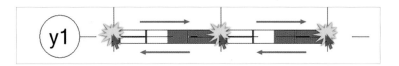

⑦ [신속 접근 도구 막대] ➔ [⌂] 클릭 ➔ 생성
된 가새 확인

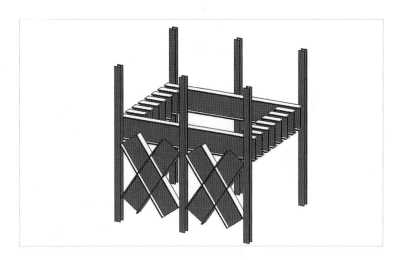

⑧ [⬚수정] 클릭 ➔ [가새] 모두 선택 ➔ [특성] 창
➔ [유형 편집] ➔ [복제] ➔ [이름 : 가새 300]
입력 ➔ [확인] ➔ [치수] ➔ [d값 : 300]으로
변경 ➔ [확인]

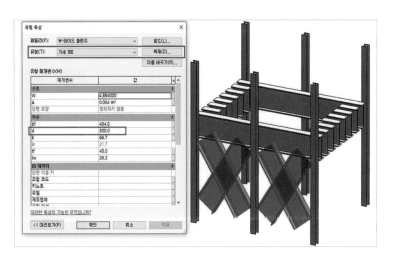

⑨ 크기 변경된 가새 확인

⑩ [가새] 선택 ➡ 양단의 화살표(▶) 클릭 ➡
   좌우 기둥에 접합

⑪ ⑩번과 동일한 방법으로 그림과 같이 나머
   지 가새도 기둥에 접합

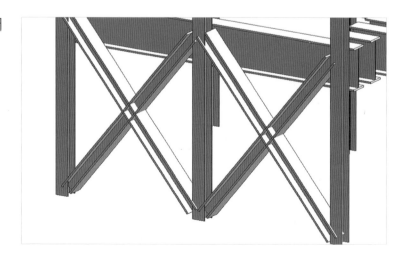

⑫ [수정] 탭 ➜ [형상] 패널 ➜ [코핑] 클릭

⑬ 교차된 [가새]를 각각 선택하여 그림과 같은 형상 작성(클릭 순서에 따른 교차 가새의 형상 변화 확인)

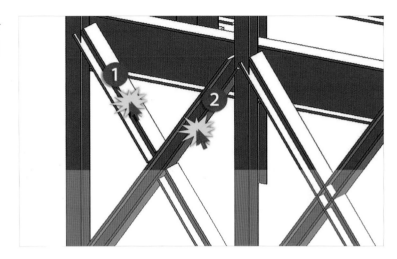

⑭ ⑬번과 동일한 방법으로 그림과 같이 나머지 교차된 가새 형상 작성

6 트러스 작성

① 예제 [2-9.rvt] 파일 열기

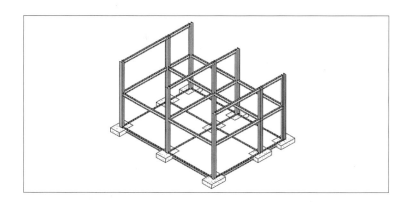

② [구조] 탭 ➜ [구조] 패널 ➜ [트러스] 클릭

③ [구조 트러스] 패밀리 로드를 위해 [예]를 클
릭하거나 해당 대화상자가 나타나지 않을
경우 [삽입] 탭 ➜ [라이브러리에서 로드] 패널
➜ [패밀리 로드] 클릭

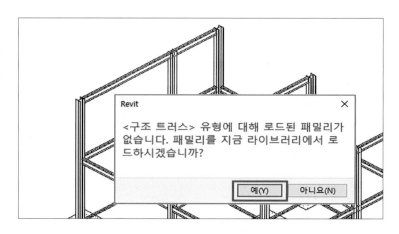

④ [구조 트러스] 폴더 ➜ [프랫 박공 트러스-8패
널] 선택 ➜ [열기] 클릭

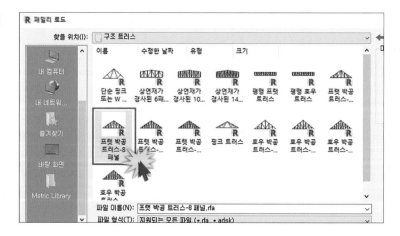

⑤ 그림과 같이 [기둥] 모서리 [끝점]을 그림과
   같이 지정

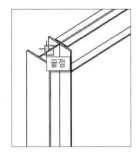

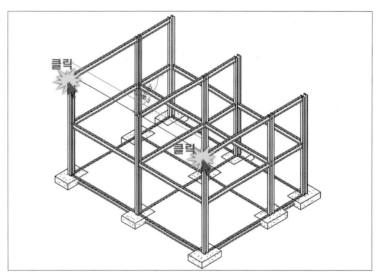

⑥ 그림과 같이 나머지 트러스 작성

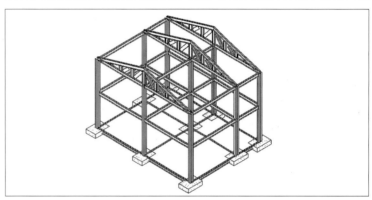

 WISDOM_Autodesk Revit

┃ 트러스 프레임의 유형을 자유롭게 변경할 수 있습니다.

기존에 작성된 트러스의 프레임을[UC-Universal Beam] 프레임으로 변경하는 방법을 살펴보도록 하겠습니다.

① [예제] [2-10.rvt] 파일 열기

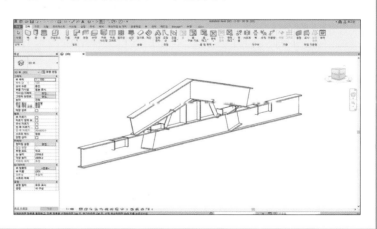

WISDOM_Autodesk Revit

② [삽입] 탭 ➔ [라이브러리에서 로드] 패널 ➔ [패밀리 로드] 클릭

③ [예제] 파일로 제공된 [UB-Universal Beam] 찾기 ➔ [열기] 클릭

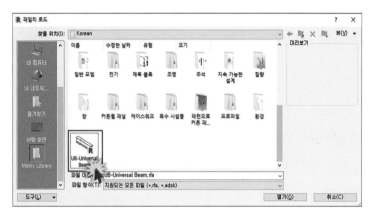

④ 작성된 트러스 선택(주의, 끌기 하여 트러스를 선택을 하면 유형 편집을 할 수 없음) ➔ [특성] 창 ➔ [유형 편집] 클릭

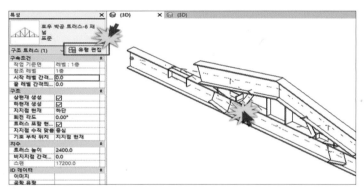

⑤ [복제] 클릭 ➔ [명칭 : 유형 변경 트러스] ➔ 상현재 / 수직재 / 사재 / 하현재 ➔ [구조 프레임 유형] 의 [프레임 유형 설정] 클릭

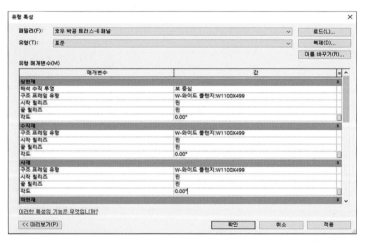

WISDOM_Autodesk Revit

⑥ 그림과 같이 [UB-Univesal Beam] 변경

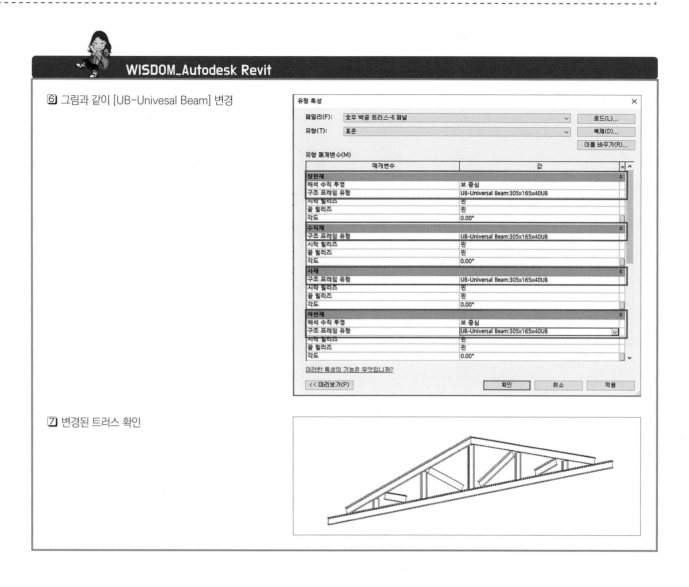

⑦ 변경된 트러스 확인

Memo | Autodesk **REVIT & NAVISWORKS**

7 건축 바닥 작성

다양한 건축 바닥의 작성과 편집에 대하여 살펴보도록 하겠습니다.

① [프로젝트] → [건축 템플릿] 클릭

② [프로젝트 탐색기] → [평면] → [1층 평면도]를
더블 클릭

③ [건축] 탭 → [빌드] 패널 → [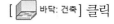바닥] →

[바닥: 건축] 클릭

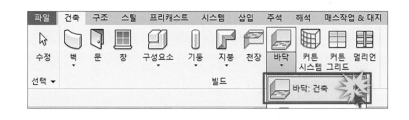

④ [수정/바닥 경계 작성] 탭 → [그리기] 패널 →
[☐] 클릭

⑤ 10,000mm×5,000mm 바닥 경계선 작성
(임시 치수를 참고하여 유사하게 사각형 작
성 ➜ 수직선 선택 ➜ 수평 임시 치수 ➜
10,000으로 수정 ➜ 수평선 선택 ➜ 수직
임시 치수 ➜ 5,000으로 수정)

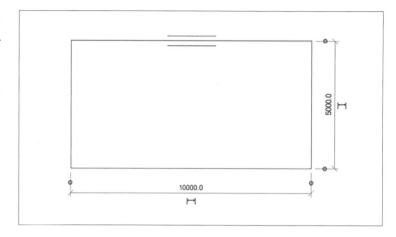

⑥ [수정/경계 편집] 탭 ➜ [그리기] 패널 ➜ [⚡] 클릭

⑦ 옵션 바 ➜ [간격띄우기 : 3,000]으로 변경

⑧ 작성된 좌측 수직선 위로 마우스 이동 ➜ 그
림과 같이 복사 예정선(점선) 방향 확인 후
클릭

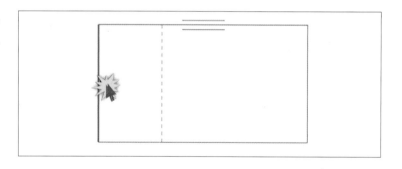

⑨ 작성된 우측 수직선 위로 마우스 이동 ➜ 그
림과 같이 복사 예정선(점선) 방향 확인 후
클릭

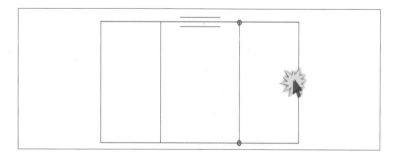

⑩ [수정/경계 편집] 탭 ➡ [그리기] 패널 ➡

[ ] 클릭 ➡ 옵션 바 ➡ [간격띄우기 : 0]

확인 ➡ 그림과 같이 내부 2개의 수직선 하

단 끝점 지정 ➡ 마우스 아래로 끌기 ➡ 그

림과 같이 호의 돌출 위치점 지정

⑪ [수정] ➡ 내부 수직선 선택 ➡ 키보드에서

Del 키를 입력하여 삭제

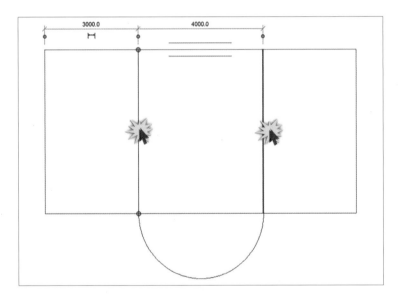

⑫ [수정] 탭 ➜ [수정] 패널 ➜ [⌖] 클릭 ➜ 그

림과 같이 호의 양단 끝점 지정 ➜ [↖수정] ➜

호 내부의 분할된 수평선 선택 ➜ 키보드

[Del] 입력하여 삭제

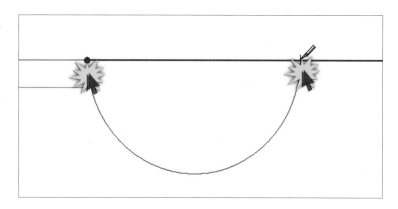

⑬ [수정/경계 편집] 탭 ➜ [모드] 패널 ➜ [✔]

클릭하여 그림과 같이 마무리

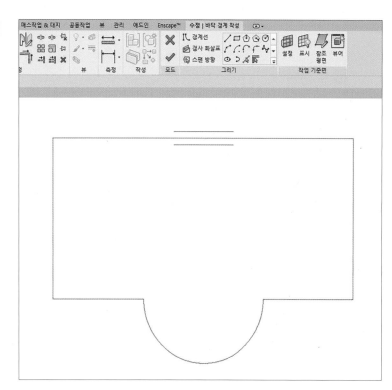

Memo | Autodesk **REVIT & NAVISWORKS**

⑭ [신속 접근 도구 막대] ➡ [🏠] 클릭

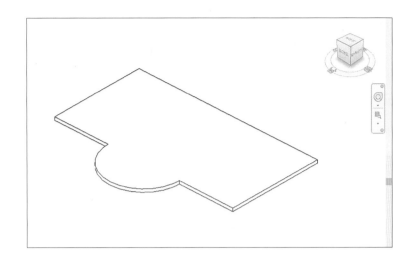

8 벽 작성

다양한 형태의 벽을 작성하고 편집하는 방법을 살펴보도록 하겠습니다.

(1) 벽 도구의 옵션 이해

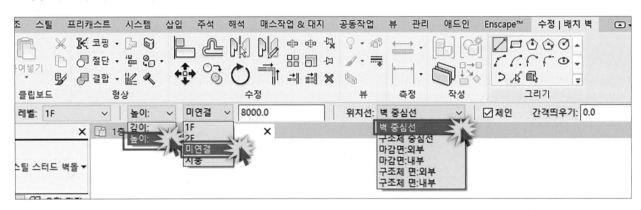

① 높이 / 깊이 : 레벨을 설정하거나 원하는 수치 값을 입력

② 위치선 : 벽 작성 위치를 구체적으로 설정

③ 체인 : 마우스를 이용하여 벽체의 위치점을 연속하여 지정할 경우 벽 선의 끝을 자동으로 연결하여 생성

④ 간격띄우기 : 입력된 수치만큼 간격을 둔 벽 작성

⑤ 반지름 : 호나 모서리가 둥근 벽체 작성

(2) 벽 작성의 기본

① [프로젝트] ➔ [건축 템플릿] 클릭

② [프로젝트 탐색기] ➔ [평면] ➔ [1층 평면도]를
더블 클릭

③ [건축] 탭 ➔ [빌드] 패널 ➔ [벽] ➔

[벽: 건축] 클릭

④ [수정/배치 벽] 탭 ➔ [그리기] 패널 ➔ [✏]
클릭

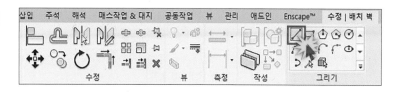

⑤ 마우스를 이동하여 임의의 시작점 지정 ➔
마우스를 포인트를 움직여 [벽] 작성 방향
지시 ➔ 키보드에서 [길이 : 10000] 입력
➔ 키보드에서 Enter 키를 입력 ➔ 길이와 Enter
키를 동일한 방법으로 반복 입력하여 그림
과 같이 [벽] 작성

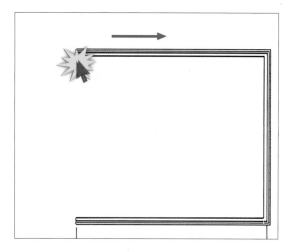

⑥ [벽] 작성 중 그림과 같은 상태에서 키보드
　의 [SZ]를 입력하면 현재의 벽 끝점과 벽 시
　작점을 자동으로 연결하기 위한 점을 찾아
　줌 ➜ 마우스 좌측 버튼을 클릭하여 마무리

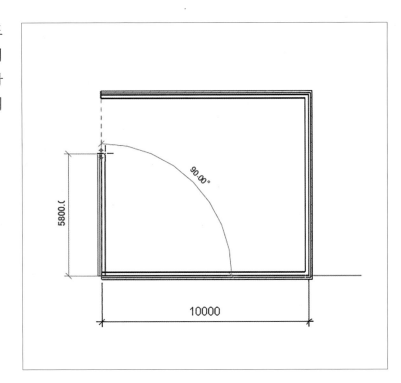

⑦ [신속 접근 도구 막대] ➜ [🏠] 클릭

⑧ [뷰 컨트롤 막대] ➜ [비주얼 스타일]

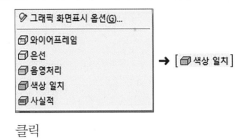

클릭

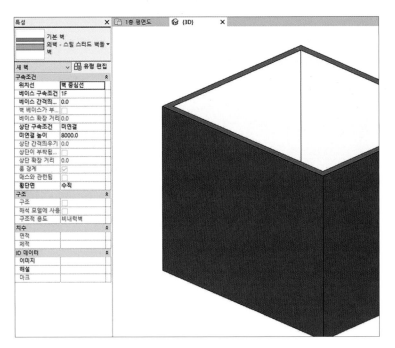

(3) 교차된 벽의 결합 유형

① [건축] 탭 ➜ [빌드] 패널 ➜ [벽] ➜

[벽: 건축] 클릭

② 그림과 같이 [벽] 작성(예제 [2-12.rvt]
파일)

③ [수정] 탭 ➜ [수정] 패널 ➜ [ ] 클릭

④ 다음의 위치에 마우스 포인터 이동 후 클릭

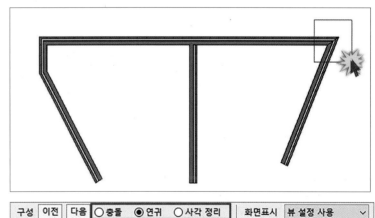

⑤ [충돌/연귀/사각 정리] 중 하나 선택하여 변
경 결과 확인

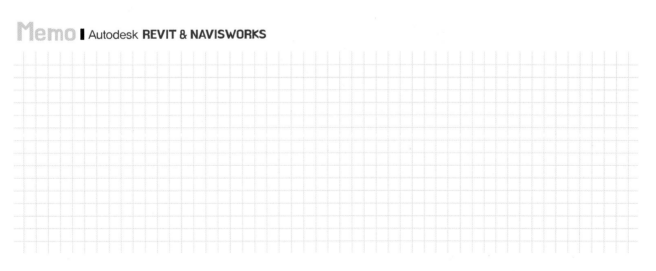

Memo **I** Autodesk **REVIT & NAVISWORKS**

(4) 벽 모서리의 모깎기

① ▣예제 [2-13.rvt] 파일 열기

② [건축] 탭 ➡ [빌드] 패널 ➡ [🗋] ➡

[🗋 벽: 건축] 클릭

③ [수정/배치 벽] 탭 ➡ [그리기] 패널 ➡ [⌒] 클릭

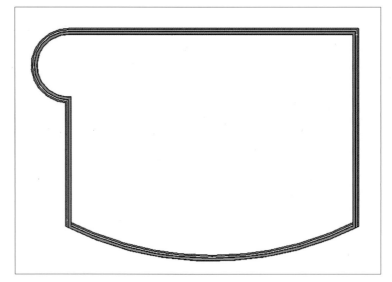

④ 그림과 같이 두 개의 [벽] 선택 ➡ 마우스 포인터를 이용하여 그림과 같이 호 반지름의 위치점 지정

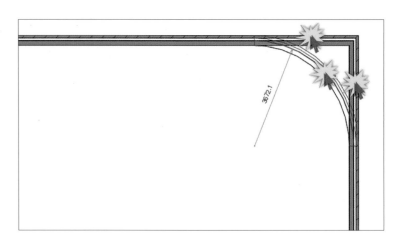

⑤ [⬚수정] ➡ 변경된 [벽] 선택 ➡ 제시된 임시 반지름 치수 선택 ➡ [반지름 : 3500]으로 변경

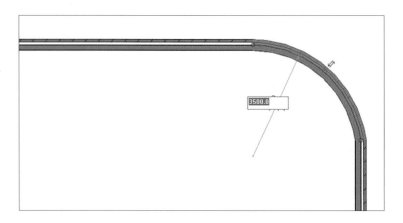

WISDOM_Autodesk Revit

■ 옵션 바의 반지름 치수를 입력하여 보다 쉽게 모깎기를 할 수 있어요.

① [그리기] 패널 클릭 ➡ [옵션 바] ➡ [모깎기 호]
　☑ **반지름** 체크 ➡ 반지름 값 입력

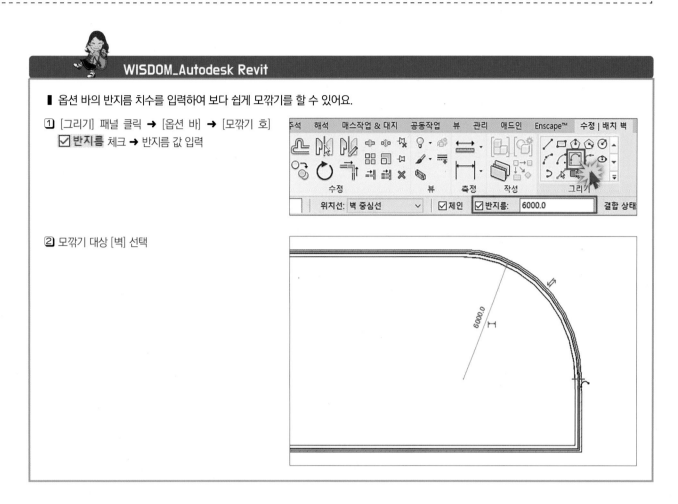

② 모깎기 대상 [벽] 선택

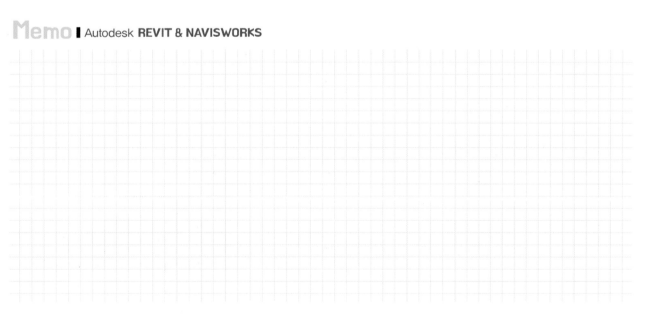

Memo ❚ Autodesk **REVIT & NAVISWORKS**

(5) 유형이 다른 벽이 포함된 적층벽 작성

① [프로젝트] ➜ [건축 템플릿] 클릭

② [프로젝트 탐색기] ➜ [평면] ➜ [1층 평면도]를
더블 클릭

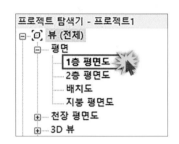

③ [건축] 탭 ➜ [빌드] 패널 ➜ [벽] ➜

[벽: 건축] 클릭 ➜ [수정/배치 벽] 탭 ➜

[그리기] 패널 ➜ [ ] 클릭

④ 그림과 같은 크기(18200×9000mm)의
벽 작성

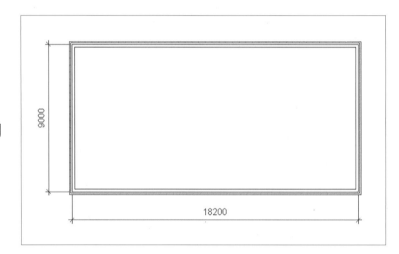

⑤ [신속 접근 도구 막대] ➜ [ ] 클릭

⑥ [수정] ➜ 그림과 같이 전면부 벽 선택 ➜

[특성] 창 ➜ [유형 편집] 클릭

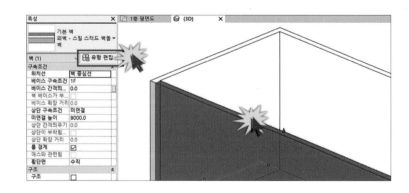

⑦ [유형 특성] 대화상자 좌측 하단의
    << 미리보기(P) 클릭

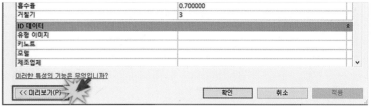

⑧ 대화상자 하단 [미리보기]의 [뷰]를 [단면도]
    로 변경

⑨ 대화상자 상단의 [패밀리] ➔ [시스템 패밀
    리 : 적층벽]으로 변경

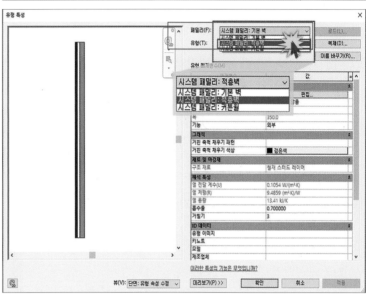

⑩   복제(D)... 클릭 ➔ 명칭 변경 ➔
    [확인] ➔ 편집... 클릭

Memo ┃ Autodesk **REVIT & NAVISWORKS**

⑪ [조합 편집] 대화상자 ➜ 삽입(I) 클릭

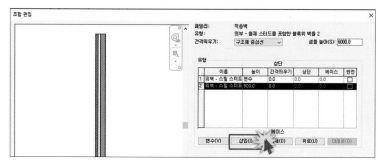

⑫ [이름] 클릭 ➜ [벽체] 유형 변경

⑬ 삽입(I) 클릭 ➜ [일반 – 300mm] 유형
으로 변경

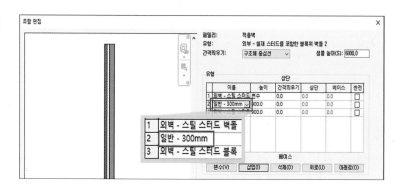

⑭ [간격띄우기] ➜ [구조체 면 : 내부] ➜ [확인]
클릭(간격띄우기를 통해 수직선상의 서로
다른 유형의 벽들을 세밀하게 정렬 가능)

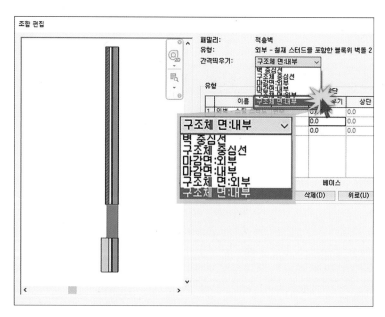

⑮ 변경된 적층벽 확인(변경된 적층벽의 방향
　이 그림과 다를 경우 해당 적층벽을 선택 후
　키보드에서 [Space Bar] 를 입력하여 그림과
　같이 방향 전환시킴)

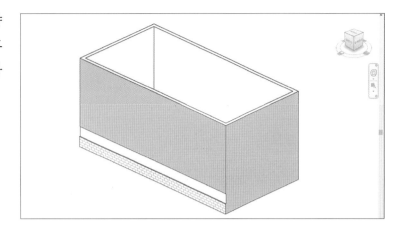

⑯ [수정] 탭 ➜ [클립보드] 패널 ➜ 유형 일치 특
　성[🖉] 클릭 ➜ 작성된 [적층벽] 선택 ➜ 나
　머지 [일반벽]을 선택하여 유형을 일치시
　킴.

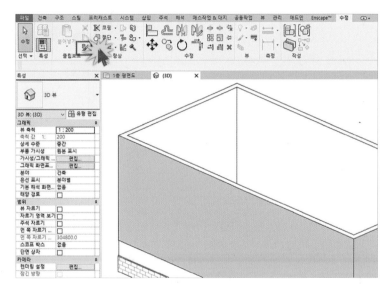

⑰ 변경된 적층벽 확인

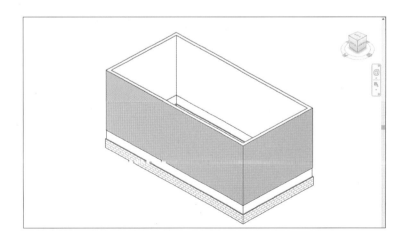

(6) 커튼월 점두(=점포 앞)가 포함된 내포벽 작성

① **예제** [2-14.rvt] 파일 열기

② [프로젝트 탐색기] ➡ [평면] ➡ [1층 평면도]를
더블 클릭

③ [건축] 탭 ➡ [빌드] 패널 ➡ [벽] ➡

[벽: 건축] 클릭 ➡ [특성]창 ➡ [유형 선
택] 창 ➡ [점포 앞] 클릭

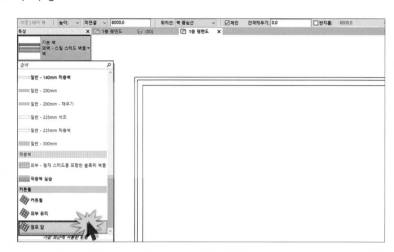

④ 그림과 같이 마우스 포인터를 지정하여 하
단부 벽 위에 겹쳐 [커튼월 점두(점포 앞)] 작
성

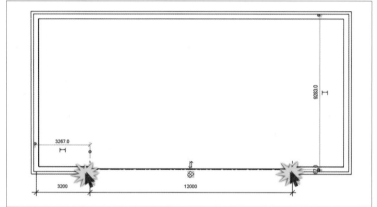

⑤ [신속 접근 도구 막대] ➡ [⌂] 클릭 ➡

[수정] ➡ [커튼월 점두 앞]의 외곽선 선택 ➡

제시된 화살표(▲)를 클릭 후 끌기 하여 커
튼월의 크기 변경

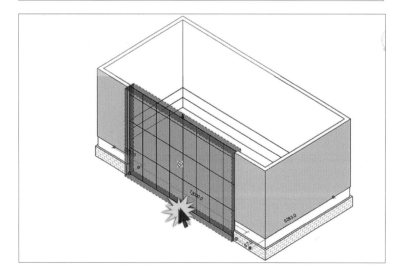

⑥ 그림과 같이 [커튼월 점두(점포 앞)] 상하 및
　좌우의 크기를 변경하면 기존 벽의 형태도
　자동으로 변경됨

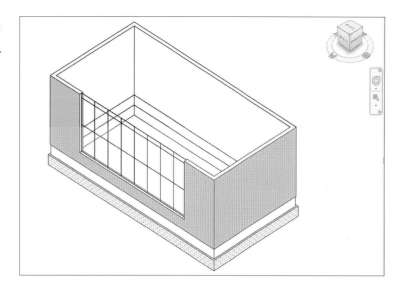

WISDOM_Autodesk Revit

▌ 내포벽으로 적용된 커튼월 점두(점포 앞)를 삭제하면 기존 벽의 형상이 복구됩니다.

Memo ▌ Autodesk **REVIT & NAVISWORKS**

(7) 다른 유형의 벽이 포함된 내포벽 작성

① 🖼️예제 [2-15.rvt] 파일 열기

② [프로젝트 탐색기] ➜ [평면] ➜ [1층 평면도]를
더블 클릭

③ [건축] 탭 ➜ [빌드] 패널 ➜ [벽] ➜

[🏳️ 벽: 건축] 클릭 ➜ [특성]창 ➜ [유형 선택]

창 ➜ [기본 벽 일반 – 300mm] 클릭

④ 그림과 같이 하단 벽 위에 겹쳐 [다른 유형]
의 벽 작성

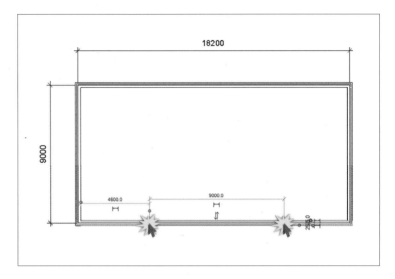

⑤ 겹침 경고문 발생 ➜ 확인 후 작업 계속 진행

⑥ [수정/배치 벽] 탭 ➜ [형상] 패널 ➜
[🗗 절단] 클릭

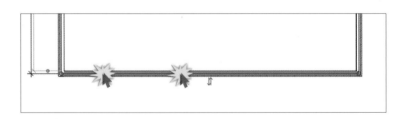

⑦ 기존 벽체 선택 ➜ 신규 벽체 선택

⑧ 작성된 [내포벽] 확인

⑨ [신속 접근 도구 막대] ➡ [🏠] 클릭

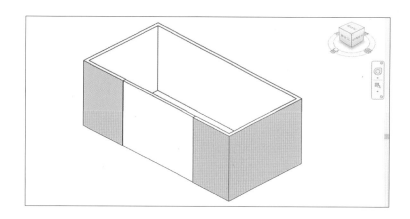

(8) 일반 벽을 활용한 유리 곡면벽 작성

그림과 같이 유리벽의 곡면을 따라 흐르는 스윕 객체 작성법에 대하여 살펴보도록 하겠습니다.

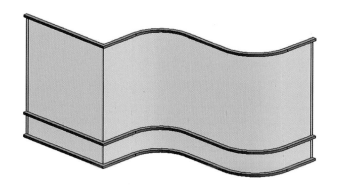

① 🎬예제 [2-16.rvt] 파일 열기

② [프로젝트 탐색기] ➡ [평면] ➡ [1층 평면도]를
   더블 클릭

③ 그림과 같은 위치의 [벽] 선택 ➡ [특성] 창
   ➡ [유형 편집] ➡ [미리보기] 클릭

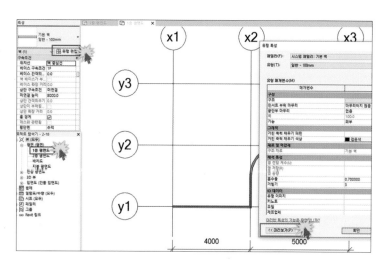

④ [미리보기]의 [뷰]를 [단면도]로 변경 ➜ [복
제] 클릭 ➜ [이름 : 유리벽]으로 변경

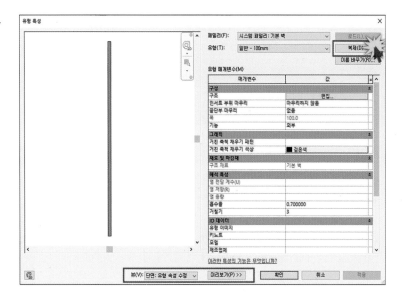

⑤ [유형 매개변수] ➜ [구조] ➜ [편집] 클릭

⑥ [구조 [1]] ➜ [재료] ➜ [기본 벽] 클릭 ➜ [⋯]
클릭

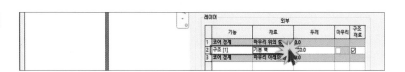

⑦ [재료 탐색기] ➜ [프로젝트 재료] ➜ [유리] 선
택 ➜ [확인] 클릭

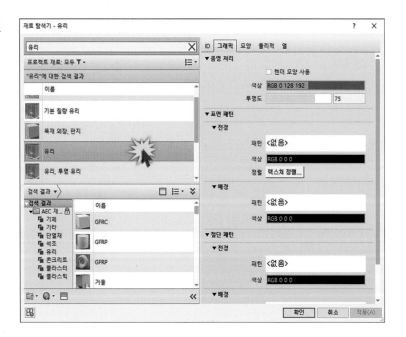

⑧ [조합 편집] 대화상자 ➡ 유리의 [두께 : 20]
으로 변경 ➡ 대화상자 하단의 [수직 구조 수
정] ➡ [스윕] 클릭

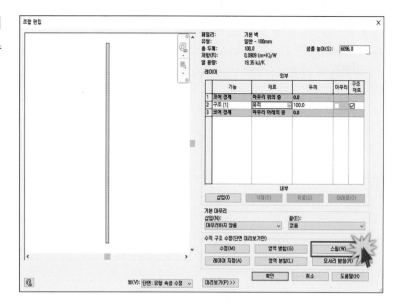

⑨ [벽 스윕] 대화상자 ➡ [추가] 버튼 3회 클릭
➡ 그림과 같이 [거리]와 [위치]값 변경 ➡
[확인] 클릭

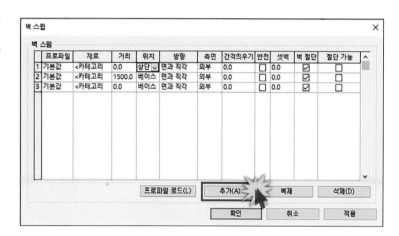

⑩ [조합 편집] 대화상자 ➡ 하단의 [확인] 클릭
하여 마무리

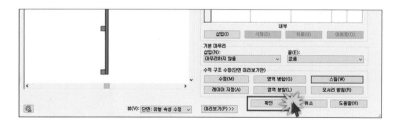

⑪ [수정] ➡ [벽] 전체 선택 ➡ [특성] 창 ➡ [유

리벽]으로 변경

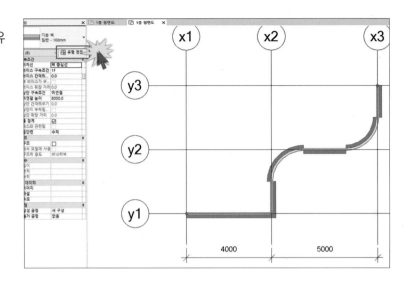

⑫ [수정] ➡ 방향이 일치되지 않은 [벽] 선택 ➡

키보드에서 Space Bar 입력 ➡ [벽] 방향 변경

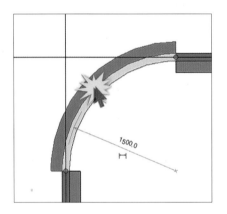

⑬ [신속 접근 도구 막대] ➡ [⌂] 클릭

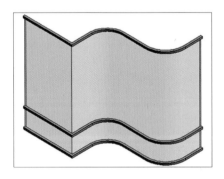

(9) 내부 편집 모델링 도구를 활용한 경사벽 작성

기본 벽에서 구현하지 못하는 경사벽 작성법에 대하여 살펴보도록 하겠습니다.

상단과 하단의 폭 차이로 측면이 경사진 벽을 일명 [Taper wall]이라고 합니다.

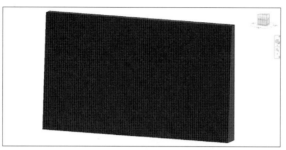

① [건축] 탭 → [빌드] 패널 → [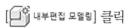] →

　　[내부편집 모델링] 클릭

② [패밀리 카테고리 및 매개변수] 대화상자 →

　　[패밀리 카테고리] → [벽] 선택 → [확인] 클릭

　　→ [이름 : 경사벽] 입력 후 [확인] 클릭

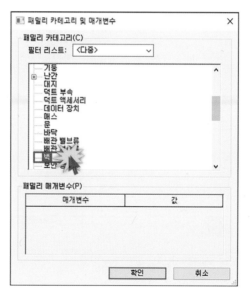

③ [작성] 탭 → [형식] 패널 → [] 클릭

④ [프로젝트 탐색기] → [1층 평면도] 더블 클릭

⑤ [수정/혼합 베이스 경계 작성] 탭 → [그리기] 패널 → [☐] 클릭 → 그림과 같이 [하단 직 사각형] 작성

⑥ [수정/혼합 베이스 경계 작성] 탭 → [모드] 패 널 → [상단 편집] 클릭

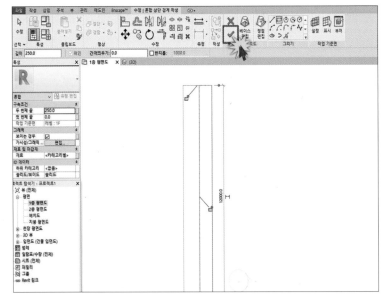

⑦ [수정/혼합 베이스 경계 작성] 탭 → [그리기] 패널 → [☐] 클릭 → 그림과 같이 작성된 직사각형의 상·하단이 접합되고 좌우가 내 부에 위치된 [상단 직사각형] 작성 → [모드] 패널 → [✔] 클릭

⑧ [신속 접근 도구 막대] → [⌂] 클릭

⑨ [수정] → 작성된 객체 선택 → [특성] 창 → [구속조건]의 [두 번째 끝]의 [수치값 : 4000] 입력(화살표를 클릭 후 끌기 하여 객체 크 기 조정 가능)

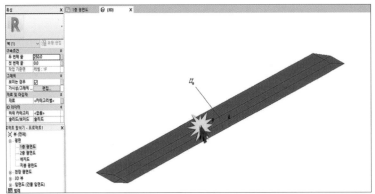

⑩ [작성] 탭 ➡ [내부편집기] 패널 ➡ [모델
완료] 클릭

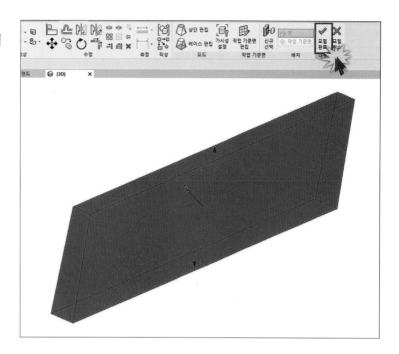

⑪ [건축] 탭 ➡ [빌드] 패널 ➡ [문] 클릭

⑫ 그림과 같은 위치에 마우스 포인터 이동 후
클릭

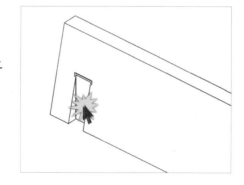

⑬ [건축] 탭 ➡ [빌드] 패널 ➡ [창] 클릭

⑭ 그림과 같은 위치에 마우스 포인터 이동 후
클릭

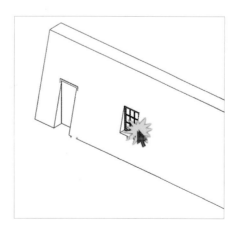

9 커튼월의 작성

Revit에서는 커튼월의 작성이 매우 편리합니다. 커튼월의 구성과 다양한 작성방법에 대해서 살펴 보도록 하겠습니다.

(1) 커튼월 구성 요소의 이해

커튼월은 그리드와 패널 그리고 멀리언으로 구성되어 있습니다. 그리드는 언제든지 추가 · 삭제가 가능하고 그리드를 기준으로 멀리언 작성이 이루어집니다.

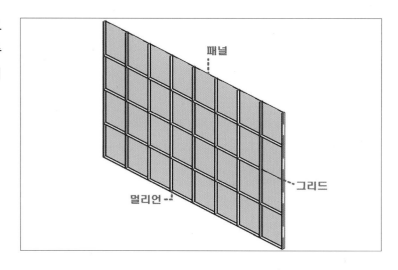

WISDOM_Autodesk Revit

▌ Revit에서 제공되는 기본 커튼월은 3가지입니다.

① 커튼월 : 그리드 없음
② 커튼월 외부 유리 : 일부의 그리드
③ 커튼월 점두(점포 앞) : 다수의 그리드

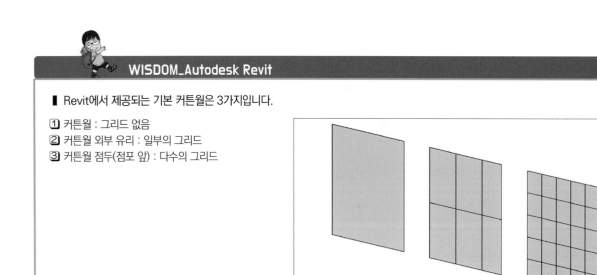

커튼월　　커튼월 외부유리　　커튼월 점포앞(점두)

(2) 벽을 활용한 커튼월 작성

① [프로젝트 탐색기] ➜ [평면] ➜ [1층 평면도]
더블 클릭 ➜ [건축] 탭 ➜ [빌드] 패널 ➜
[벽] ➜ [벽: 건축] 클릭 ➜ [그리기] 패
널 ➜ [/] 클릭 ➜ 그림과 같은 길이의 벽
체 작성

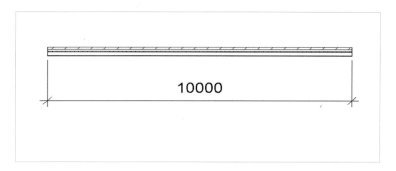

② [신속 접근 도구 막대] ➜ [⌂] 클릭

③ [수정] ➜ 작성된 객체 선택 ➜ [특성] 창 ➜
[커튼월 외부유리]로 변경

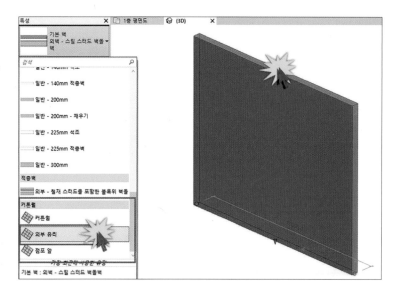

④ 작성된 커튼월 확인

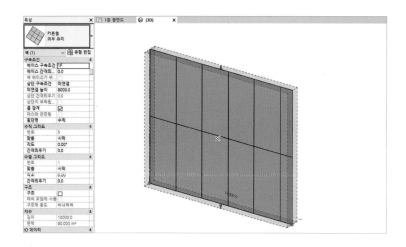

(3) 벽 내부의 부분 커튼월 작성

① 📁예제 [2-17.rvt] 파일 열기

② [신속 접근 도구 막대] ➔ [🏠] 클릭

③ 제시된 [벽] 선택 ➔ [수정] 탭 ➔ [수정] 패널
   ➔ [✂] 클릭 ➔ 그림과 같이 자르기 위치
   점을 마우스 포인터로 지정

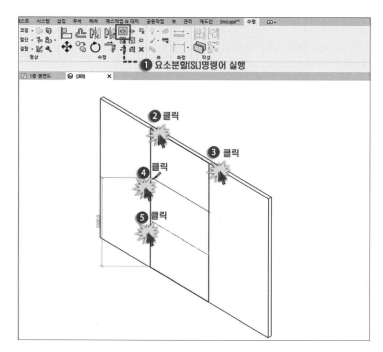

④ [🖱 수정] ➔ 그림과 같이 분할된 [벽] 선택 ➔
   [특성] 창 ➔ [커튼월] ➔ [🪟 점포 앞 (점두)]
   으로 변경

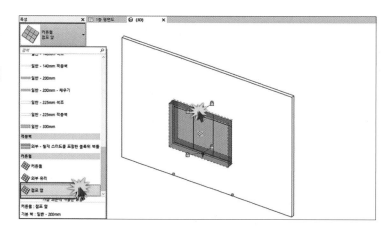

⑤ 작성된 커튼월 확인

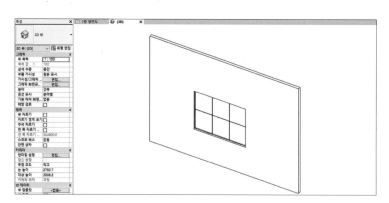

WISDOM_Autodesk Revit

▌ [요소분할]과 [간격분할]은 차이가 있습니다.

① [요소분할]이 아닌 [간격분할]로 분할하면 우측 그림과 같이 분할 위치에 간격이 발생됨.

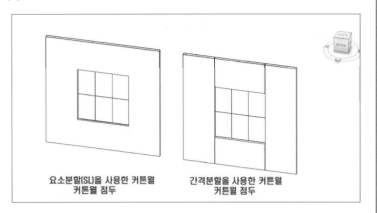

요소분할(SL)을 사용한 커튼월
커튼월 점두

간격분할을 사용한 커튼월
커튼월 점두

② [간격 분할] 할 경우, [옵션]바의 [조인트 간격] 값을 조절할 수 있음.

Memo ▌ Autodesk REVIT & NAVISWORKS

(4) 커튼월 그리드 편집

① **예제** [2-18.rvt] 파일 열기

② [수정] ➡ 그림과 같이 [벽] 선택 ➡ [특성] 창

   ➡ [커튼월]로 변경

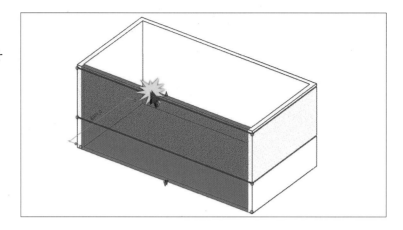

③ [건축] 탭 ➡ [빌드] 패널 ➡ [커튼 그리드] 클릭

④ [수정/배치 커튼월 그리드] ➡ [모든 세그먼트] 클릭

⑤ 마우스 포인터 이동 ➡ 제시되는 임시 치수
   를 참고하여 그림과 같이 [1400] 간격의 좌
   측 수직 그리드와 [4000] 간격의 수평 그리
   드 추가 ➡ [1400] 간격의 우측 수직 그리
   드선 추가 작성

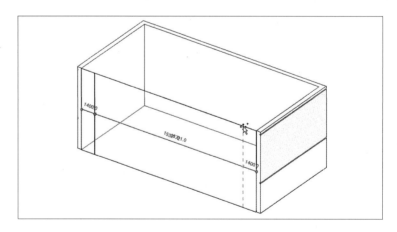

⑥ 완료된 그리드 확인

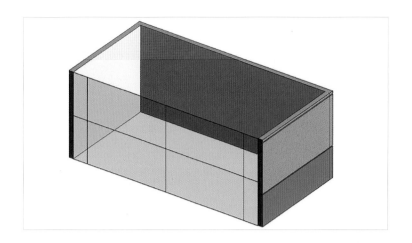

⑦ [수정] ➡ [수평 그리드] 클릭 ➡ [수평/커튼

월 그리드] 탭 ➡ [커튼 그리드] 패널 ➡

[세그먼트
추가/제거] 클릭

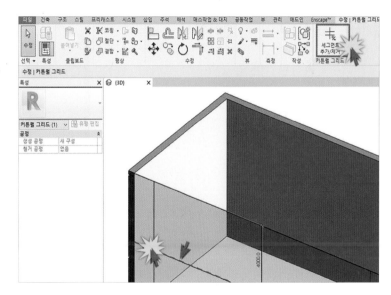

⑧ 그림과 같이 삭제하고자 하는 [그리드]

선택

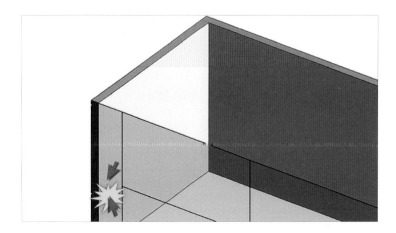

⑨ [🖱수정] ➜ [수평 그리드] 클릭 ➜ [수평/커튼월

그리드] 탭 ➜ [커튼 그리드] 패널 ➜ [➕%세그먼트 추가/제거]

클릭 ➜ 그리드 복구를 위해 삭제된 위치에

서 [점선]으로 표시되는 그리드 클릭

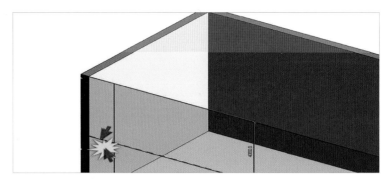

(5) 커튼월 그리드 일괄 작성

① 🖻예제 [2-19.rvt] 파일 열기

② [신속 접근 도구 막대] ➜ [🏠] 클릭

③ [🖱수정] ➜ 작성된 [커튼월] 클릭

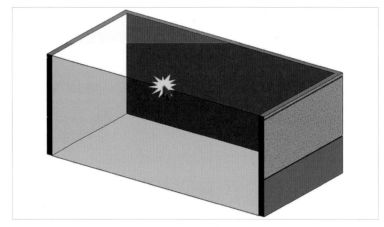

④ [특성] 창 ➜ [유형 편집] 클릭

⑤ [복제] ➜ [이름 : 그리드 작성] ➜ [확인] 클릭

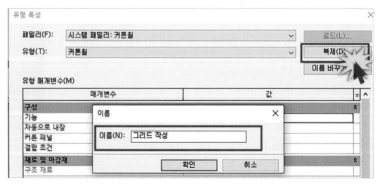

⑥ [매개변수] ➜ [수직 그리드] ➜ [배치 : 고정 개수] 클릭

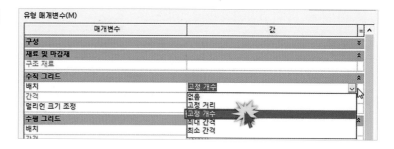

⑦ 그림과 같이 수직 그리드 / 수평 그리드의 [간격 : 1500]으로 변경 ➜ [확인] 클릭

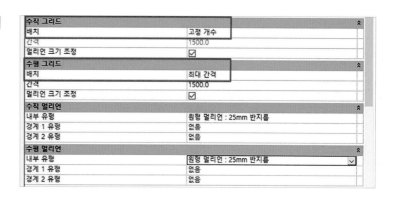

⑧ 작성된 그리드 확인

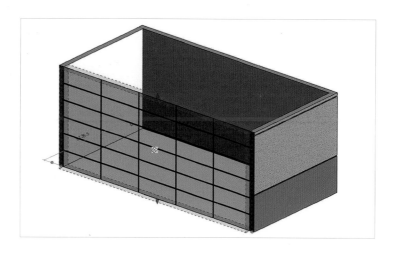

Memo ▌Autodesk REVIT & NAVISWORKS

⑨ [특성] 창 ➜ [수직 그리드]의 [번호 : 6]으로
　변경 ➜ [수평 그리드]의 [각도 : 45]로 변경
　➜ [적용] 클릭

특성		✕
	커튼월 그리드 작성	▼
벽 (1)	∨	⊞ 유형 편집
수직 그리드		⌃
번호	6	
맞춤	시작	
각도	0.00°	
간격띄우기	0.0	
수평 그리드		⌃
번호	12	
맞춤	시작	
각도	45.00°	
간격띄우기	0.0	

⑩ 변경된 그리드 확인

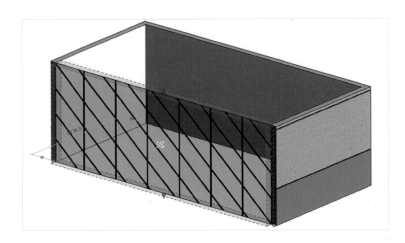

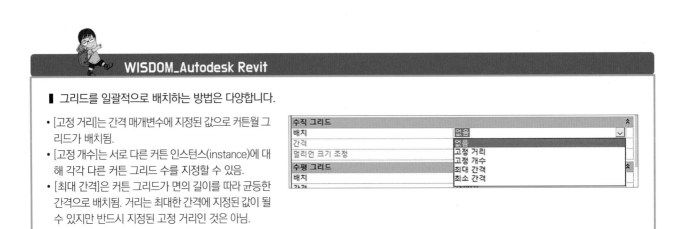

WISDOM_Autodesk Revit

▌ 그리드를 일괄적으로 배치하는 방법은 다양합니다.

• [고정 거리]는 간격 매개변수에 지정된 값으로 커튼월 그
리드가 배치됨.
• [고정 개수]는 서로 다른 커튼 인스턴스(instance)에 대
해 각각 다른 커튼 그리드 수를 지정할 수 있음.
• [최대 간격]은 커튼 그리드가 면의 길이를 따라 균등한
간격으로 배치됨. 거리는 최대한 간격에 지정된 값이 될
수 있지만 반드시 지정된 고정 거리인 것은 아님.

수직 그리드		⌃
배치	없음	∨
간격	없음	
멀리언 크기 조정	고정 거리	
	고정 개수	
수평 그리드	최대 간격	⌃
배치	최소 간격	
간격		

(6) 커튼월 멀리언 작성

① 🎬예제 [2-20.rvt] 파일 열기

② [신속 접근 도구 막대] ➜ [🏠] 클릭

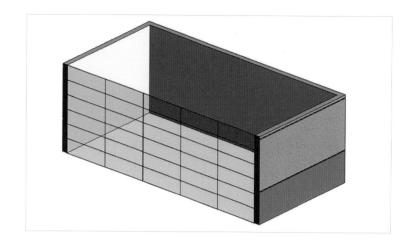

③ [건축] 탭 ➜ [빌드] 패널 ➜ [멀리언] 클릭

④ [수정/배치 멀리언] 탭 ➜ [배치] 패널 ➜ [모든 그리드 선] 클릭

⑤ [특성] 창 ➜ [원형 멀리언] ➜ [유형 : 25mm 반지름]으로 변경

⑥ 작성된 그리드를 선택하여 그림과 같이 [멀
리언] 작성

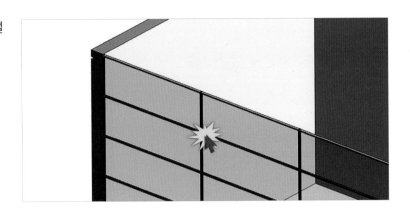

WISDOM_Autodesk Revit

▌ 멀리언 생성 방법은 다양해요.

① [그리드 선] : 단일 그리드를 변경

② [그리드 선 세그먼트] : 그리드 선에 의해 교차된 일부분을 변경

③ [모든 그리드 선] : 모든 그리드 선을 일괄 변경

Memo ▌ Autodesk **REVIT & NAVISWORKS**

(7) 유리 패널 재료 변경

① 📁예제 [2-21.rvt] 파일 열기

② [신속 접근 도구 막대] ➜ [🏠] 클릭

③ [수정] ➜ 변경하고자 하는 [유리 패널]에

근접된 멀리언 위로 마우스 포인터 이동

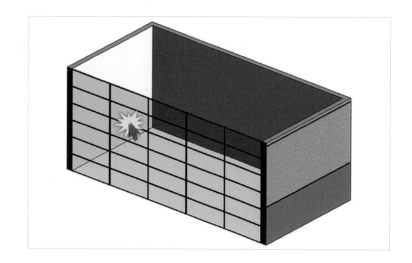

④ 키보드 Tab 키를 순차적으로 입력 ➜
[유리 패널]이 선택되면 마우스 좌측 버튼 클릭

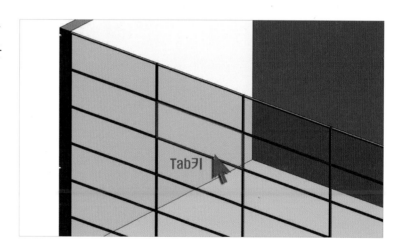

⑤ [특성] 창 ➜ [유형 편집] ➜ [복제] ➜ [이름 :
나무 패널] ➜ [확인] 클릭

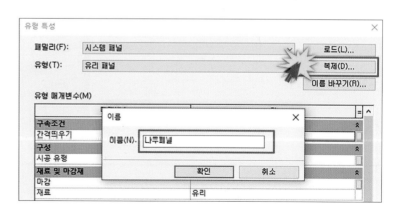

⑥ 클릭 ➡ [...] 클릭

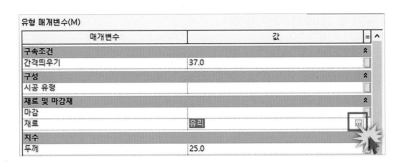

⑦ [재료 탐색기] ➡ [프로젝트 재료 : 모두] ➡ [목
재-티크] ➡ [확인] 클릭

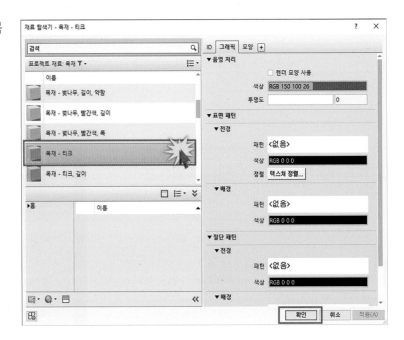

⑧ 변경된 패널 확인

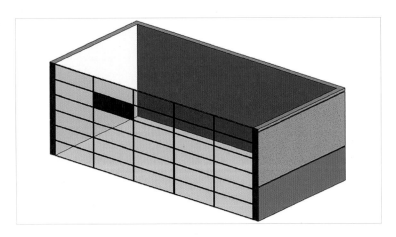

(8) 경사면 커튼월 작성

① 📩예제 [2-22.rvt] 파일 열기

② [신속 접근 도구 막대] ➔ [⌂] 클릭

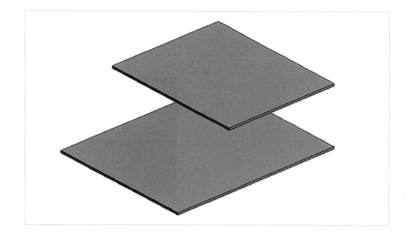

③ [매스작업 & 대지] 탭 ➔ [개념 매스] 패널 ➔
[] 클릭

④ [이름 : 매스1] 입력 ➔ [확인] 클릭

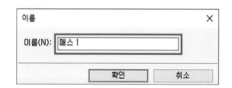

⑤ [작성] 탭 ➔ [그리기] 패널 ➔ [╱] 클릭 ➔
그림과 같이 1층과 2층 바닥의 모서리 끝점
을 지정하여 두 개의 수평선 작성

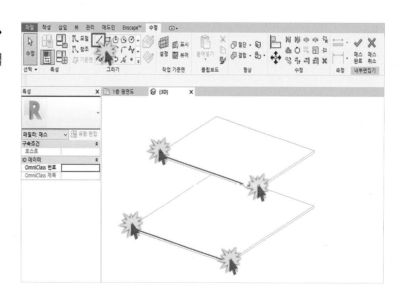

⑥ [수정] ➜ 작성된 두 선 동시 선택 ➜ [양식] 패

널 ➜ [양식 작성] ➜ [솔리드 양식] 클릭

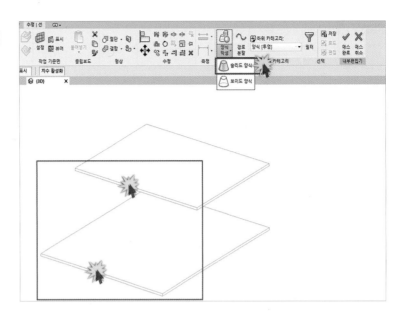

⑦ [면 생성 유형] ➜ [사각 패널] 클릭

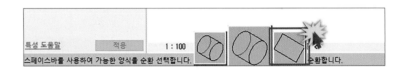

⑧ [수정] 탭 ➜ [내부 편집기] ➜ [매스 완료] [매스 완료]

클릭

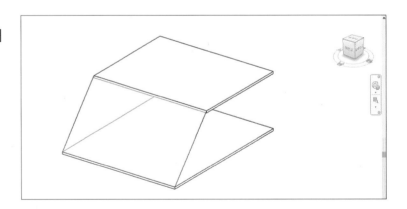

⑨ [매스작업&대지] 탭 ➜ [면으로 커튼 시스템 배

치] 패널 ➜ [커튼 시스템] 클릭 ➜ 작성된 경사 [매

스면] 선택

⑩ [수정/면으로 커튼 시스템 배치] 탭 ➡ [다중 선
택] 패널 ➡ [시스템 작성] 클릭

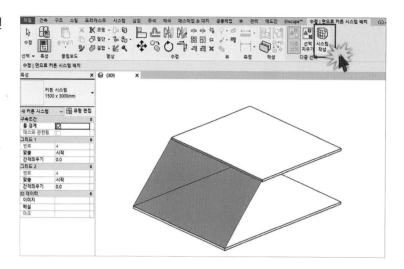

⑪ [수정] ➡ 작성된 커튼월 외곽선 선택 ➡ [특
성] 창 ➡ [유형 편집] 클릭

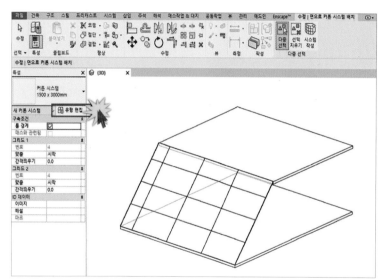

⑫ [복제] 클릭 ➡ [이름 : 그리드 변경] ➡ [확인]
클릭

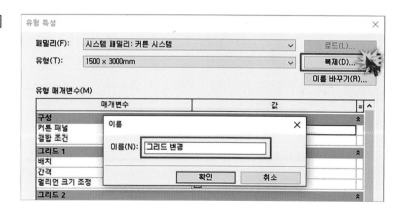

137

⑬ 그림과 같이 그리드1, 2의 [배치 : 최대 간격]으로, [간격 : 1000]으로 변경

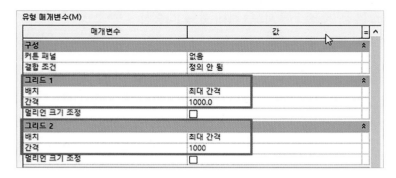

유형 매개변수(M)		
매개변수	값	=
구성		≈
커튼 패널	없음	
결합 조건	정의 안 됨	
그리드 1		≈
배치	최대 간격	
간격	1000.0	
멀리언 크기 조정	☐	
그리드 2		≈
배치	최대 간격	
간격	1000	
멀리언 크기 조정	☐	

⑭ 변경된 커튼월 확인

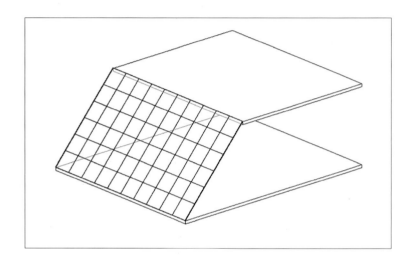

WISDOM_Autodesk Revit

▌ 표면 분할(Surface divide)의 활용하여 작성된 [매스면]에 다양한 패턴을 부여할 수 있습니다.

① [예제] [2-23.rvt] 파일 열기

② [신속 접근 도구 막대] ➡ [🏠] 클릭

③ [수정] ➡ 작성된 매스 [면] 선택 ➡ [수정/매스] 탭 ➡

　[모델] 패널 ➡ [내부 편집] 클릭

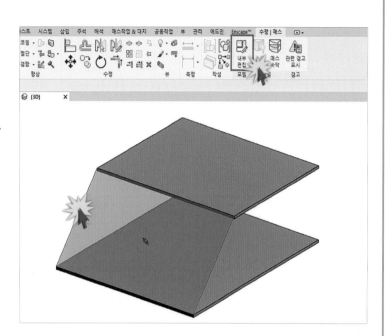

④ [수정] ➡ 작성된 매스 [면] 선택 ➡ [수정/매스] 탭 ➡

　[분할] 패널 ➡ [표면 분할] 클릭

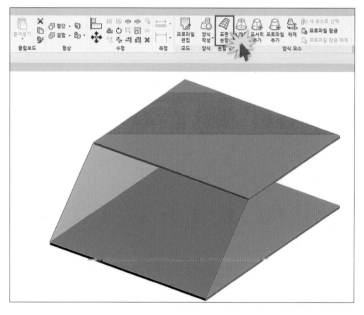

WISDOM_Autodesk Revit

⑤ [특성] 창 ➡ [직사각형 체크무늬보드] 선택

⑥ [특성] 창 ➡ [U 그리드 번호 : 5] ➡ [V 그리드 번호 : 5]로 변경

U 그리드		⌃
배치	고정 개수	
번호	5	
맞춤	중심	
그리드 회전	0.00°	
간격띄우기	0.0	
V 그리드		⌃
배치	고정 개수	
번호	5	

⑦ [수정/분할된 표면] 탭 ➡ [내부 편집기] 패널 ➡ [매스 완료] 클릭

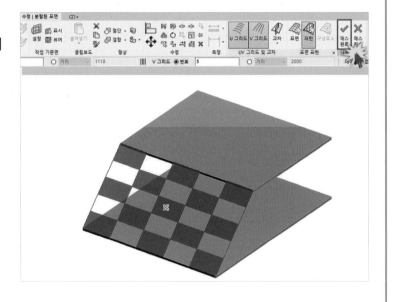

🔟 문과 창의 작성

Revit에서 제공하는 문과 창문을 다양하게 활용하는 방법을 살펴보도록 하겠습니다.

(1) 문과 창 패밀리 설치

① **⚞예제** [2-24.rvt] 파일 열기

② [프로젝트 탐색기] ➔ [평면] ➔ [1층 평면도]를
   더블 클릭

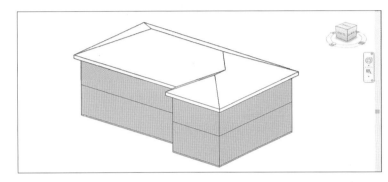

③ [건축] 탭 ➔ [빌드] 패널 ➔ [🚪] 클릭
   문

   ([특성] 창의 유형에서 다양한 [문] 종류를
   확인할 수 있음)

④ [특성] 창 ➔ [미닫이-2 패널] ➔
   [1730x2134mm] 클릭

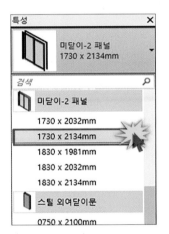

⑤ [특성] 창 ➔ [유형 편집] 클릭

⑥ [유형 특성] 대화상자 ➜ 좌측 상단의 [로드]
  클릭

⑦ [문] 폴더 ➜ [SSD2~9 4] ➜ [열기] 클릭

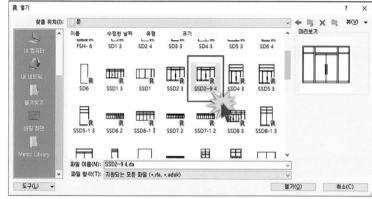

⑧ 그림과 같이 1층 평면도 벽에 [문] 설치

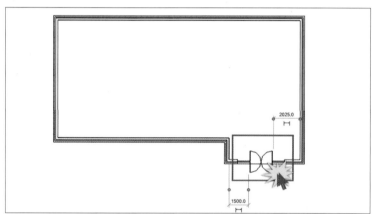

⑨ [건축] 탭 ➜ [빌드] 패널 ➜ [창] 클릭

⑩ [특성] 창 ➜ [미닫이 1200×1500] 클릭

⑪ 마우스 포인터를 벽으로 이동 ➜ 임시 치수를 참고하며 [1500] 간격으로 4개의 [창] 설치

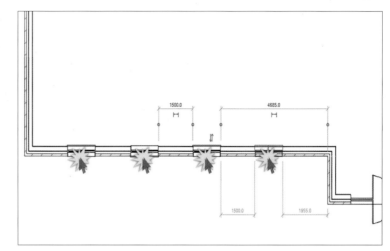

⑫ [특성] 창 ➜ [원형 트림 포함 1220mm 지름] 선택

⑬ [1층 평면도] ➜ 그림과 같이 우측 벽에 3개의 [원형 트림 포함 1220mm 지름] 창 설치 (간격은 임의)

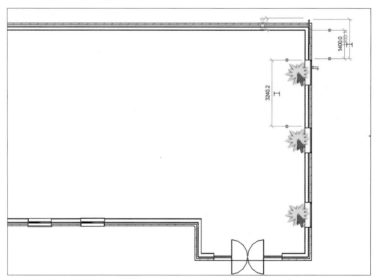

⑭ [특성] 창 ➜ [3짝 창] 선택

⑮ 임시 치수를 참고하며 그림과 같이 좌측 수직 벽에서 [2000] 간격으로 4개의 [창] 설치 (좌측벽의 창은 임의의 유형의 [창]을 학습자가 선택하고 임의의 위치에 3개의 [창] 설치함)

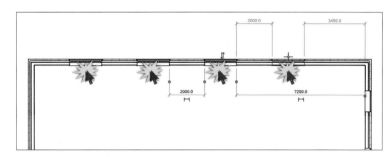

⑯ [신속 접근 도구 막대] ➡ [⌂] 클릭 ➡ 작성 결과 확인

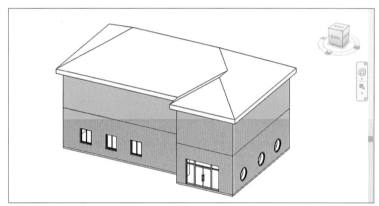

⑰ [프로젝트 탐색기] ➡ [평면] ➡ [1층 평면도] 클릭

⑱ [⌖ 수정] ➡ 키보드의 Ctrl 키를 누른 채 [1층 평면도]에 설치된 모든 [창] 선택

⑲ [수정] 탭 ➡ [클립보드] 패널 ➡ [⧉] 클릭 또는 Ctrl +C를 입력하여 선택된 창 복사

⑳ 키보드의 Esc 키 입력(마우스 포인터를 화면 빈 곳에 클릭하여도 됨)

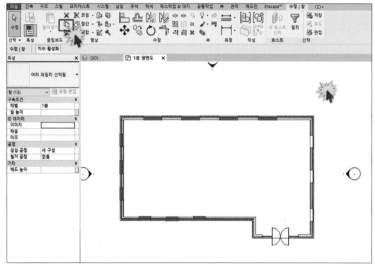

㉑ [수정] 탭 ➡ [클립보드] 패널 ➡ [붙여넣기] ➡ [선택한 레벨에 정렬] 클릭

㉒ [2층] 레벨 선택 ➜ [확인] 클릭

㉓ [신속 접근 도구 막대] ➜ [🏠] 클릭

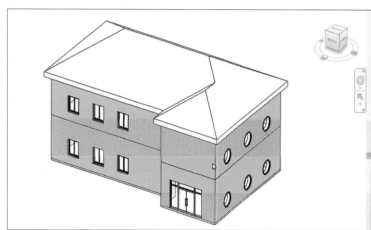

Memo **▌** Autodesk **REVIT & NAVISWORKS**

WISDOM_Autodesk Revit

▌ 방향이 바뀐 창과 문은 선택 시 제시되는 [⇕]를 클릭하거나 Space Bar 를 입력하여 방향을 손쉽게 바꿀 수 있습니다.

① [수정] ➔ 작성된 창문 선택

② [⇆] 클릭 또는 키보드의 Space Bar 입력

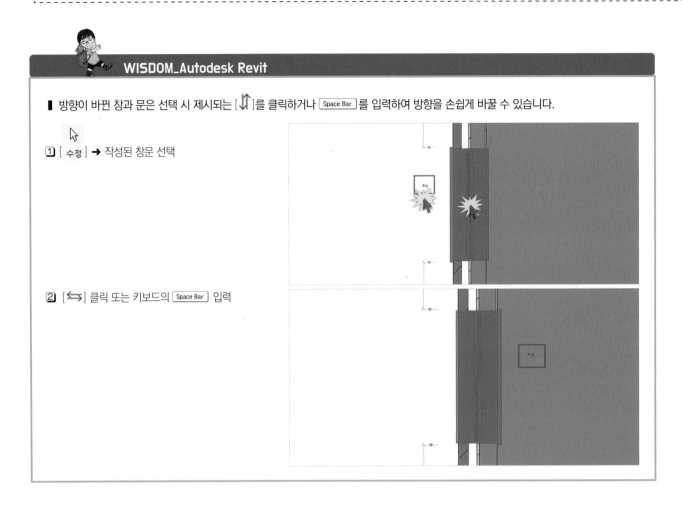

(2) 정렬 도구를 활용 문과 창 정렬

① **예제** [2-25.rvt] 파일 열기
② [프로젝트 탐색기] ➔ [입면도] ➔ [남측면도]
　더블 클릭

③ [수정] 탭 ➔ [수정] 패널 ➔ [⬚] 클릭

④ 2층 좌측 창문의 [상단선] 선택 ➜ 하늘색 점선(기준선) 확인

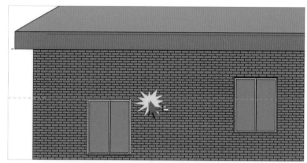

⑤ 2층 중간 창문의 [상단선] 선택 ➜ 하늘색 실선(기준선) 확인

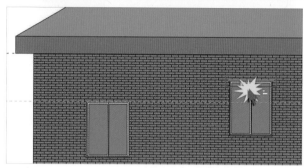

⑥ 정렬 결과를 확인 후 동일한 방법으로 그림과 같이 [창]을 정렬

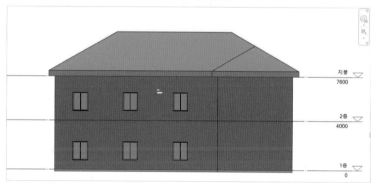

WISDOM_Autodesk Revit

▌ 설치된 문 또는 창을 선택하여 제시되는 임시 치수선으로 간격과 위치를 변경할 수 있습니다.

① 수정 ➜ 설치된 [창] 선택
② 제시된 임시 치수 문자 클릭 ➜ 치수 값 변경

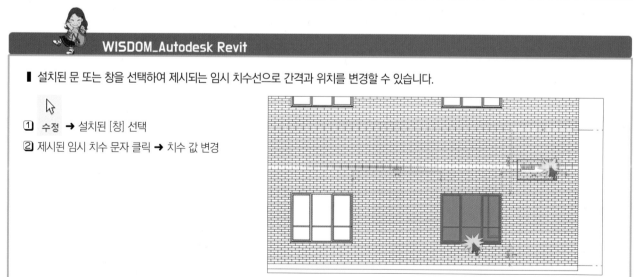

(3) 참조 평면을 활용한 문과 창 정렬

① 🗂예제 [2-24.rvt] 파일 열기

② [프로젝트 탐색기] ➡ [평면] ➡ [1층 평면도]
　더블 클릭

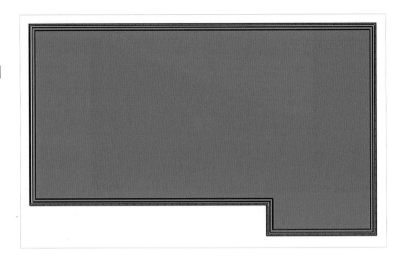

③ [건축] 탭 ➡ [작업 기준면] 패널 ➡ [참조 평면]
　클릭

④ [그리기] 패널 ➡ [ ] 클릭 ➡ [옵션 바] ➡
　[간격띄우기 : 2100]으로 변경

⑤ 그림과 같이 하단에서 두 번째 수평 [벽] 위
　로 마우스 포인터 이동 ➡ 점선 (예정선) 표
　시 확인 ➡ 마우스 좌측 버튼 클릭

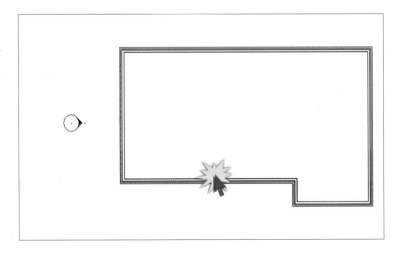

⑥ 그림과 같이 ⑤번과 동일한 방법으로 먼저 작성된 [참조 평면]을 클릭하여 두 개의 추가 [참조 평면] 작성

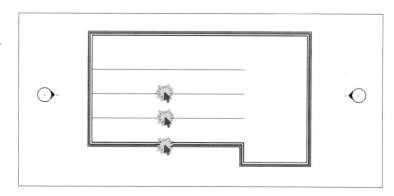

⑦ [건축] 탭 ➜ [빌드] 패널 ➜ [창] 클릭

⑧ [특성] 창 ➜ [미닫이 1200x1500mm] 선택

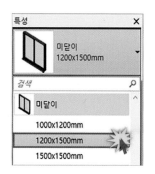

⑨ 그림과 같이 작성된 [참조 평면] 좌측 끝점을 순차적으로 지정하여 [창] 설치
(참조 평면의 끝점으로 마우스 포인터를 이동하여도 별도의 스냅점이 나타나지 않음. 설치된 창문의 중간 부분과 참조평면의 끝점의 근접 부분에 위치점을 지정하면 정확하게 창의 중심이 참조 평면의 끝점에 일치되어 설치됨)

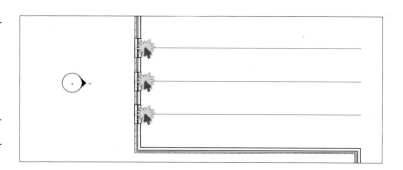

WISDOM_Autodesk Revit

▌ [유형 편집]을 활용하여 창과 문의 재질과 크기를 변경할 수 있습니다.

① 변경 대상 선택 ➜ [특성] 창 ➜ [유형 편집] 클릭

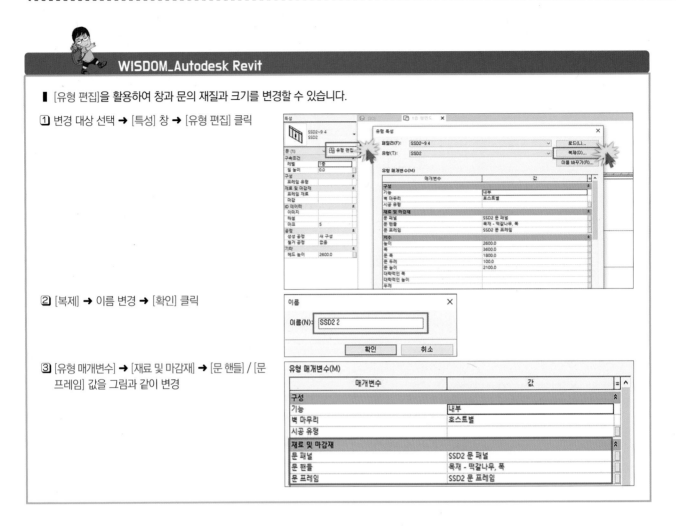

② [복제] ➜ 이름 변경 ➜ [확인] 클릭

③ [유형 매개변수] ➜ [재료 및 마감재] ➜ [문 핸들] / [문 프레임] 값을 그림과 같이 변경

유형 매개변수(M)			
매개변수	값	=	^
구성		☆	
기능	내부		
벽 마무리	호스트별		
시공 유형			
재료 및 마감재		☆	
문 패널	SSD2 문 패널		
문 핸들	목재 - 떡갈나무, 폭		
문 프레임	SSD2 문 프레임		

⑪ 지붕의 작성

(1) 모임 지붕의 작성

① 🖼예제 [2-26.rvt] 파일 열기

② [프로젝트 탐색기] ➡ [평면] ➡ [지붕 평면도]
더블 클릭

③ [건축] 탭 ➡ [빌드] 패널 ➡ [지붕] ➡
[외곽설정으로 지붕 만들기] 클릭

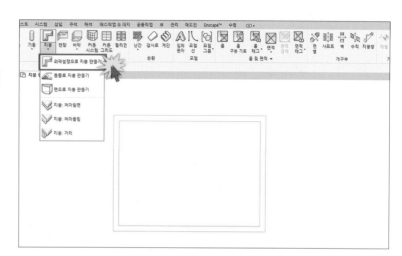

④ [수정/지붕 외곽설정 작성] 탭 ➡ [그리기] 패
널 ➡ [ ] 클릭

⑤ [옵션 바] ➡ [내물림 : 600] ➡ 작성된 [벽]의
외벽선을 그림과 같이 선택

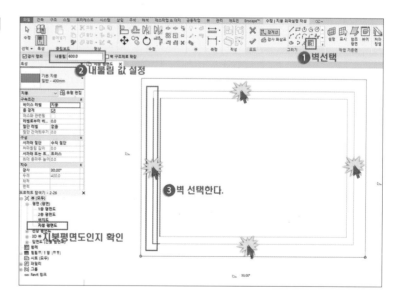

⑥ [수정/지붕 외곽설정 작성] 탭 ➡ [모드] 패널
　➡ [✔] 클릭

⑦ [메시지 창] ➡ [부착] 클릭(메시지 창이 나타
　나지 않을 수도 있음)

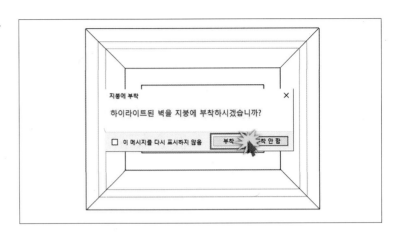

⑧ [신속 접근 도구 막대] ➡ [🏠] 클릭

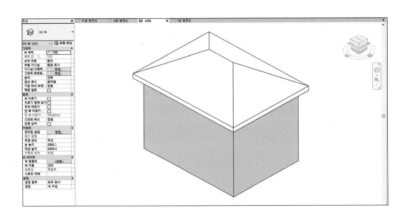

(2) 박공 지붕의 작성

① 🎬예제 [2-27.rvt] 파일 열기
② [신속 접근 도구 막대] ➡ [🏠] 클릭
③ [⬚수정] ➡ 작성된 지붕 선택 ➡ [수정/지붕] 탭
　➡ [모드] 패널 ➡ [외곽설정 편집] 클릭

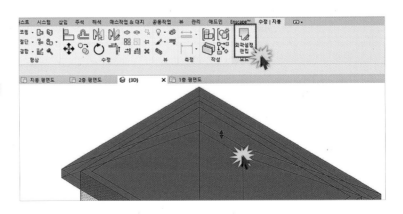

152

④ 우측 [경사 변경 지붕 선] 선택 ➜ [옵션 바] ➜
[□ 경사 정의] 체크 해제

⑤ 좌측 [경사 변경 지붕 선] 선택 ➜ [옵션 바] ➜
[□ 경사 정의] 체크 해제

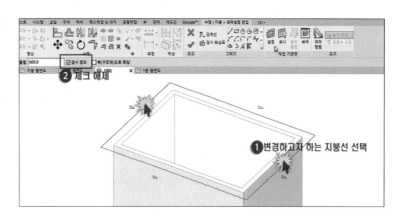

⑥ [수정/지붕 외곽설정 작성] 탭 ➜ [모드] 패널
➜ [✔] 클릭

⑦ 변경된 지붕 확인.
[상단 베이스 부착]을 이용하여 벽을 지붕까
지 연결시킬 수 있습니다.

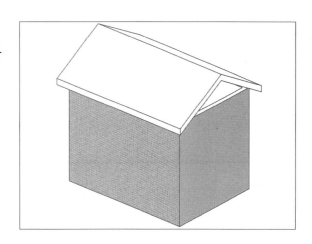

(3) 원추 지붕의 작성

① 📥 예제 [2-26.rvt] 파일 열기

② [프로젝트 탐색기] ➜ [평면] ➜ [지붕 평면도]
더블 클릭

③ [건축] 탭 ➜ [빌드] 패널 ➜ [지붕] ➜

[외곽설정으로 지붕 만들기] 클릭

④ [수정/지붕 외곽설정 작성] 탭 → [그리기] 패널 → [✏] 클릭 → 작성된 벽의 모서리 [끝점]을 참고하여 원의 중심점 지정을 위한 X자형의 기준선을 그림과 같이 작성

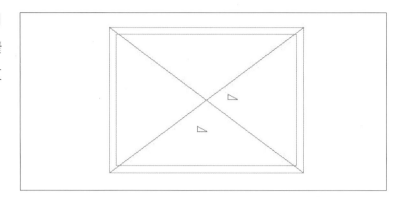

⑤ [수정/지붕 외곽설정 작성] 탭 → [그리기] 패널 → [⊙] 클릭 → [X]의 교차점을 원의 중심점으로 지정 후 끌기 → 우측 상단 벽체 끝점을 지정하여 [원] 작성 → 키보드에서 [MD] 입력 → [X]의 선을 선택 후 키보드에서 Delete 키를 입력하여 삭제

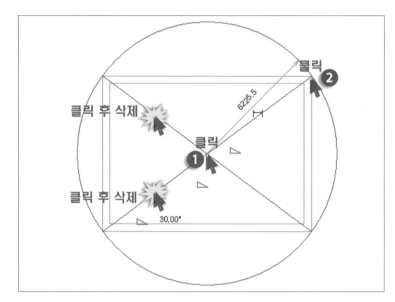

⑥ [수정/지붕 외곽설정 작성] 탭 → [모드] 패널 → [✓] 클릭

⑦ [신속 접근 도구 막대] → [🏠] 클릭

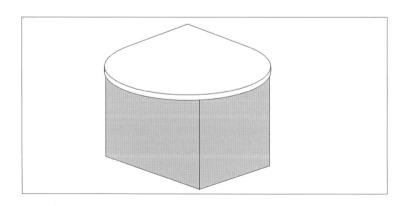

(4) 결합 지붕의 작성

① 📇예제 [2-26.rvt] 파일 열기

② [신속 접근 도구 막대] ➔ [🏠] 클릭

③ [건축] 탭 ➔ [빌드] 패널 ➔ [🔲지붕] ➔

　[🔺 돌출로 지붕 만들기] 클릭

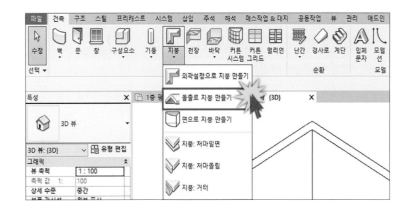

④ [작업 기준면] 대화상자 ➔ [확인] 클릭

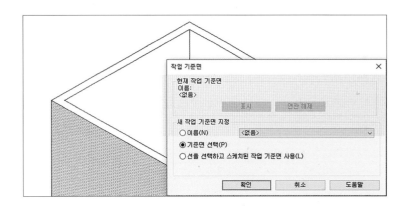

⑤ 마우스 포인터 이동 ➔ 우측 벽의 외곽선 선
　택(파란색으로 외곽 선택 표현됨) ➔
　[지붕 참조 레벨 및 간격띄우기] 대화상자 ➔
　[레벨 : 지붕] ➔ [확인] 클릭

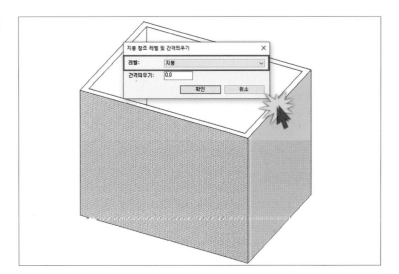

⑥ [수정/돌출 지붕 프로파일 작성] 탭 ➡ [그리기]

패널 ➡ [🖋] ➡ 그림과 같이 [좌, 위 끝점

과 호의 돌출점을 지정하여 [호] 작성 ➡ [모

드] 패널 ➡ [✔] 버튼 클릭

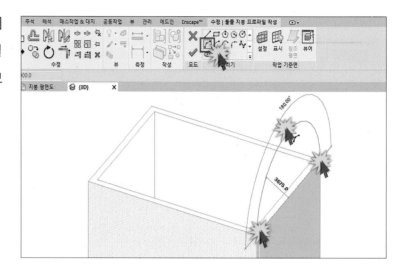

⑦ 생성된 돌출 지붕 확인

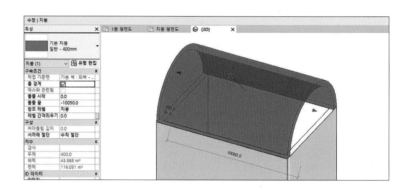

⑧ [🔖 수정] ➡ [우측 벽] 선택 ➡ [수정/벽] 탭 ➡

[벽 수정] 패널 ➡ [📐 상단/베이스 부착] ➡ [지붕] 선택

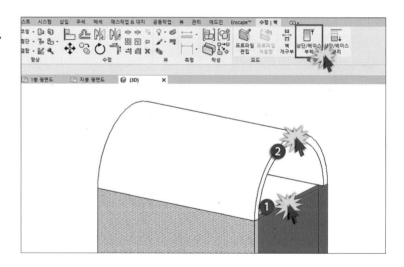

⑨ 부착 결과 확인

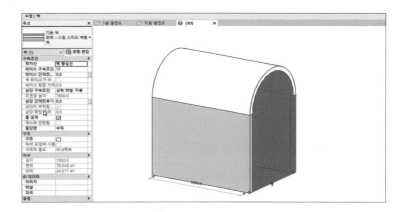

WISDOM_Autodesk Revit

▋ 그 외에도 [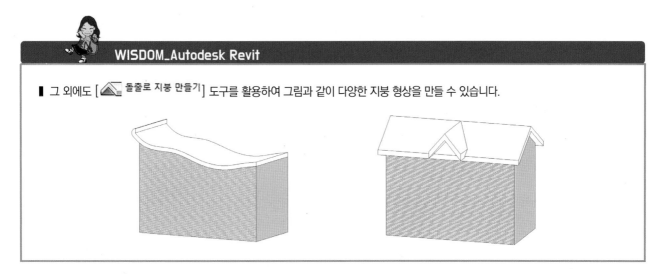 돌출로 지붕 만들기] 도구를 활용하여 그림과 같이 다양한 지붕 형상을 만들 수 있습니다.

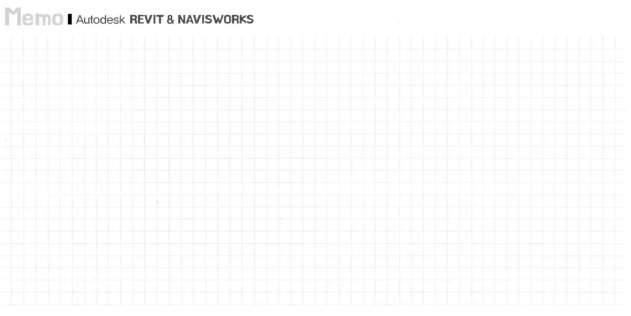

Memo ▋ Autodesk **REVIT & NAVISWORKS**

(5) 돌출 지붕의 결합

① 🏠예제 [2-28.rvt] 파일 열기

② [신속 접근 도구 막대] ➜ [🏠] 클릭

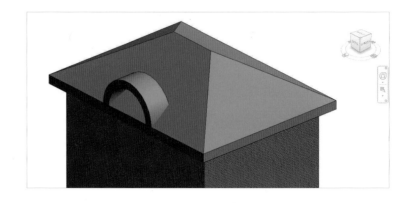

③ [수정] 탭 ➜ [형상] 패널 ➜ [🗗] 클릭

④ 마우스 포인터 이동 ➜ 그림과 같이 결합시킬 두 개의 외곽선 선택

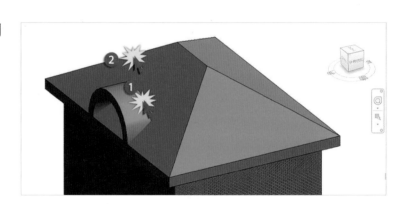

⑤ 결합된 지붕 확인

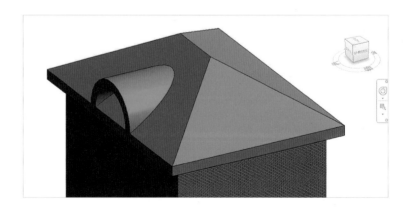

⑥ [건축] 탭 ➜ [개구부] 패널 ➜ [🔲지붕창] 클릭

⑦ [경사 지붕] 선택 ➜ 그림과 같이 [수직면 상단의 모서리] 클릭

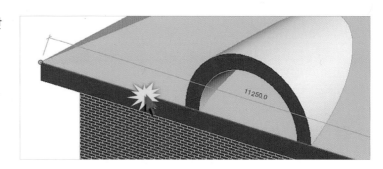

⑧ 선택된 [수직면 상단의 모서리] 양단의 [점]을 마우스로 클릭 후 끌기 ➜ 그림과 같이 호의 양단 끝점에 위치시킴

⑨ 마우스 포인터 이동 ➜ 경사면과 접한 [호] 돌출 지붕의 내부 모서리 선택

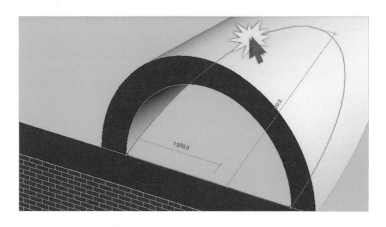

⑩ [수정/스케치 편집] 탭 ➜ [모드] 패널 ➜ [✔]클릭

159

⑪ 변경된 지붕 확인

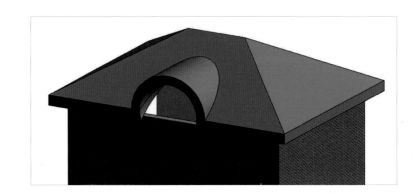

12 천장의 작성

(1) 다층 천장 작성

① 📖예제 [2-29.rvt] 파일 열기

② [프로젝트 탐색기] ➜ [평면] ➜ [1층 평면도]
　　더블 클릭

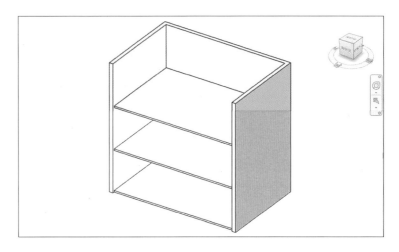

③ [건축] 탭 ➜ [빌드] 패널 ➜ [　] 클릭

④ [수정/배치 천장] 탭 ➜ [천장] 패널 ➜ [　]

　　클릭

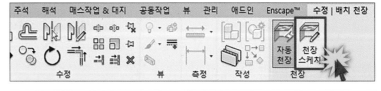

⑤ [수정/천장 경계 작성] 탭 ➜ [그리기] 패널 ➜
　　[　] 클릭

⑥ 그림과 같이 [벽] 내부 모서리 점을 대각선
   방향으로 지정하여 [천장] 작성 ➔ [모드] 패
   널 ➔ [✔] 클릭

⑦ [신속 접근 도구 막대] ➔ [⬡] 클릭

⑧ [↖ 수정] ➔ [1층 천장] 클릭

⑨ [수정] 탭 ➔ [클립보드] 패널 ➔ [📋] 클릭
   또는 Ctrl+C를 입력하여 선택된 창 복사

⑩ 키보드의 Esc 키 입력

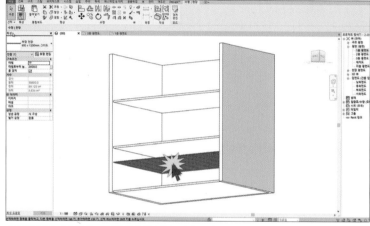

⑪ [수정] 탭 ➔ [클립보드] 패널 ➔ [붙여넣기] ➔

   [📋 선택한 레벨에 정렬] 클릭

⑫ [레벨 선택] 대화상자 ➔ [2층], [3층] 선택 ➔
   [확인] 클릭

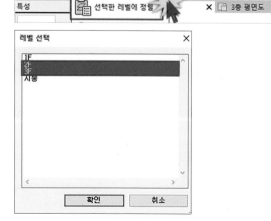

⑬ 작성된 천장 확인

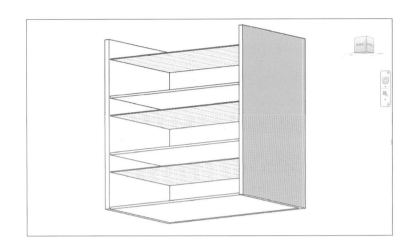

(2) 천장 그리드 편집

① 📗예제 [2-30.rvt] 파일 열기

② [수정] ➡ 그림과 같이 작성된 [천장] 선택 ➡

　[특성] 창 ➡ [🔠 유형 편집] 클릭

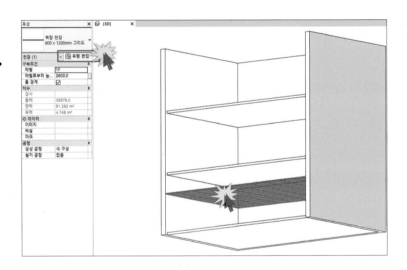

③ [복제] ➡ [이름 : 천장 그리드 변경] ➡ [확인]
　클릭

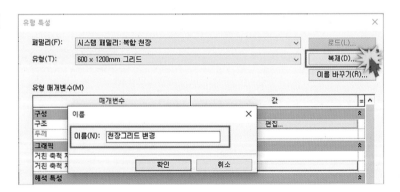

④ [유형 매개변수] ➔ [구조] ➔ [편집] 클릭

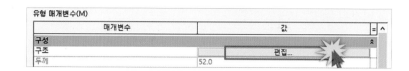

⑤ [조합 편집] 대화상자 ➔ [4번 마감재 2] ➔
[재료] 클릭 ➔ [⋯] 클릭

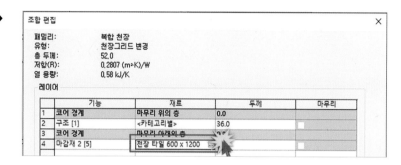

⑥ [재료 탐색기] ➔ [표면 패턴] ➔ [패턴] 이미지
클릭

⑦ [600×1200mm] 클릭

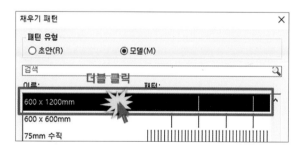

⑧ [패턴 특성 수정] 대화상자 ➔ [이름(N) :
600×1500]으로 변경 ➔ [단순] ➔ [선 간격
2(2) : 1500]으로 변경 ➔ [확인] 클릭

⑨ 변경된 [천장] 그리드 확인

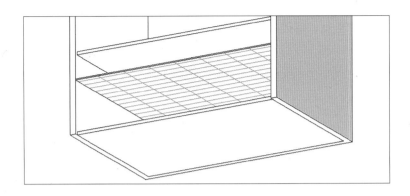

Memo | Autodesk **REVIT & NAVISWORKS**

✏ 3.3 추가 활용 팁으로 고수되기

1️⃣ 경사 기둥 작성

[경사 기둥]은 수직 기둥을 의미하는 것이 아니라 경사지거나 기울진 기둥을 의미합니다. [가새]를 대체하는 구조 요소로 사용이 가능합니다.

① 🎬예제 [2-31.rvt] 파일 열기
② [프로젝트 탐색기] → [평면] → [1층 평면도] 더블 클릭

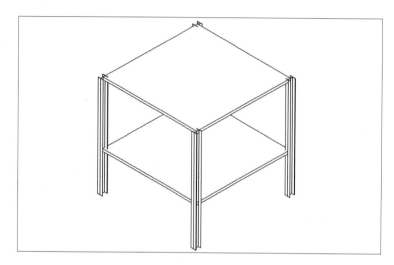

③ [구조] 탭 → [구조] 패널 → [🧱] 클릭
　　　　　　　　　　　　　　　기둥

④ [수정/배치 구조 기둥] → [배치] 패널 → [🖊 경사 기둥]

　　클릭 → [옵션 바 : 그림과 같이 옵션 설정]

⑤ 마우스 포인터 이동 → 그림과 같이 그리드 의 교차지점에 [경사 기둥]이 설치 될 2개의 포인트 지정

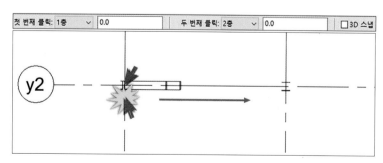

⑥ [신속 접근 도구 막대] ➜ [🏠] 클릭

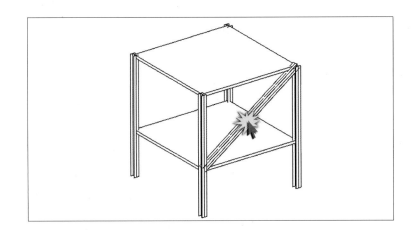

⑦ [🔍 수정] ➜ 작성된 [경사 기둥] 선택

⑧ [수정/구조 기둥] ➜ [형상] 패널 ➜ [🔧 코핑]
　클릭

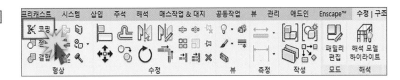

⑨ [경사 기둥] 선택 ➜ 좌측 [수직 기둥] 클릭

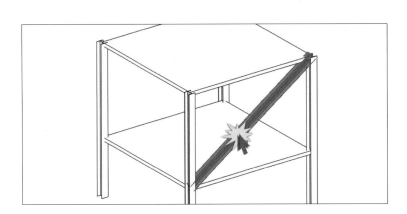

⑩ 동일한 방법으로 [경사 기둥]과 우측 [수직 기
　둥]도 [🔧 코핑] 수행

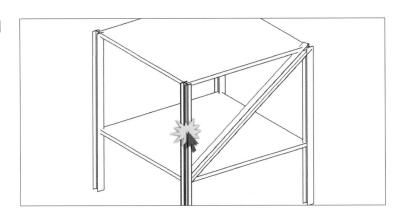

⑪ 변경된 [경사 기둥] 확인

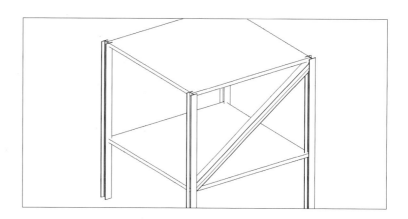

② 혼합 형상 기둥 작성

① **파일** → [열기] → [패밀리] 클릭

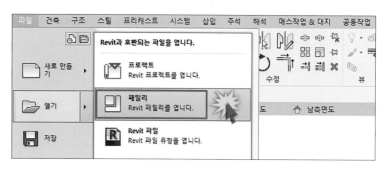

② [구조 기둥] 폴더 클릭

③ [콘크리트] 폴더 → [콘크리트-원형-기둥.rfa]
   → [열기] 클릭

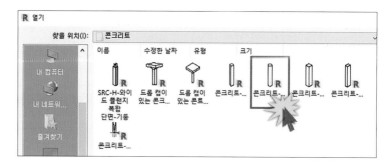

④ [프로젝트 탐색기] → [평면] → [하단 참조 레벨] 더블 클릭

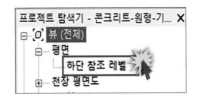

⑤ [수정] → [원] 선택 → 키보드 Del 키 입력 후 삭제

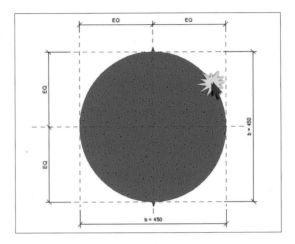

⑥ 수직 치수선 문자[450] 더블 클릭 → 그림과 같이 [500]으로 변경

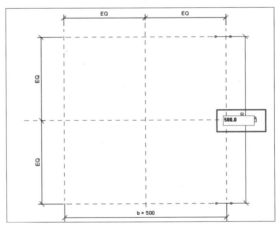

⑦ [작성] 탭 → [양식] 패널 → [혼합] 클릭

⑧ [수정/혼합 베이스 경계 작성] 탭 → [그리기] 패널 → [╱] 클릭

⑨ 그림과 같이 마름모 작성

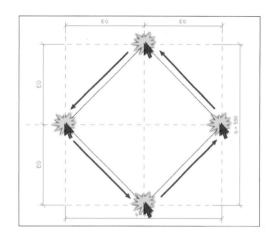

⑩ [수정/혼합 베이스 경계 작성] 탭 ➜ [모드] 패널 ➜ [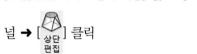] 클릭

⑪ [수정/혼합 베이스 경계 작성] 탭 ➜ [그리기] 패널 ➜ [▭] 클릭

⑫ [╱]을 이용 ➜ 그림과 같이 사각형 작성

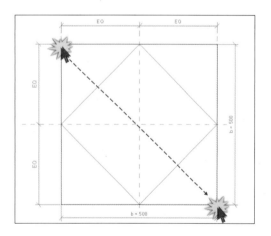

⑬ [수정/혼합 상단 경계 작성] 탭 ➜ [모드] 패널 ➜ [✔]클릭

⑭ [프로젝트 탐색기] ➡ [입면도] ➡ [뒷면] 더블
클릭하여 그림과 같은 뷰 열기

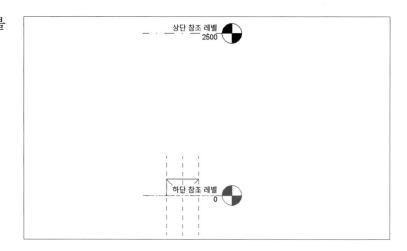

⑮ 마우스 포인터 이동 ➡ 기둥 상단선 클릭한
채로 위로 끌기 ➡ 상단 참조 레벨에 부착
➡ 자물쇠 클릭 ➡ [모드] 패널 ➡ [✔] 버튼
클릭

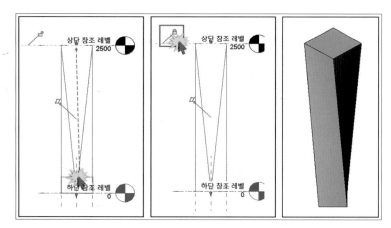

⑯ [파일] ➡ [다른 이름으로 저장] ➡ [패밀리] ➡ [콘크리트-혼합-기둥.rfa]로 저장

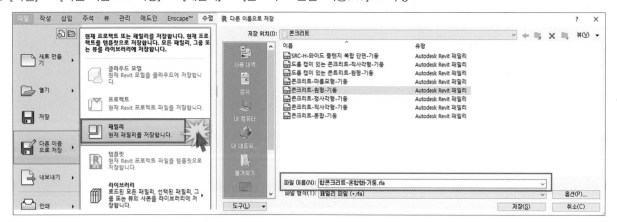

3 곡선 철골보 작성

① [프로젝트] ➔ [건축 템플릿] 클릭

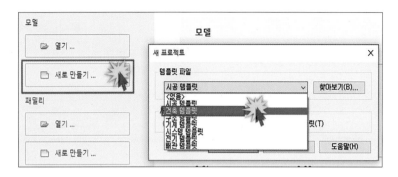

② [건축] 탭 ➔ [빌드] 패널 ➔ [구성요소] ➔ [내부편집 모델링] 클릭

③ [패밀리 카테고리 및 매개변수] 대화상자 ➔ [필터 리스트] ➔ [구조 프레임] ➔ [확인] 클릭

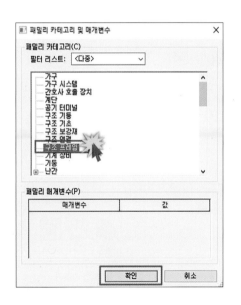

④ [이름] 대화상자 ➔ [곡선보] 입력

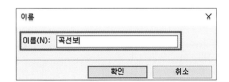

⑤ [작성] 탭 ➡ [양식] 패널 ➡ 스윕 클릭

⑥ [수정/스윕] 탭 ➡ [스윕] 패널 ➡
[✐ 경로 스케치] 클릭

⑦ [수정/스윕)경로 스케치] ➡ [그리기] 패널 ➡
[ ] 클릭

⑧ 그림과 같이 [호] 작성 ➡ [수정/스윕)경로 스
케치] 탭 ➡ [모드] 패널 ➡ [✓] 클릭

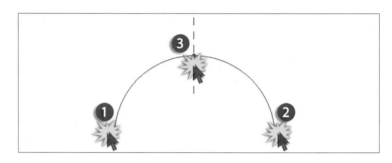

⑨ [수정/스윕] 탭 ➡ [스윕] 패널 ➡
[✐ 프로파일 로드] 클릭

⑩ [패밀리 로드] 대화상자 ➜ [프로파일] 폴더
➜ [구조] ➜ [UB(범용 보) 프로파일] 선택 ➜
[열기] 클릭

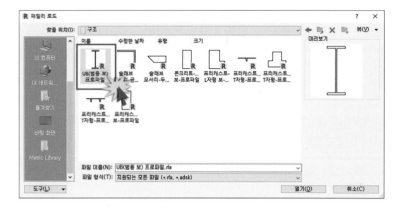

⑪ UB(범용 보) 유형 ➜ [첫 번째 유형] 선택 후
[확인] 클릭

⑫ [수정/스윕] 탭 ➜ [스윕] 패널 ➜ [프로파일]
➜ [UB(범용 보) 프로파일 : 1016 x 305 x
487UB] 클릭 ➜ [모드] 패널 ➜ [✔] 클릭

⑬ [특성] 창 ➜ [재료] : 카테고리 ➜ [재료탐색
기 : 강철, 45-345] 선택 ➜ [확인] 클릭

⑭ [수정/스윕] 탭 ➡ [내부 편집기] 패널 ➡ [모델 완료]

클릭

⑮ 작성된 곡선 보 확인

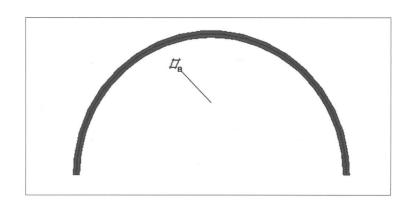

4 곡선 트러스 작성

① [프로젝트] ➡ [건축 템플릿] 클릭

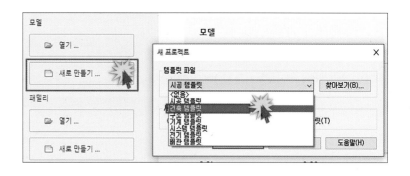

② [프로젝트 탐색기] ➡ [평면] ➡ [1층 평면도]

더블 클릭 ➡ [그리드] 클릭 ➡ 그림과 같이

그리드 작성

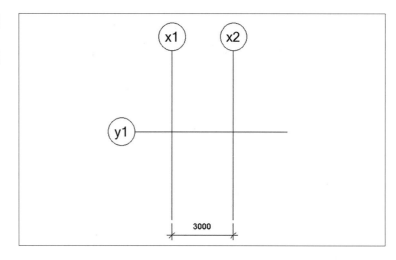

③ [구조] 탭 ➡ [구조] 패널 ➡ [트러스] 클릭

④ [구조 트러스] 패밀리 로드를 위해 [예] 클릭

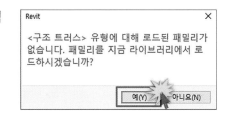

⑤ [패밀리 로드] 대화상자 ➡ [구조 트러스] 폴더 ➡ [평행 호우 트러스] 선택 ➡ [열기] 클릭

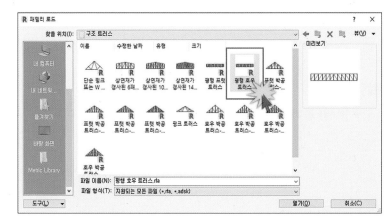

⑥ [수정/배치 트러스] 탭 ➡ [그리기] 패널 ➡ [ ] 클릭

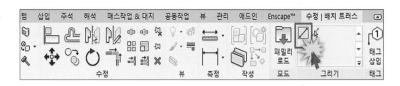

⑦ 그림과 같이 그리드 교차점 지정

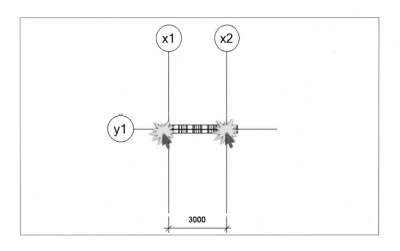

⑧ [신속 접근 도구 막대] ➔ [🏠] 클릭

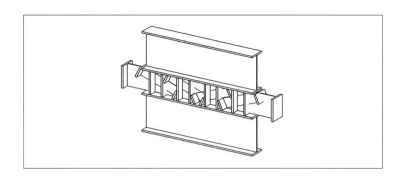

⑨ [삽입] 탭 ➔ [라이브러리에서 로드] 패널 ➔

[📥 패밀리 로드] 클릭

⑩ [패밀리 로드] 대화상자 ➔ [구조 프레임] 폴더
➔ [스틸] 폴더 ➔ [I-보] 선택 ➔ [열기]클릭

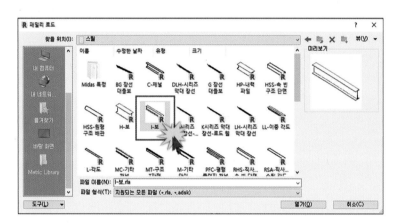

⑪ [유형 지정] 대화상자 ➔ [확인] 클릭

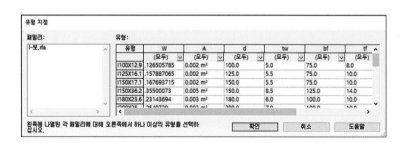

⑫ [수정] ➜ [트러스] 선택 ➜ [특성] 창 ➜ [유형 편집] 클릭

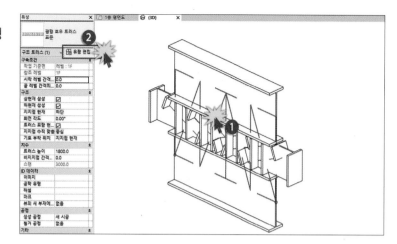

⑬ [유형 특성] 대화상자 ➜ [복제] 클릭

⑭ [이름 : 곡선 트러스] 변경

⑮ [유형 매개변수] ➜ [상현재/수직재/사재/하현재] ➜ 그림과 같은 유형으로 변경 ➜ [확인] 클릭

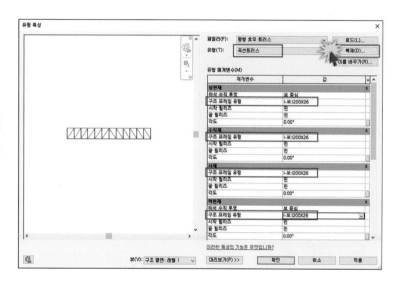

⑯ 변경된 [트러스] 확인

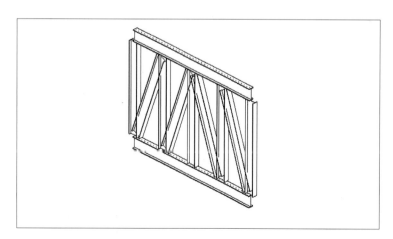

177

⑰ [🔺 수정] ➡ [트러스] 선택 ➡ [수정/구조 트러스]

　　탭 ➡ [모드] 패널 ➡ [프로파일 편집] 클릭

⑱ [수정/프로파일 편집] 탭 ➡ [그리기] 패널 ➡

　　✔ 상단 현재 ➡ [📐] 클릭

⑲ 그림과 같이 [상단 현재]의 호 작성

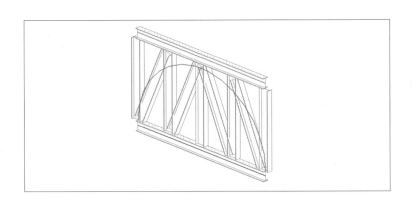

⑳ [수정/프로파일 편집] 탭 ➡ [그리기] 패널 ➡

　　[✔ 하단 현재] ➡ [📐] 클릭

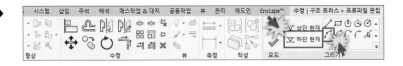

㉑ 그림과 같이 [하단 현재]의 호 작성

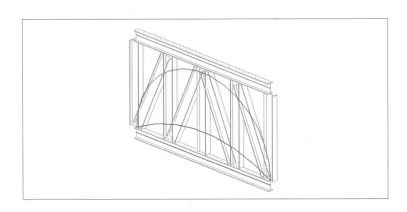

178

㉒ [ 수정] ➜ 기존 [상단 / 하단 현재] 선택 ➜ 키

보드에서 Del 키 입력 후 삭제

㉓ [수정/프로파일 편집] ➜ [모드] 패널 ➜ [✔]

클릭

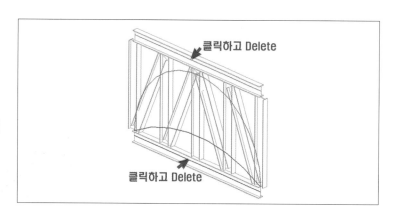

㉔ 변경된 트러스 확인

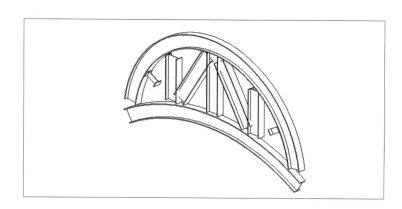

Memo | Autodesk **REVIT & NAVISWORKS**

5 경사 바닥 작성

① 🔲예제 [2-32.rvt] 파일 열기

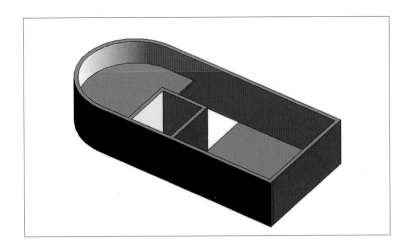

② [프로젝트 탐색기] ➡ [평면] ➡ [1.5층] 더블
클릭

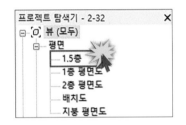

③ [건축] 탭 ➡ [빌드] 패널 ➡ [건축 : 바닥] 클
릭 ➡ [수정/바닥 경계 작성] 탭 ➡ [그리기] 패
널 ➡ [🔲] 클릭

④ 그림과 같이 마우스 포인터를 지정하여 [사
각형] 작성

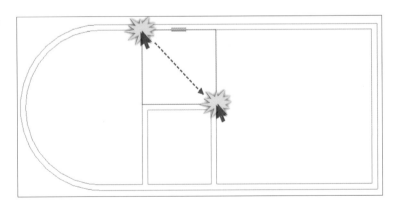

⑤ [수정/경계 편집] ➜ [그리기 패널] ➜
[🖉 경사 화살표] 클릭 ➜ 그림과 같이 작성된
사각형 좌측 중간점에서 우측 중간점 지정
➜ [특성] 창 ➜ [구속조건] ➜ [테일에서 높
이 : 2000]으로 변경 ➜ [적용] 클릭 ➜ [모
드] 패널 ➜ [✔] 클릭

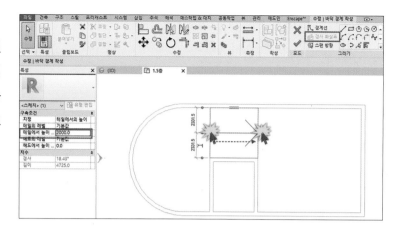

⑥ [🖱 수정] ➜ [경사 바닥] 선택 ➜ [특성] 창 ➜ [구
속 조건] ➜ [레벨 : 1층]으로 변경

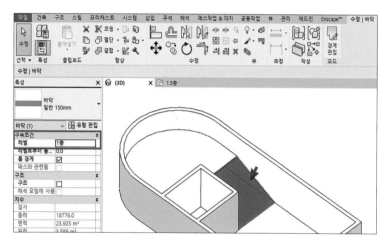

⑦ [프로젝트 탐색기] ➜ [평면] ➜ [2층 평면도]
더블 클릭

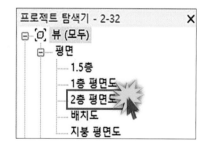

⑧ [건축] 탭 → [빌드] 패널 → [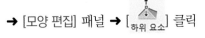] →

[바닥: 건축] → [수정/바닥 경계 작성] 탭 →

[그리기] 패널 → [☐] 클릭 → 2층에 바닥

작성

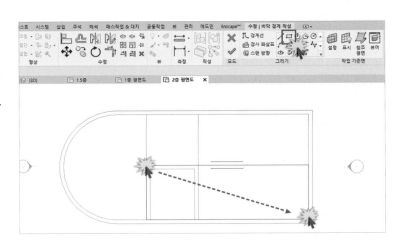

⑨ [수정] → 2층 [바닥] 선택 → [수정/바닥] 탭

→ [모양 편집] 패널 → [분할선 추가] 클릭

⑩ 그림과 같이 마우스 포인터 지정 → 경사 경

계선 작성

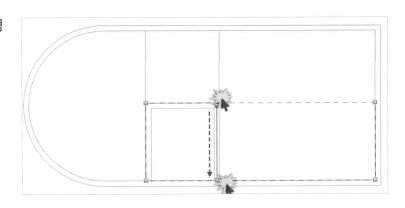

⑪ [수정] → 2층 [바닥] 선택 → [수정/바닥] 탭

→ [모양 편집] 패널 → [하위 요소] 클릭

⑫ 그림과 같은 위치의 선 선택 ➜ [높이 : -2000]으로 입력 후 Enter ➜ 키보드의 Esc 키 입력

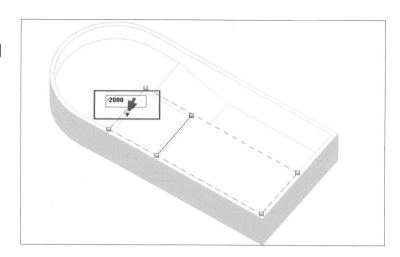

⑬ 변경된 바닥판 확인

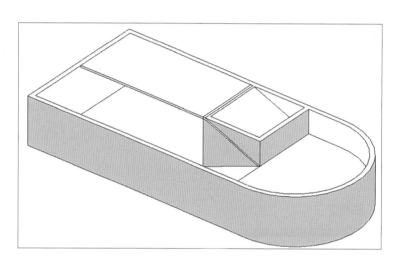

⑭ [수정] ➜ 3개의 [벽] 선택(3 방향의 벽 선택)

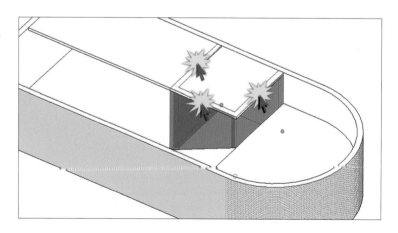

⑮ [수정/벽] 탭 ➜ [벽 수정] 패널 ➜ [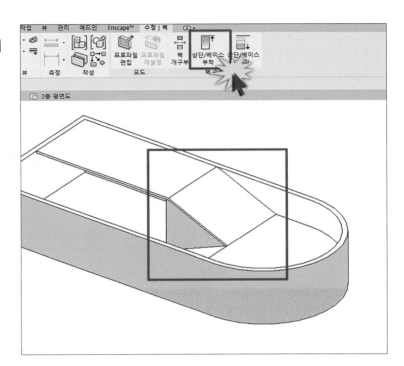]

상단/베이스
부착

➜ [바닥] 선택하여 바닥에 벽 부착

6 벽의 스윕과 모서리 받침 설정

① 🎬예제 [2-33.rvt] 파일 열기

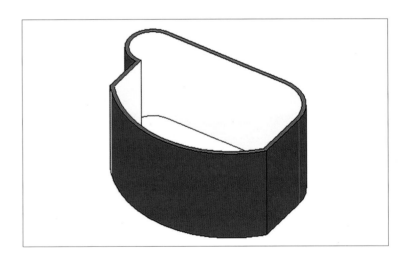

② [건축] 탭 ➡ [빌드] 패널 ➡ [🛢벽] ➡

[🛢 벽: 스윕] ➡ 벽 하단 모서리 클릭

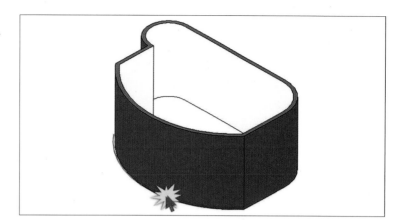

③ ②번과 동일한 방법으로 나머지 모서리의
스윕 작성

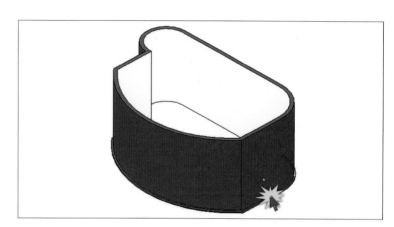

④ [건축] 탭 ➡ [빌드] 패널 ➡ [🛢벽] ➡

[🛢 벽: 모서리 받침] ➡ 그림과 같은 위치에
②, ③번과 동일한 방법으로 작성

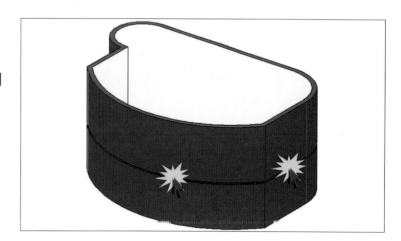

⑦ 벽의 개구부 작성

① 🔳예제 [2-34.rvt] 파일 열기

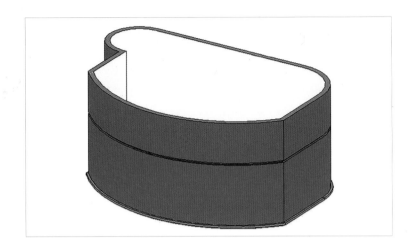

② [건축] 탭 ➡ [개구부] 패널 ➡ [▢벽] 클릭

③ 개구부를 생성할 면 선택

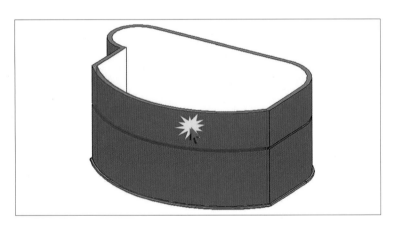

④ 그림과 같이 마우스 포인터의 시작점을 좌측 하단에 지정 후 대각선 방향의 우측 상단점으로 끌기 하여 [개구부] 작성

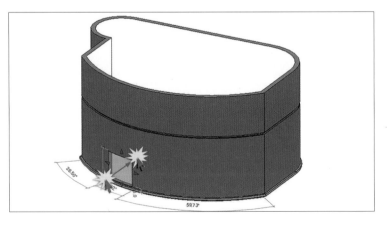

⑤ 작성된 개구부 확인

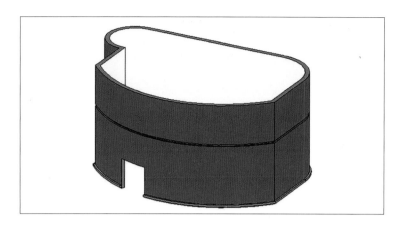

WISDOM_Autodesk Revit

▍벽 개구부는 상하 좌우의 조정키를 활용하여 자유로운 크기 조정이 가능합니다.

① [수정] ➔ 작성된 개구부 선택
② 크기 조정 화살표를 클릭 후 끌기 하여 변경

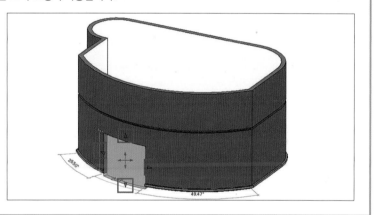

Memo ▍Autodesk **REVIT & NAVISWORKS**

8 마주친 멀리언의 코너 정리

① **▶예제** [2-35.rvt] 파일 열기

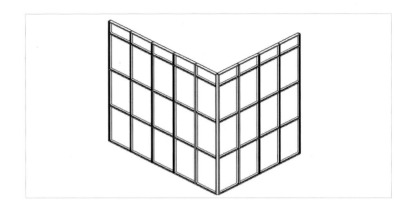

② [🔖수정] ➡ 그림과 같이 모서리를 처리할 멀리
언을 [윈도우(Window) 선택 방법]으로 선택

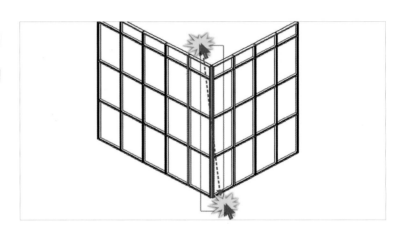

③ [특성] 창 ➡ [직사각형 멀리언] ➡ [4중 멀리언
1] 클릭

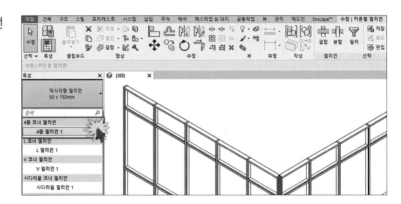

④ [경고창] ➔ [요소 삭제] 클릭

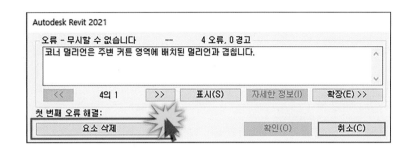

⑤ 변경된 멀리언 코너 확인

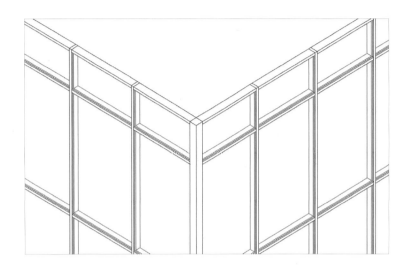

🔟 커튼월의 문과 창 설치

① 🎬예제 [2-36.rvt] 파일 열기

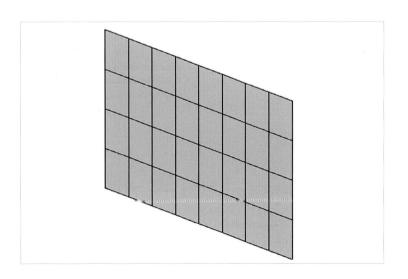

② [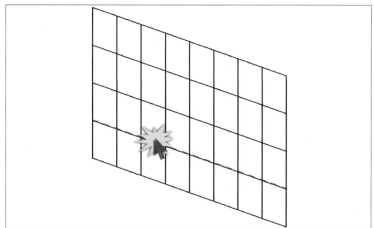 수정] ➡ 수정하고자 하는 그리드 선 선택

➡ [수정/커튼월 그리드] 탭 ➡ [커튼월 그리

드] 패널 ➡ [세그먼트 추가/제거]클릭

③ 그림과 같이 [커튼월 세그먼트 추가 및 제거]
도구를 활용하여 그리드 선 정리

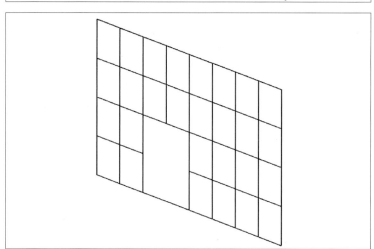

④ [삽입] 탭 ➡ [라이브러리에서 로드] 패널 ➡

[패밀리 로드] 클릭

⑤ [커튼월 패널] 폴더 ➡ [문] 폴더 ➡ [커튼월 이
중 유리] 선택 ➡ [열기] 클릭

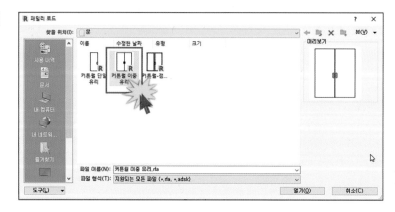

⑥ [수정] ➜ 변경하고자 하는 [유리 패널]을 [Tab 키]로 선택 ➜ [특성] 창 ➜ [커튼월 이중 유리] 클릭

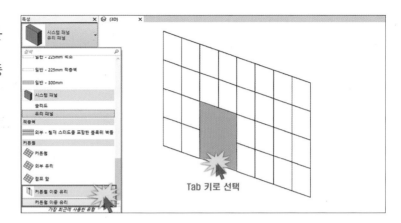

⑦ 변경된 [유리 패널] 확인

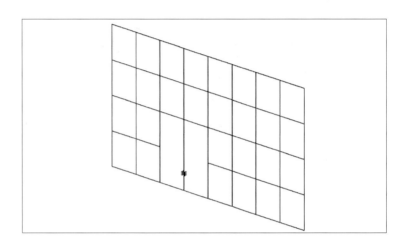

🔟 지붕의 서까래 절단 유형

① 📄예제 [2-37.rvt] 파일 열기

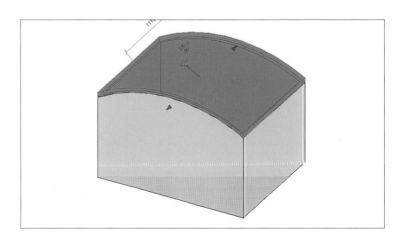

② [지붕] 선택 ➜ [특성] 창 ➜ [서까래 절단 : 귀
통이 자른 수직]으로 변경 ➜ [적용] 클릭

③ 변경된 [지붕 서까래] 확인

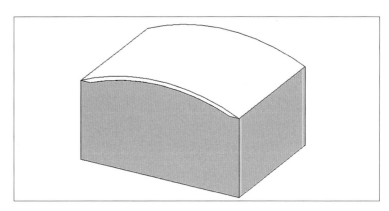

11 **지붕과 바닥의 개구부 작성**

① 예제 [2-38.rvt] 파일 열기

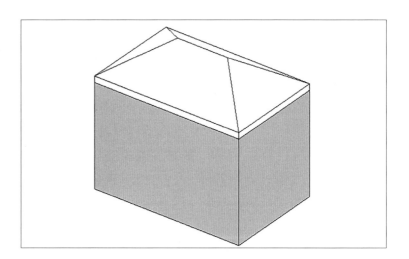

② [건축] 탭 ➔ [개구부] 패널 ➔ [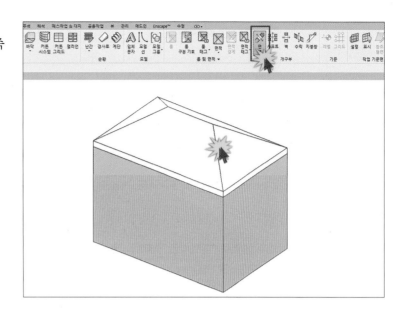] ➔ 우측

    [삼각 지붕면]의 외곽선 선택

③ [수정/개구부 경계 작성] 탭 ➔ [그리기] 패널
    ➔ [☐] 선택 ➔ 선택한 지붕 내부 면에 그
    림과 같이 [사각형] 작성 ➔ [모드] 패널 ➔
    [✔] 클릭

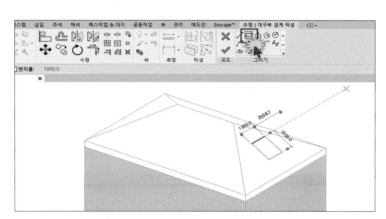

④ 작성된 개구부 확인

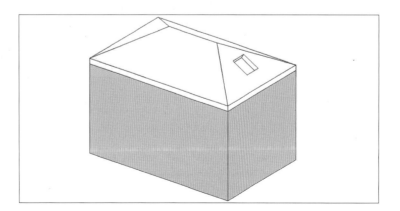

⑤ [프로젝트 탐색기] → [평면] → [지붕 평면도]
더블 클릭

⑥ [건축] 탭 → [개구부] 패널 → [<img>] 클릭
샤프트

⑦ [수정/ 샤프트 개구부 스케치 작성] 탭 → [그리
기] 패널 → [□] 클릭 → 그림과 같이 [샤
프트] 경계 작성 → [모드] 패널 → [✓]
클릭

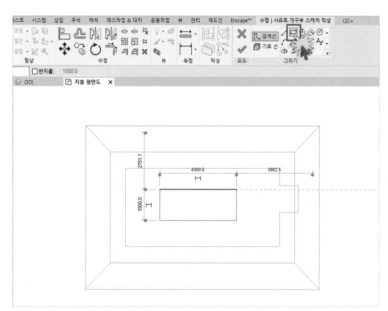

⑧ [뷰 컨트롤 막대] → [비주얼 스타일] → [와이
어프레임] 클릭

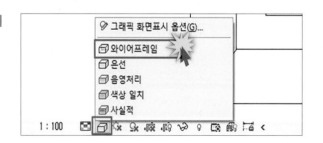

⑨ [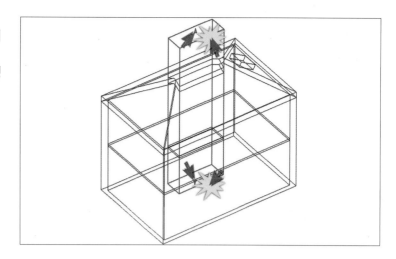 수정] ➜ 작성된 [샤프트] 선택 ➜ 상하 크기

조정 화살표를 클릭 후 끌기 하여 크기 조정

⑩ 지붕과 바닥에 작성된 개구부 확인

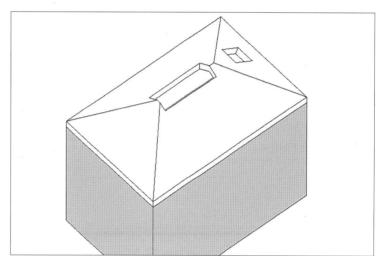

12 절단 레벨을 활용한 지붕 절단

① 📄예제 [2-39.rvt] 파일 열기

② [수정] ➜ [지붕] 선택 ➜ [특성] 창 ➜ [절단 레

벨 : 2.5층]으로 변경

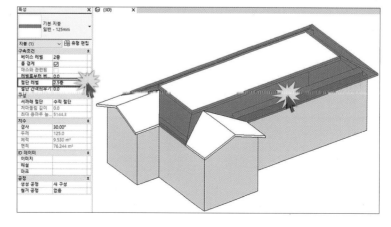

③ 절단된 지붕 확인

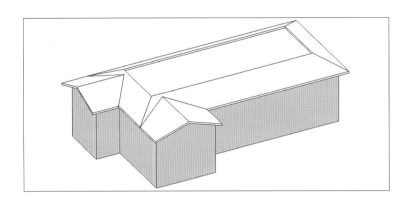

🔢 지붕 처마홈통(거터) 설치

① 🖼️예제 [2-40.rvt] 파일 열기

② [건축] 탭 ➜ [빌드] 패널 ➜ [🗂️
지붕] ➜

[🔻 지붕: 거터] 클릭

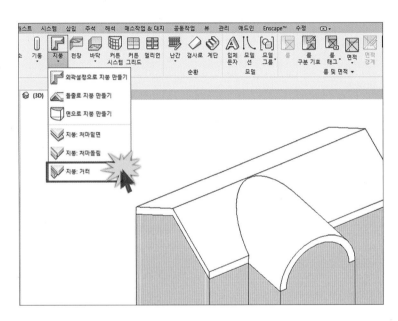

③ 그림과 같이 [지붕]의 [서까래] 모서리를
클릭

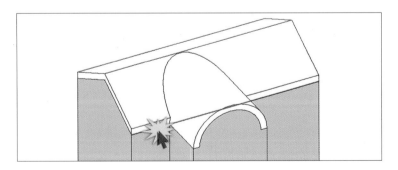

④ 설치된 [거터] 확인

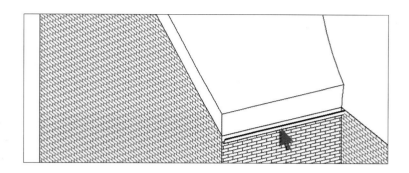

14 천장 그리드의 조명 패밀리 설치

① **예제** [2-41.rvt] 파일 열기
② [프로젝트 탐색기] ➜ [평면] ➜ [1층 천장 평면
도] 더블 클릭

③ [건축] 탭 ➜ [빌드] 패널 ➜ [구성 요소] ➜
[구성요소 배치] 클릭

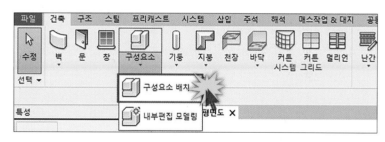

④ [특성] 창 ➜ [트로퍼 = 포물선 직사각형 0600
×1200mm 4램프] 선택 ➜ [천장] 그리드
임의의 위치에 조명의 삽입점을 지정

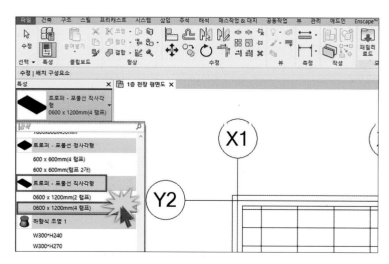

⑤ [수정] 탭 ➡ [수정] 패널 ➡ [🖳] 클릭

⑥ 수평·수직 그리드 선에 맞춰 그림과 같이 삽입된 조명 정렬

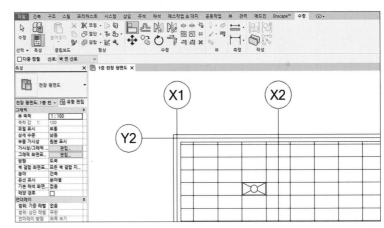

⑦ [🔍수정] ➡ [조명] 선택 ➡ [수정] 탭 ➡ [수정]

패널 ➡ [⟳] ➡ [옵션 배] ➡ [다중] 체크 ➡

그림과 같이 설치된 조명의 좌측 하단 점을 기준점으로 지정 ➡ 마우스 포인터를 움직여 그림과 같이 [그리드] 교차점을 활용하여 [다중 복사]

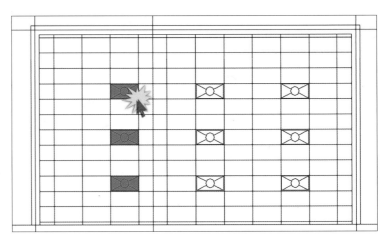

Memo ▌ Autodesk **REVIT & NAVISWORKS**

WISDOM_Autodesk Revit

▌ 구성요소에 다양한 가구 패밀리를 삽입할 수 있습니다.

조명인 트로퍼를 삽입한 방법으로 다양한 가구 및 설비 등
을 삽입하여 내부 공간에 배치할 수 있음.

① [구성요소 배치] 클릭

② [패밀리 로드] 클릭 ➜ [패밀리 로드]

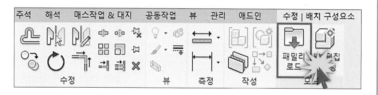

③ [가구] 폴더 ➜ [테이블] ➜ [책상 정육면체 2] 선택 ➜
[열기] 클릭하여 패밀리 삽입

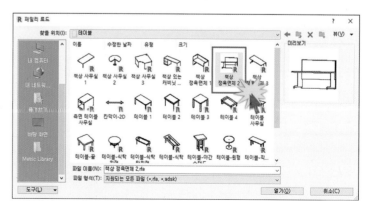

04. 수정 도구의 활용

4.1 이동과 복사

1 이동(MV)

① [수정] ➜ 그림과 같이 대상 객체 선택

② [수정 탭] ➜ [수정 패널] ➜ 클릭

③ 기준점 지정 ➜ 이동 방향 지시 ➜ [거리값] 입력 ➜ Enter↵

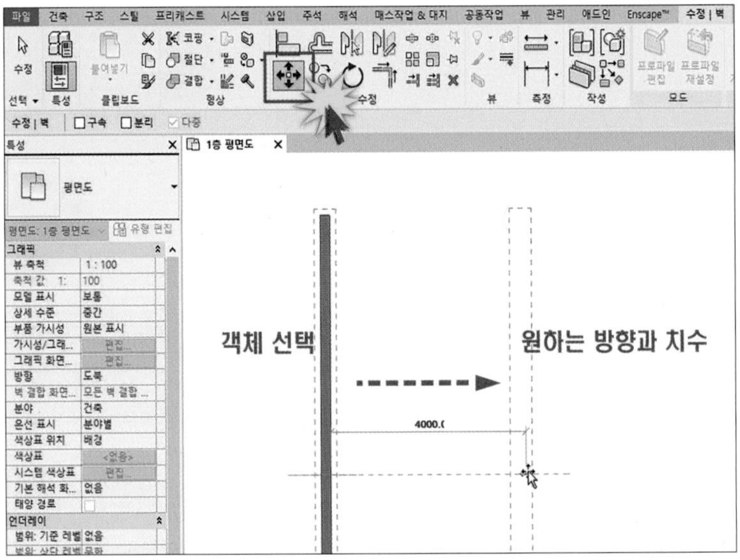

2 복사(CO)

① [수정] ➜ 그림과 같이 대상 객체 선택

② [수정 탭] ➜ [수정 패널] ➜ [ ] 클릭

③ 기준점 지정 ➜ 복사 방향 지시 ➜ [거리값] 입력 ➜ Enter↵

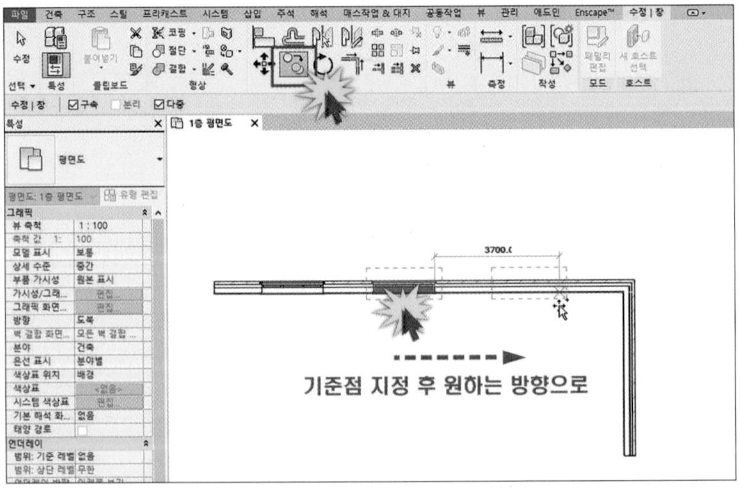

WISDOM_Autodesk Revit

▌ 복사 [옵션]을 변경하여 벽면의 방향에 맞춰 문을 복사 할 수 있어요.

1️⃣ 구속 : 선택한 요소의 이동을 수평 수직으로 제한됨.
[옵션 바 : 구속] 을 체크 해제하면 원하는 위치에 요소
를 복사할 수 있음.

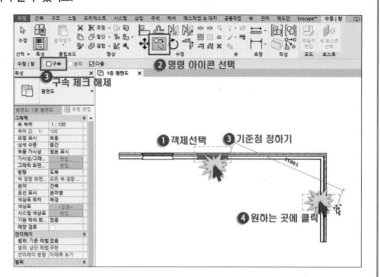

2️⃣ [분리] : 벽에 삽입된 문과 창문은 기본적으로 그 벽 선
상에서 움직임. [분리] 체크 시 이동을 자유롭게 하여
다른 벽으로의 이동에 편리성을 부여함.(이동 명령어
만 가능)

3️⃣ [다중] : 여러 개 복사본 작성 가능(복사 명령어만 가능)

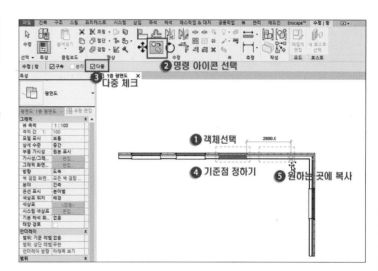

✏️ 4.2 🔄 회전(RO)

1️⃣ 중심축을 이용한 회전

① [🔍 수정] ➡️ 그림과 같이 대상 객체 선택

② [수정 탭] ➡️ [수정 패널] ➡️ [🔄] 클릭

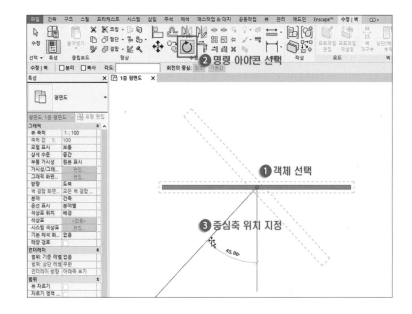

③ 회전 시작점 지정

④ 회전 방향 지시 ➡️ [각도 값] 입력 ➡️ Enter↵

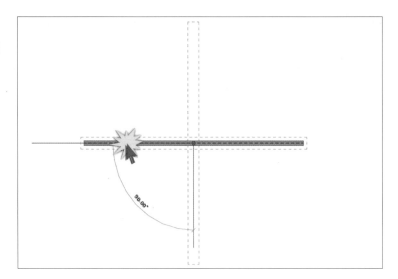

2 사용자 축을 이용한 회전

① [수정] ➔ 그림과 같이 대상 객체 선택

② [수정 탭] ➔ [수정 패널] ➔ [↻] 클릭

③ [옵션 배] ➔ [장소] 클릭

④ 마우스 포인터 이동 ➔ 임의의 [중심점] 지정

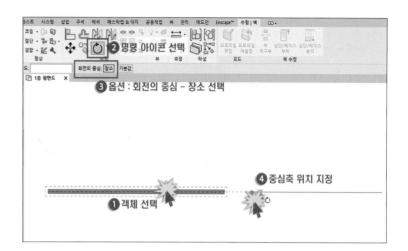

⑤ 회전 시작점 지정

⑥ 회전 방향 지시 ➔ [각도 값] 입력 ➔ Enter↵

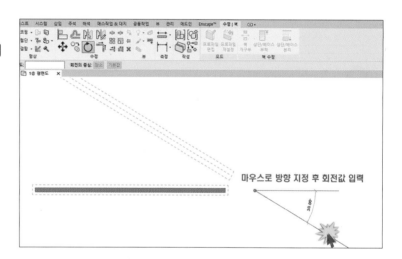

3 객체의 회전 복사

① [⬚수정] → 그림과 같이 대상 객체 선택

② [수정 탭] → [수정 패널] → [⟳] 클릭

③ [옵션 바] → [복사] 클릭

④ 회전 시작점 지정

⑤ 회전 방향 지시 → 각도 값 입력 → Enter↵

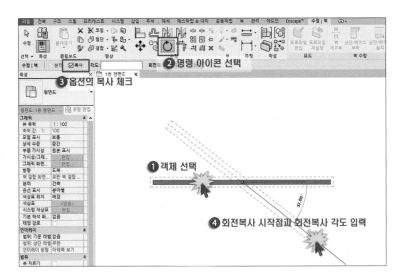

✏️ 4.3 🔳배열(AR)

1 원형 배열 복사

① [⬚수정] → 그림과 같이 대상 객체 선택

② [수정 탭] → [수정 패널] → [🔳] 클릭

③ [옵션 바] → [🔁] 클릭

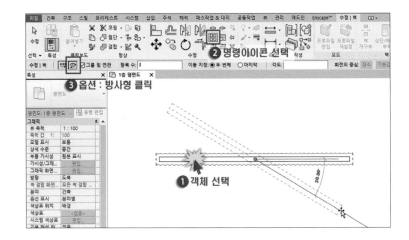

④ 회전 시작점 지정

⑤ 회전 방향 지시 ➡ [각도 값] 입력 ➡ Enter↵

⑥ [복사 개수] 입력 ➡ Enter↵

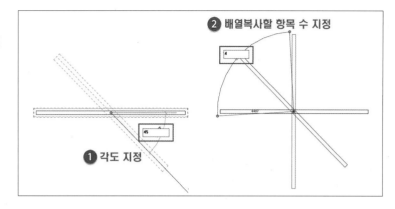

❷ **배열복사할 항목 수 지정**

❶ **각도 지정**

2 사각형 배열 복사

① 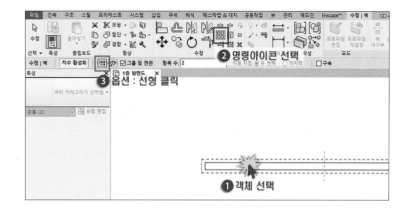 ➡ 그림과 같이 대상 객체 선택

② [수정 탭] ➡ [수정 패널] ➡ 클릭

③ [옵션 배] ➡ 클릭

❷ **명령아이콘 선택**

❸ **옵션 : 선형 클릭**

❶ **객체 선택**

④ 기준점 지정

⑤ 복사 방향 지시 ➡ [거리 값] 입력 ➡ Enter↵

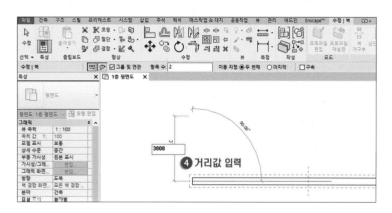

❹ **거리값 입력**

⑥ [복사 항목 수] 입력 ➜ Enter↵

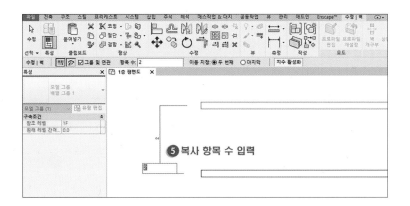

⑤ 복사 항목 수 입력

WISDOM_Autodesk Revit

▌ 옵션을 이용하면 배열복사가 더 편리해져요.

① ☑ 그룹 및 연관
옵션을 체크할 경우 배열 복사된 객체를 그룹(연관)화할 수 있음.
(그룹 관련 단축키 : UG –그룹해제, EG –그룹편집, GP–그룹생성)

② 이동 지정:◉ 두 번째   ○ 마지막
두 번째 – 시작 객체와 두 번째 객체의 거리 값 지정하여 등간격으로 배열됨.
마지막 – 시작 객체와 마지막 객체 사이의 거리를 지정된 개수로 나누어 등간격으로 배열되게 되며 난간을 작성할 때 유용함.

Memo ▌ Autodesk **REVIT & NAVISWORKS**

4.4 ⬚ 간격 띄우기(OF)

① 그림과 같은 [벽] 작성

② [수정 탭] ➡ [수정 패널] ➡ [⬚] 클릭

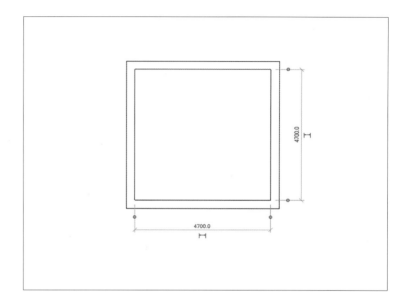

③ [옵션 바] ➡ [간격띄우기 : 1000]으로 변경

④ 벽체로 마우스 포인터 이동 ➡ 복사 방향
　확인 후 클릭

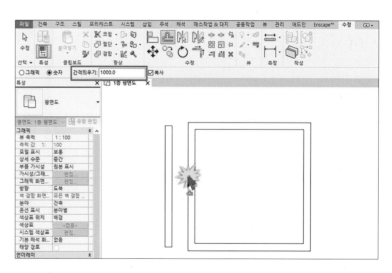

Memo ┃ Autodesk **REVIT & NAVISWORKS**

4.5 대칭

1 축 선택(MM)을 활용한 대칭

① 그림과 같이 [벽] 작성

② [수정] ➡ 대칭 대상 객체 선택

③ [수정 탭] ➡ [수정 패널] ➡ 클릭

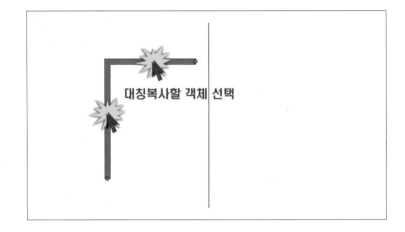

④ [대칭 축]이 될 기준 객체 선택

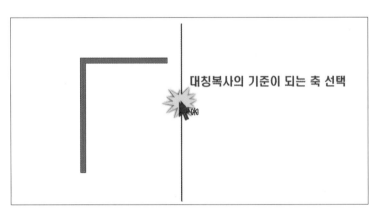

⑤ 대칭 결과 확인

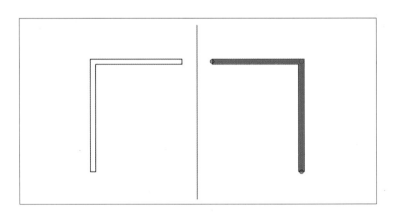

❷ 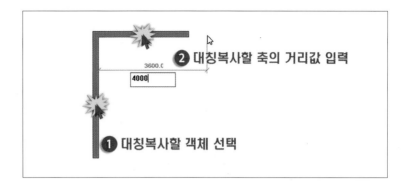 축 그리기(DM)을 활용한 대칭

① 그림과 같이 [벽] 작성

② [🔍 수정] ➡ 대칭 대상 객체 선택

③ [수정 탭] ➡ [수정 패널] ➡ [🔲] 클릭

❷ 대칭복사할 축의 거리값 입력

3600.0

4000

❶ 대칭복사할 객체 선택

④ 그림과 같이 대칭 객체와 떨어진 위치에 마우스 포인터를 지정하여 대칭 축 작성

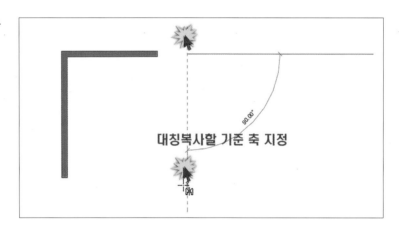

대칭복사할 기준 축 지정

⑤ 대칭 결과 확인

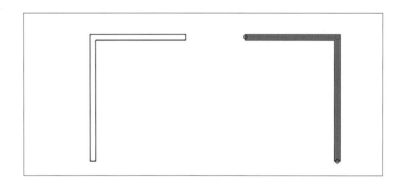

Memo **| Autodesk REVIT & NAVISWORKS**

209

✏ 4.6 🔲 축척(RE)

1 신규 길이 의한 축척

① 그림과 같이 [벽] 작성

② [🔾 수정] ➡ 대칭 대상 객체 선택

③ [수정 탭] ➡ [수정 패널] ➡ [🔲] 클릭

④ 축척을 변경할 객체 선택 ➡ 키보드에서
　　Enter↵ 키 입력

⑤ 두 벽의 교차점을 [원점]으로 지정 ➡ 수평
벽의 좌측 끝점을 [끌기점]으로 지정 ➡ 축
척 변경 방향 지시 ➡ 마우스 포인터를 이
동하여 임의의 축척 변경점 지정

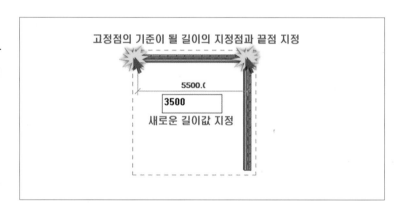

⑥ 축척 변경 결과 확인

2 배율을 이용한 축척

① 그림과 같이 [벽] 작성

② [🔲 수정] ➡ 대칭 대상 객체 선택

③ [수정 탭] ➡ [수정 패널] ➡ [🔲] 클릭

④ [옵션 바] ➡ [숫자] 체크 ➡ [축척 : 2] 입력

⑤ 그림과 같은 위치에 [원점] 지정

⑥ 축척 변경결과 확인

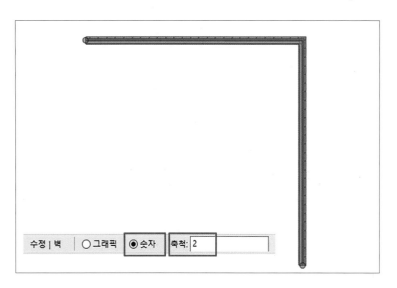

Memo | Autodesk **REVIT & NAVISWORKS**

4.7 정렬(AL)

① 그림과 같이 [벽] 작성

② [수정 탭] ➜ [수정 패널] ➜ [ ] 클릭

③ [옵션 바] ➜ [선호] ➜ [벽 중심선 선호] 선택

④ 마우스 포인터 이동 ➜ 정렬을 위한 기준으로서 좌측 사각형의 벽 중에서 상단 벽의 중심선 선택

⑤ 우측 수평 벽의 중심선 선택

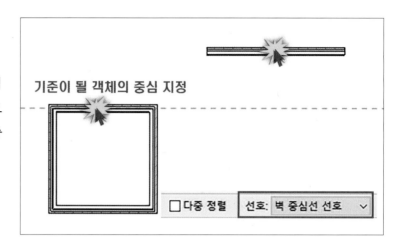

기준이 될 객체의 중심 지정

☐ 다중 정렬   선호: 벽 중심선 선호

⑥ 정렬 결과 확인

　　([옵션 바 : 다중 정렬]을 체크하면 하나의 기준선을 중심으로 다수의 대상 정렬 가능)

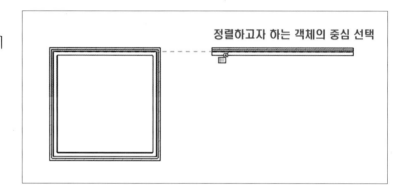

정렬하고자 하는 객체의 중심 선택

Memo | Autodesk **REVIT & NAVISWORKS**

4.8 자르기와 연장

① 코너 자르기와 연장(TR)

① 그림과 같이 [벽] 작성

② [수정 탭] ➜ [수정 패널] ➜ [ ] 클릭

③ [수평 벽] 선택 ➜ [수직 벽] 선택

　(모서리가 정리될 형상에 근접 위치를 기준
　으로 클릭)

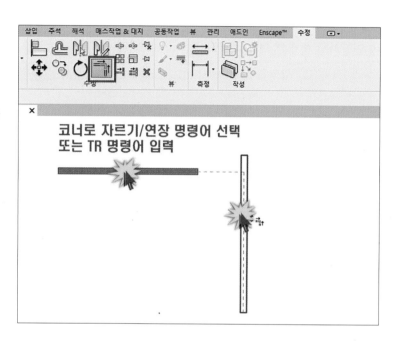

④ 모서리 정리 결과 확인

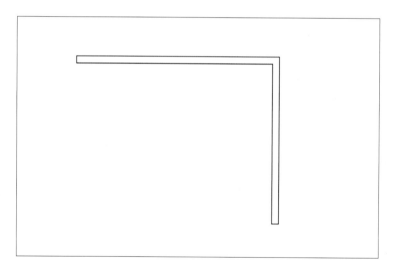

2 단일 요소 자르기와 연장

① 그림과 같이 [벽] 작성

② [수정 탭] ➔ [수정 패널] ➔ [ ] 클릭

③ 기준 객체 [수직 벽] 선택

④ 연장시킬 객체 [수평 벽] 선택

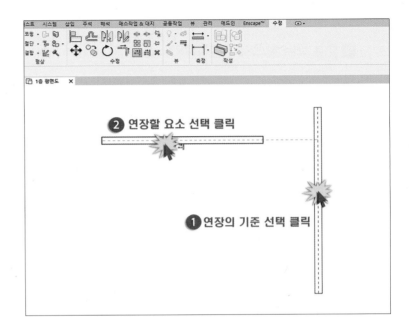

⑤ 연장 결과 학인

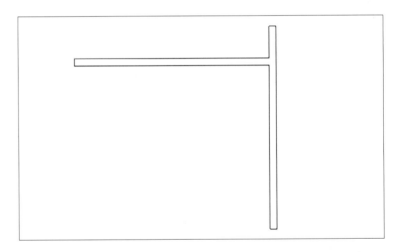

Memo ｜ Autodesk **REVIT & NAVISWORKS**

❸  다중 요소 자르기와 연장

① 그림과 같이 [벽] 작성

② [수정 탭] ➜ [수정 패널] ➜ [☰] 클릭

③ 기준 객체 [수직 벽] 선택

④ 연장시킬 객체 [수평 벽] 선택

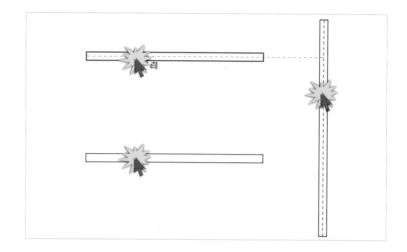

⑤ 연장 결과 확인

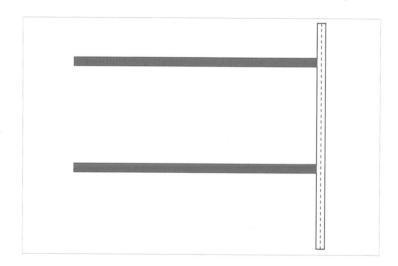

Memo | Autodesk **REVIT & NAVISWORKS**

✏️ 4.9 분할

1 ⊏⋮⊐ 요소 분할(SL)

① 그림과 같이 [벽] 작성

② [🖱️ 수정] ➜ 분할 대상인 [벽] 선택

③ [수정 탭] ➜ [수정 패널] ➜ [⊏⋮⊐] 클릭

④ 그림과 같이 분할 포인트 지정

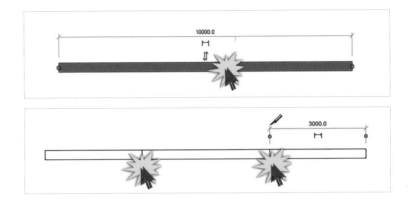

2 ▫⋮▫ 간격 분할

① 그림과 같이 [벽] 작성

② [🖱️ 수정] ➜ 분할 대상인 [벽] 선택

③ [수정 탭] ➜ [수정 패널] ➜ [▫⋮▫] 클릭

④ [옵션 배] ➜ [조인트 간격] 값 입력

⑤ 그림과 같이 [간격 분할] 위치점 지정

　(분할 도구와 동일한 방법이지만 [간격 분할]
　은 앞서 입력한 [조인트 간격] 값 만큼 벌어지
　면서 객체가 분할 됨)

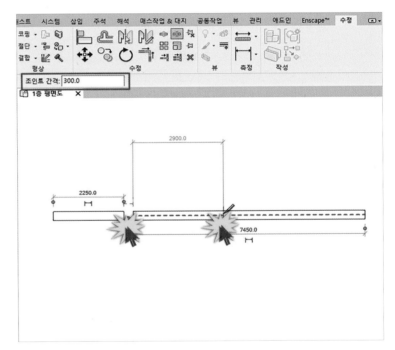

05. 계단과 경사로의 작성

5.1 계단과 경사로와 관련된 용어의 이해

1 디딤판(tread)

발을 딛는 부분에 설치되는 수평 부재를 의미한다. 보통 250~300mm를 기준으로 함.

2 챌판(riser)

디딤판에 수직으로 설치되는 부재를 의미하며, 챌판의 수와 계단의 높이에 관계가 밀접함. 보통 챌판의 높이는 150~175mm를 기준으로 하며, 그 이상일 경우 안전 면에서 위험함.

3 난간(handrail)

계단이나 경사로, 베란다 등의 가장자리에 세워 추락을 막고 장식의 역할도 금속제, 목제, 석제의 부재를 말함.

4 경사로(slope way, ramp)

단을 사용하지 않고 일정 각도의 경사 바닥을 통해 오르내리기 위한 길을 의미하며, 장애인을 위한 경사도는 1/12이며, 계단을 대체하는 경사도는 1/8을 사용함.

5 참(landing)

계단과 경사로의 일정 높이에서 바닥 폭이 넓게 조성되어 있는 부분으로 방향을 바꾼다든지, 피난, 휴식 등의 목적으로 사용됨.

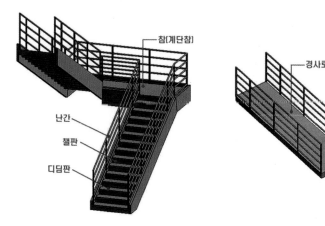

✏️ 5.2 다양한 계단 작성

1 구성요소 기준 계단의 활용

구성요소 기준 계단을 활용하면 몇 번의 포인팅(클릭) 만으로도 계단 작성을 편리하게 수행할 수 있습니다.

① [건축 탭] ➡ [순환 패널] ➡ [계단] 클릭

② [수정/계단작성 탭] ➡ [구성요소 패널] ➡ 유형 선택(유형에 표시된 청색점은 마우스를 활용한 클릭 점으로서 계단의 시작과 끝점을 의미함)

③ 큰 점은 계단의 시작점과 끝점, 작은 점은 계단의 중심점을 의미

④ [옵션 바]를 통해 위치선의 기준과 위치선에서의 간격띄우기, 계단의 폭, 참의 자동 생성을 제어할 수 있음

위치선:	계단진행: 중심 ✓	간격띄우기:	0.0	실제 계단진행 폭:	1000.0	☑ 자동 계단참

⑤ 구성요소 기준 계단의 작성 결과 예시

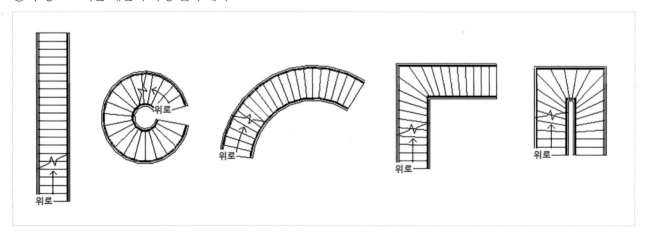

2 스케치 기준 계단의 활용

(1) 일자형 계단 작성

① [건축] 탭 ➡ [순환] 빌더 ➡ [] 클릭

② [수정/계단 작성 탭] ➡ [그리기] 패널 ➡ [⬙ 실형] ➡ [IIII] 클릭 ➡ [특성] 창 ➡ [치수] ➡ 원하는 [챌판 수 : 22] 입력

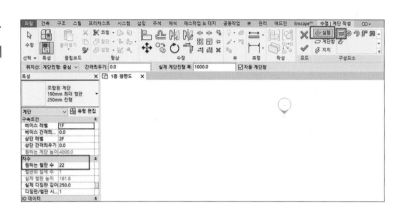

③ 그림과 같이 계단의 시작점과 끝점을 지정하여 [계단] 작성 ➡ [모드] 패널 ➡ [✓] 클릭
(계단 작성 중에 제시되는 메시지의 남아 있는 챌판 수를 확인하면서 작업 진행)

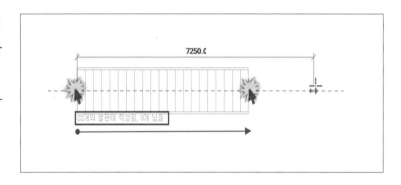

④ [신속 접근 도구 막대] ➡ [🏠] 클릭
⑤ 작성된 - 자형 계단 확인

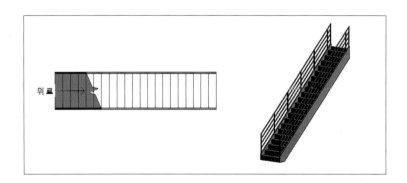

WISDOM_Autodesk Revit

▌ 계단의 진행 방향을 편리하게 변경할 수 있으며 [뷰 범위]를 설정하여 계단과 경사로의 절단선의 위치를 변경할 수 있습니다.

① 계단 시작과 끝의 화살표(←, →)를 클릭하여 진행 방향 전환 가능

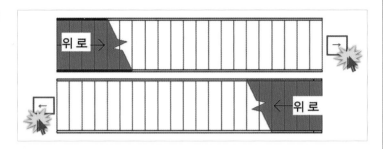

② 계단에 표시되는 절단선 위치 변경
[특성] 창 → [범위] → [뷰 범위] → [편집] → [절단 기준면] → [간격띄우기] 값 변경

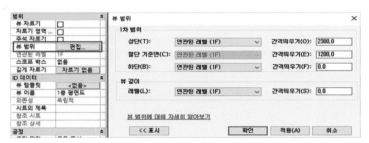

③ 해당 선택층 하부의 작성 객체 표현
[특성] 창 → [범위] → [뷰 범위] → [편집] → [뷰 깊이] → [레벨] → [간격띄우기] 값 변경(예를 들어 [-1200] 일 경우, 해당 층에서 1200 범위의 아래 작성 객체가 뷰에 함께 표현됨)

④ 해당 선택층 상부의 작성 객체 표현
[특성] 창 → [범위] → [뷰 범위] → [편집] → [1차 범위] → [상단 / 절단 기준면] → [간격띄우기] 값 변경
(주의할 사항 : 반드시 상단의 값이 절단 기준면보다 높아야 함)

(2) L자형 계단 작성

① [건축] 탭 ➜ [순환] 빌더 ➜ [계단] 클릭

② [수정/계단 작성 탭] ➜ [그리기] 패널 ➜
[🖐 실행] ➜ [🪣] 클릭 ➜ [특성] 창 ➜ [치수]
➜ 원하는 [챌판 수 : 30] 입력

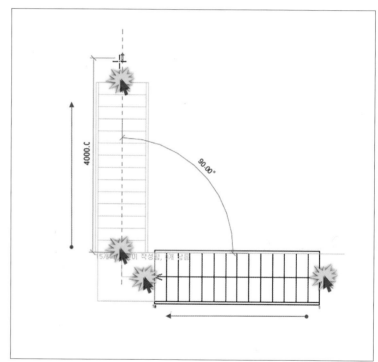

③ 그림과 같이 계단의 시작점과 끝점을 지정
하여 [계단] 작성 ➜ [모드] 패널 ➜ [✔] 클
릭(15개의 챌판으로 수평 방향의 계단 작성
➜ 나머지 챌판으로 수직 방향의 계단 작성)

④ [신속 접근 도구 막대] ➔ [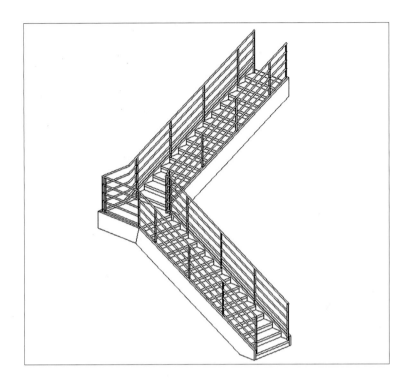] 클릭

⑤ 작성된 [ㄴ]형 계단 확인

(3) U자형 계단 작성

① [건축] 탭 ➔ [순환] 패널 ➔ [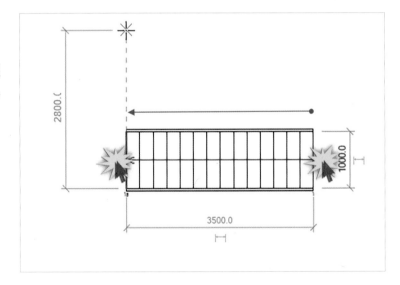계단] 클릭

② [수정/계단 스케치 작성 탭] ➔ [그리기] 패널
   ➔ [🖊 실행] ➔ [🎚️] 클릭 ➔ [특성] 창 ➔
   [치수] ➔ 원하는 [챌판 수 : 30] 입력

③ 15개의 챌판으로 그림과 같이 계단 작성

④ 중간 참을 고려하여 간격을 두어 그림과 같
　이 나머지 계단 작성

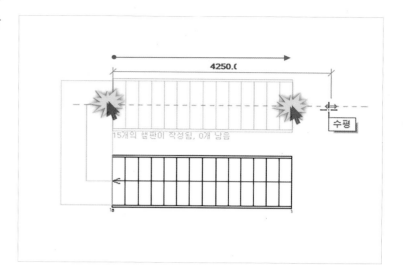

⑤ [신속 접근 도구 막대] ➔ [🏠] 클릭

⑥ 작성된 [U]자형 계단 확인

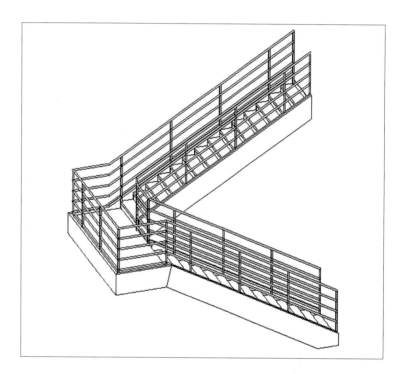

⑦ [🔧] ➔ 작성된 계단의 계단참 부분 선

　택 ➔ [수정/계단 작성] 탭 ➔ [작업기준면]

　패널 ➔ [🔄] 클릭

⑧ [변환] 클릭 후 ➡ [수정/계단 작성] 탭 ➡

[작업기준면] 패널 ➡ [스케치 편집] 클릭

⑨ [그리기] 패널 ➡ 계단참의 좌측 녹색선
인 수직 경계선 선택 후 삭제 ➡ [ ] 도
구로 상하의 수평선 좌측 끝점 지정 후
돌출점을 지정하여 [회] 작성 ➡ [모드]
패널 ➡ [✔] 클릭

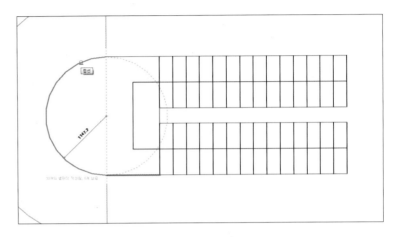

⑩ [신속 접근 도구 막대] ➡ [🏠] 클릭
작성된 [U]자형 계단 확인

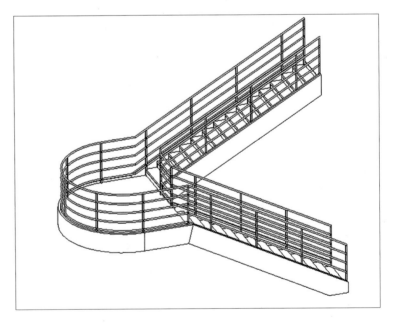

(4) 원형 계단

① [건축] 탭 ➜ [순환] 패널 ➜ [ ] 클릭

② [수정/계단 스케치 작성] 탭 ➜ [그리기] 패널
   ➜ [실행] ➜ [ ] 클릭 ➜ 그림과 같이
   화면의 임의 위치에 [중심점] 지정 ➜ 시작
   점과 끝점 지정

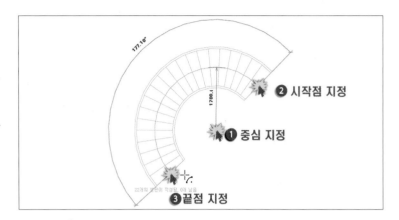

③ [수정/계단 작성] 탭 ➜ [모드] 패널 ➜ [✔]
   클릭 ➜ 그림과 같이 계단의 [시작점] 지정
   후 남은 챌판 수를 고려하여 [원형] 계단의
   진행 방향 [끝점]을 그림과 같이 지정

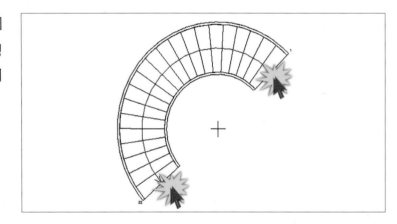

④ [신속 접근 도구 막대] ➜ [⌂] 클릭

⑤ 작성된 [원형] 계단 확인

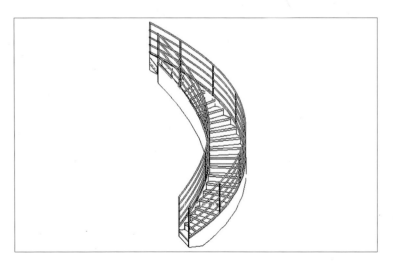

(5) 다층 계단 작성

층고의 높이와 관계없이 한 번에 계단을 작성할 수 있는 다층계단에 대해 살펴보겠습니다.
2017버전까지는 사용할 수 없던 부분으로 2018버전부터 사용가능해진 부분입니다.

① [건축] 탭 → [빌드] 패널 → [바닥] 클릭

② [수정/바닥 경계작성] 탭 → [그리기] 패널 →
  [/] 클릭 → 바닥 작성

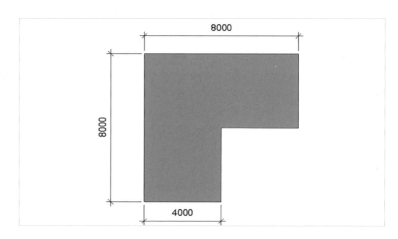

③ [건축] 탭 → [순환] 패널 → [계단] 클릭

④ [수정/계단 작성] 탭 → [그리기] 패널 →
  [실행] → [계단] 클릭 → [특성] 창 → [치수]
  → 원하는 [챌판 수 : 24] 입력

⑤ L자형 계단과 같은 방법으로 계단 작성

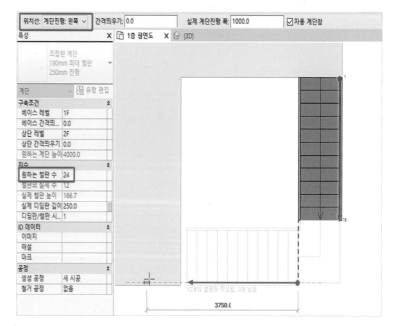

⑥ 바닥과 계단 작성 확인

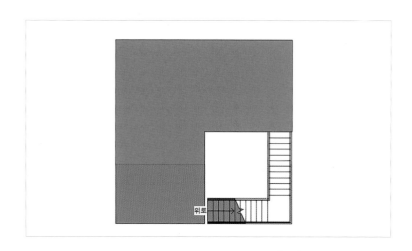

⑦ 작성된 바닥 선택 ➔ [Ctrl + C] 한 후 [수정] 탭 ➔ [클립보드] 패널 ➔

[📋 붙여넣기] ➔ [📋 선택한 레벨에 정렬] ➔ 2F, 3F, 지붕 층에 복사

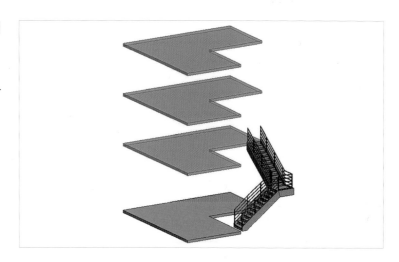

⑧ [프로젝트 탐색기]의 [남측면도] 클릭➔ 작성 된 계단 선택 ➔ [수정/계단] 탭 ➔ [다층 계 단] 패널 ➔ [🖱️ 레벨 선택] 클릭

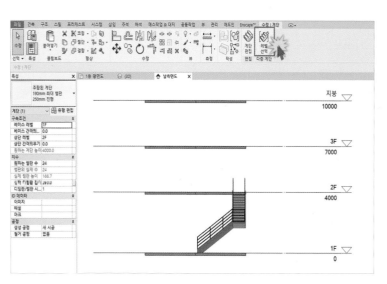

⑨ [수정/계단] 탭 → [다층 계단]패널 → [레벨 선택]
클릭

⑩ 계단을 작성하고자 하는 레벨 선택
(여러 층을 선택해야 할 경우는 Ctrl 누르
고 선택함) → 다층 계단 작성

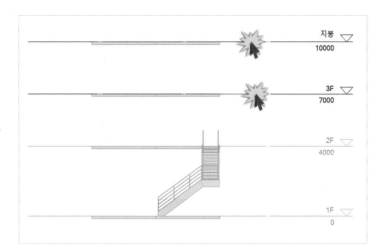

⑪ [수정/다층 계단] 탭 → [모드] 패널 →
[✔] 클릭

⑫ 다층 계단이 작성된 것을 확인

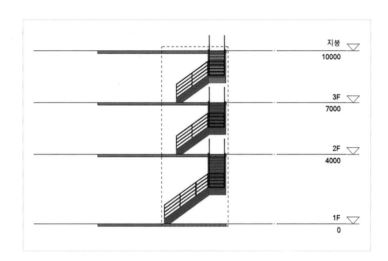

⑫ [3D] 뷰에서도 다층 계단이 작성된 것을 확
인할 수 있습니다.

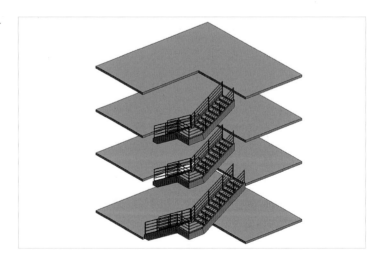

WISDOM_Autodesk Revit

▌ 다층 계단 작성 후 일정 층의 바닥과 계단이 거리가 떨어지는 경우가 발생하는 경우가 있습니다. 바닥과 계단의 층이 같은 층에 존재하므로 바닥을 편집하여 작성할 수 있습니다.

① 바닥을 더블 클릭하거나 바닥을 선택하고 [수정/바닥] 탭 ➜ [모드] 패널 ➜ [경계 편집] 클릭

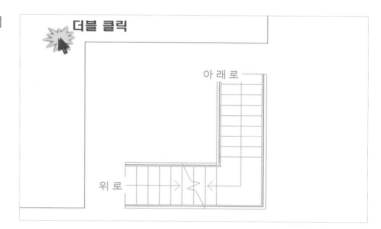

② [수정/경계 편집] 탭 ➜ [그리기] 패널 ➜ [ ]을 이용 하여 바닥 편집

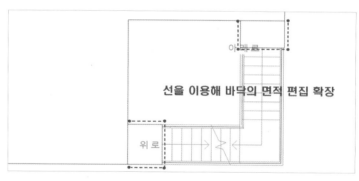

③ [SL]을 사용하여 바닥 선을 편집하고 불필요한 선 삭제 ➜[수정/경계 편집] 탭 [모드] 패널의 [✔] 클릭 ➜ 바닥 편집 완성

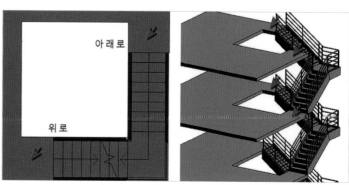

❸ 경계와 챌판 그리기 도구의 활용

(1) 직선형 계단 작성

경계와 챌판 그리기 도구를 활용한 다양한 계단 작성법에 대해서 살펴보겠습니다.

① [예제] [2-42.rvt] 파일 열기

② [건축] 탭 ➔ [순환] 패널 ➔ [계단] 클릭

③ [수정/계단 작성] 탭 ➔ [구성요소] 패널 ➔ [스
케치 작성 ✏️] ➔ [🔲 경계] ➔ [그리기] 패널
➔ [✏️] 클릭 ➔ 그림과 같이 [길이 :
13000]의 수직 경계선 2개 작성

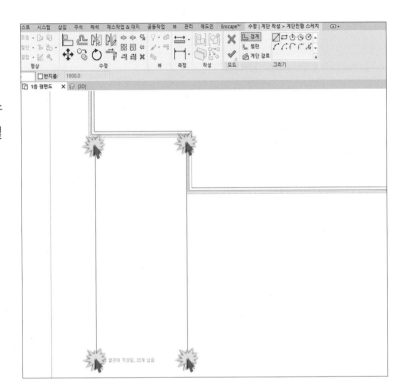

④ [수정/계단 작성)계단 진행 스케치] 탭 ➔ [그
리기] 패널 ➔ [🔲 챌판] ➔ [✏️] 클릭 ➔ 화
면에 제시되는 남은 [챌판 수]를 확인하며
그림과 같이 작성하되 챌판 간의 간격은
[300]이 되도록 함.
(기준이 되는 챌판 3부분을 상단과 하단,
중간에 우선 작성 후 [옵션 배]에서 [간격띄우
기 : 300]으로 설정하여 내부 챌판을 작성
하면 편리함)

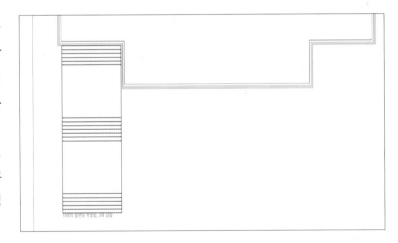

⑤ [수정] 패널 ➔ [⬦] 클릭 ➔ 그림과 같이
　[계단 참]이 될 녹색 경계선의 [분할점] 지정

⑥ [모드] 패널 ➔ [✔] 클릭

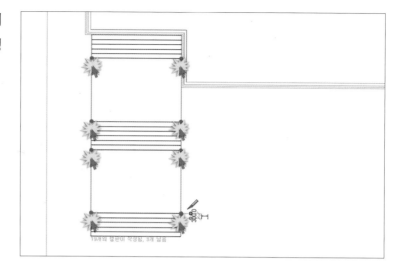

⑦ [신속 접근 도구 막대] ➔ [🏠] 클릭

⑧ 작성된 [직선형] 계단 확인

　* 아래의 좌측 그림과 같이 계단이 반대로
　작성되었을 경우 1층 평면도에서 작성된
　계단을 선택 후 우측 그림과 같이 [방향 전환
　화살표]를 클릭함

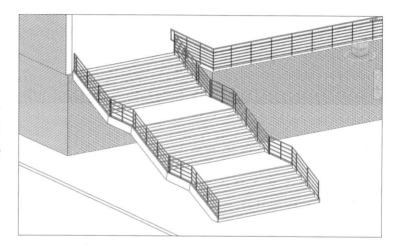

WISDOM_Autodesk Revit

▌ 챌판이 작성되지 않았나요?

챌판을 작성할 때, 동일한 자리에서 중복되게 챌판의 섶을
작성하면 그림과 같이 빈 공간으로 보이는 오류가 발생됩
니다.

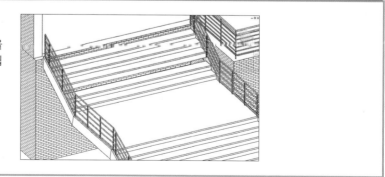

(2) 유선형 계단 작성

① [건축] 탭 ➡ [순환] 패널 ➡ [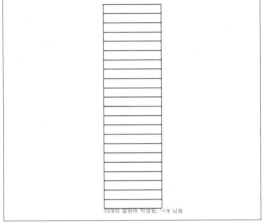] 클릭

② [수정/계단 작성] 탭 ➡ [구성요소] 패널 ➡ [스케치 작성 ✍] ➡ [🔲 경계] ➡ [그리기] 패널 ➡ [✏] 클릭

③ [특성] 창 ➡ [치수] ➡ 원하는 [챌판 수 : 22] 입력 ➡ 그림과 같이 작성

④ [🔖 수정] ➡ 계단 좌측 경계선 선택 ➡ 키보드에서 Del 키를 입력하여 그림과 같이 삭제

⑤ [수정/스케치 편집] 탭 ➡ [그리기] 패널 ➡ [🔲 경계] ➡ [✏] 클릭 ➡ 2회에 걸쳐 그림과 같이 연결된 유선형의 경계선 작성

⑥ [수정] 패널 ➜ [⚏] ➜ [유선형] 경계선 선
택 ➜ 그림과 같이 [챌판] 순서대로 선택

⑦ [모드] 패널 ➜ [✔] 클릭

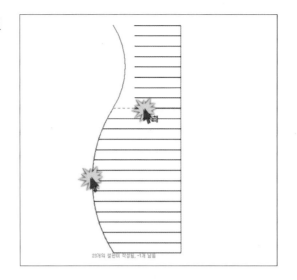

⑧ [신속 접근 도구 막대] ➜ [⌂] 클릭

⑨ 작성된 [유선형] 계단 확인

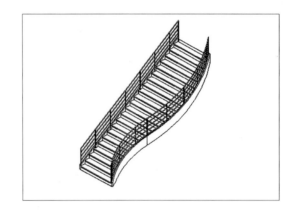

✏ 5.3 다양한 경사로 작성

1 실행을 활용한 경사로 작성

① [건축] 탭 ➜ [순환] 패널 ➜ [⬦경사로] 클릭

② [특성] 창 ➜ [🔲 유형 편집] ➜ [복제] 클릭 ➜
   [이름 : 경사로 1] ➜ 그림과 같이 [매개변수]
   값 확인(경사로 필요 길이 = 층고×최대
   경사도) 길이
   (ex. 4000mm×12=48000mm)

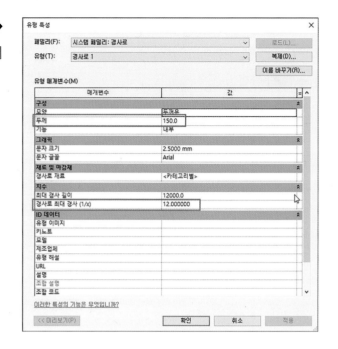

③ [수정/경사로 스케치 작성] 탭 ➜ [🏢 실형] ➜
   [그리기] 패널 ➜ [✏️] 클릭 ➜ 화면에 제시
   되는 길이 값을 참고하면서 마우스 포인터
   를 순차적으로 지정하여 그림과 같은 [경사
   로] 작성(그림과 동일할 필요 없음)

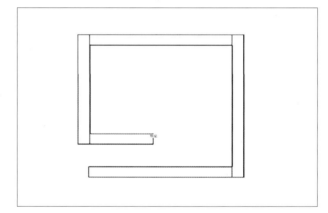

④ [신속 접근 도구 막대] ➜ [🏠] 클릭
⑤ 작성된 경사로 확인

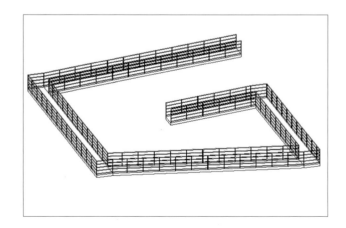

2 경계와 챌판 그리기를 활용한 경사로 작성

경계와 챌판 그리기를 활용한 경사로의 작성은 계단 작성과 동일합니다. 단 [특성] 창의 편집 항목에서 경사 구배(기울기)를 1/12 또는 1/8, 1/1로 구분해야 하는 차이점이 있습니다.

① ⬚예제 [2-43.rvt] 파일 열기

② [프로젝트 탐색기] ➔ [평면] ➔ [1층 평면도] 더블 클릭

③ [건축] 탭 ➔ [순환] 패널 ➔ [◇ 경사로] 클릭

④ [수정/경사로 스케치 작성] 탭 ➔ [그리기] 패널 ➔ [⌐ 경계] ➔ [⬚] 클릭

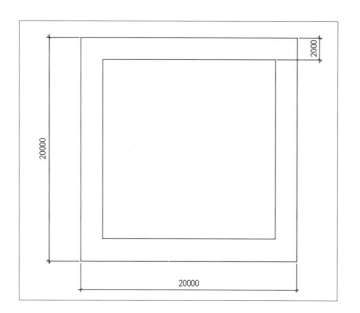

⑤ 그림과 같이 내부 경계선을 선택하여 [경사로]의 경계선 작성

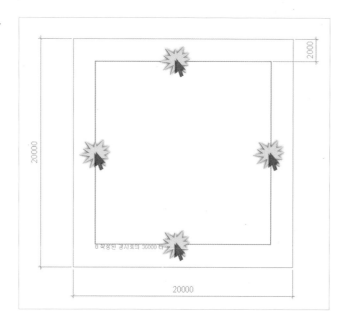

⑥ [수정] 패널 ➔ [📐] ➔ [옵션 배] ➔ [간격띄우기 : 2000] 변경

⑦ 작성된 [경계선] 선택 ➔ 그림과 같이 [간격복사] 함.

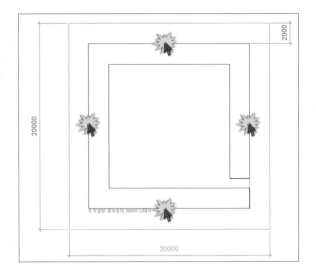

⑧ [수정] 패널 ➔ [📑] 을 활용하여 그림과 같이 [경계선] 정리 (아래의 그림처럼 우측 경사로 수직 경계선을 선택하면 나타나는 [그립점]을 클릭 후 끌기 하여 우측 그림과 같이 길이 조정)

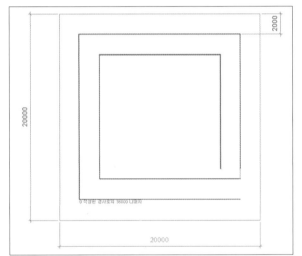

⑨ [수정/경사로 스케치 작성] 탭 ➔ [그리기] 패널 ➔ [🔲 챌판] ➔ [✏️] 클릭

⑩ 경계선 시작과 끝, 참이 될 부분에 그림과 같이 [챌판] 작성

⑪ [모드] 패널 ➔ [✔️] 클릭

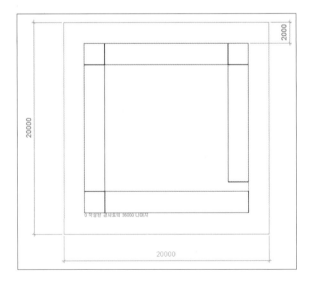

⑫ [수정] 패널 ➔ [⫶⫶] ➔ [참] 작성을 위해 작
성된 [챌판] 위치를 기준으로 바깥측 경계선
에 그림과 같이 분할점 지정

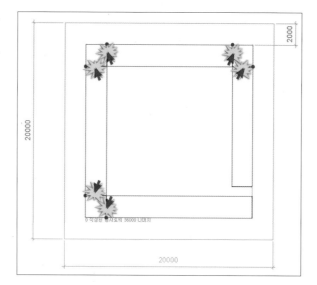

⑬ [신속 접근 도구 막대] ➔ [⌂] 클릭

⑭ 작성된 경사로 확인(작성된 경사로의 방향
이 반대로 나타날 경우 계단과 동일하게 [1층
평면도]에서 경사로를 선택 후 [방향전환] 화
살표를 클릭 하면 됨)

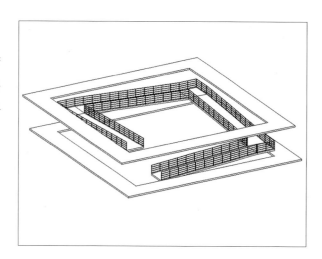

Memo ┃ Autodesk **REVIT & NAVISWORKS**

3 난간 유형 변경

① 🖼️**예제** [2-44.rvt] 파일 열기

② [🖱️ 수정] ➡ [난간] 선택

③ [특성] 창 ➡ 그림과 같이 난간 유형 선택

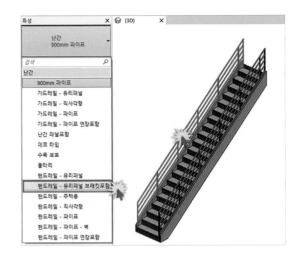

④ 변경된 난간 확인

⑤ [🖱️ 수정] ➡ 변경된 난간 선택

⑥ [특성] 창 ➡ [🔳 유형 편집] 클릭

⑦ [복제] ➡ [이름 : 난간변경] ➡ [구성] ➡ [난간 동자 배치] ➡ [편집] 클릭

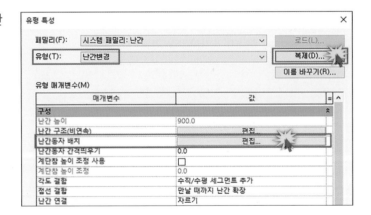

⑧ [이전으로부터의 거리] ➜ [320]을 [100]으로
　변경 ➜ [확인] 클릭

난간동자 배치 편집

패밀리: 난간　　　　　　　　　　　　　　　유형: 난간변경

주 패턴(M)

	이름	난간동자 패밀리	베이스	베이스 간격띄우기	상단	상단 간격띄우기	이전으로부터의 거리	간격띄우기
1	패턴 시작	해당사항 없음	해당사항	해당사항	해당사항	해당사항	해당사항 없음	해당사항
2	일반 난간	난간동자 - 정사각형 :	호스트	0.0	상단 난간	0.0	0.0	0.0
3	일반 난간	패널 - 브래킷이 있는	난간 2	-10.0	난간 1	-10.0	320.0➜100	0.0
4	패턴 끝	해당사항 없음	해당사항	해당사항	해당사항	해당사항	320.0	해당사항

⑨ 변경된 난간 확인

Memo ▮ Autodesk REVIT & NAVISWORKS

📥 06. 다양한 대지(지형)와 대지 구성 요소 패밀리의 삽입

✏️ 6.1 대지(지형)면 작성

1 점 배치를 활용한 지형면 작성

① [프로젝트 탐색기] ➡ [배치도] 더블 클릭

② [매스작업 & 대지] 탭 ➡ [대지 모델링] 패널

➡ [🔲] 클릭
　 지형면

③ [수정/표면 편집] 탭 ➡ [도구] 패널 ➡ [🏠]
　　　　　　　　　　　　　　　　　　　　　배치

클릭 ➡ [옵션 바] ➡ [입면도 : 0.0] 입력

④ 그림과 같이 마우스 포인터를 지정하여 지형의 [점 배치]

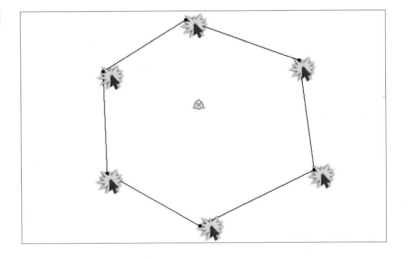

⑤ ④번과 동일한 방법으로 [옵션 배] ➔ [입면
　도 : 1300] 입력 후 그림과 같이 작성

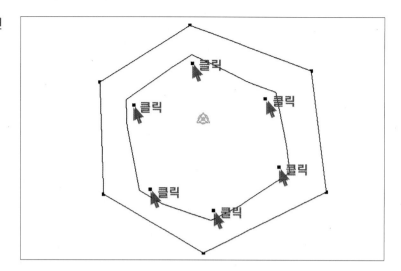

⑥ ⑤번과 동일한 방법으로 [옵션 배] ➔ [입면
　도 : 2000] 입력 후 그림과 같이 작성

⑦ [표면] 패널 ➔ [✓] 클릭

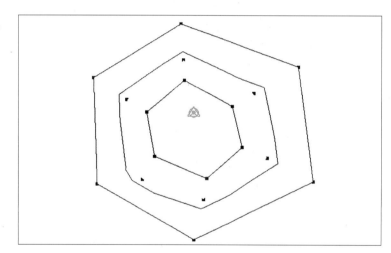

⑧ 작성된 지형 확인

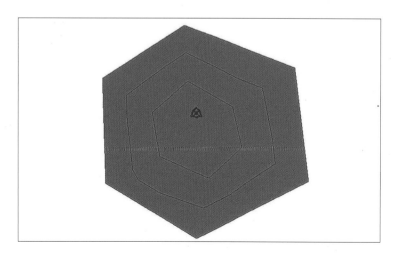

⑨ [_{수정}] ➡ 작성된 [지형] 선택 ➡ [표면] 패널

    ➡ [_{표면
편집}] 클릭

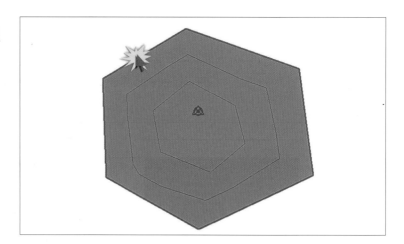

⑩ [_{수정}] ➡ 그림과 같이 작성된 [지형점] 선택

    ➡ [옵션 바] ➡ [고도 : 500] 입력 ➡ Enter↵

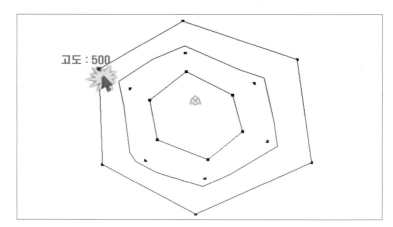

⑪ [_{수정}] ➡ 그림과 같이 작성된 [지형점] 선택

    ➡ 키보드의 Del 키 입력하여 삭제 ➡ [표면]

패널 ➡ [✔]클릭

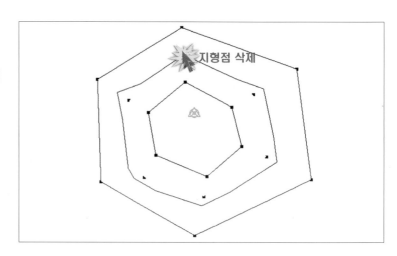

⑫ 변경된 지형 확인(제시된 그림과 형상이 동
　일할 필요 없음)

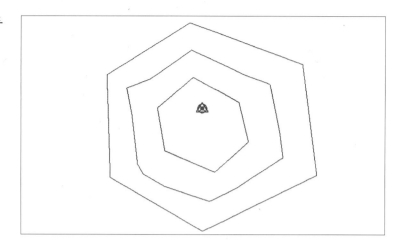

⑬ 변경된 지형 확인

　SD → [신속 접근 도구 막대] → [ ] 확인

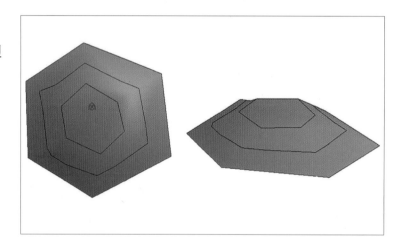

2 수치 지도를 활용한 지형면 작성

① [프로젝트 탐색기] → [평면] → [배치도] 더블
　클릭 → [삽입] 탭 → [가져오기] 패널 →

　[ ] 클릭

② [CAD 형식 가져오기] ➔ [위치 : 자동–중심 대
중심] ➔ 🔲예제 [등고선.dwg] 파일 찾기 ➔
[열기] 클릭 ➔ 마우스 휠을 돌려 뷰를 확대
하여 삽입된 [등고선] 확인
(위치를 [수동]으로 설정하여 열기할 경우
삽입된 지형을 마우스 포인터를 움직여 자
유롭게 배치할 수 있음. [자동]은 위치가 고
정된 상태로 캐드 도면이 삽입됨)

③ [매스작업 & 대지] 탭 ➔ [대지 모델링] 패널
➔ [🔲] 클릭
지형면

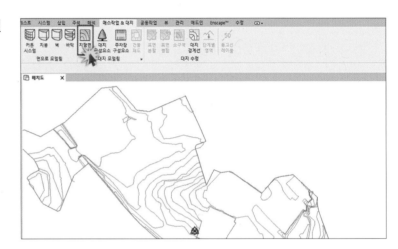

④ [수정/표면 편집] 탭 ➔ [도구] 패널 ➔

[] ➔ [🏠 가져오기 인스턴스(instance) 선택]
가져오기에서
작성

➔ 삽입된 [수치 지형] 클릭

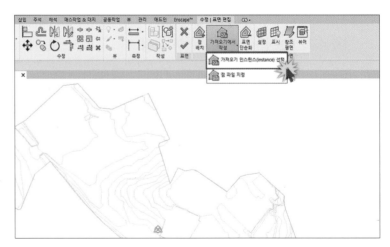

⑤ 지형면을 생성하고자 하는 [레이어] 체크 또
는 [모두 선택] 클릭 ➜ [확인] 클릭 ➜ [수정/
표면집] 탭 ➜ [표면] 패널 ➜ [✔] 클릭

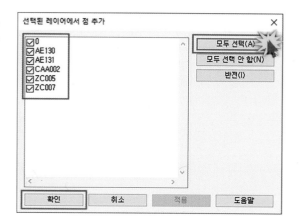

⑥ 경고문 확인 후 진행

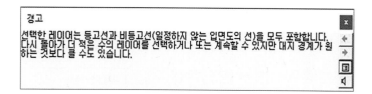

⑦ [신속 접근 도구 막대] ➜ [🏠] 클릭

⑧ 작성된 지형 확인

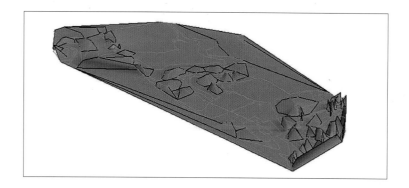

⑨ [] ➜ 작성된 [지형] 선택 ➜ [표면] 패널

➜ [표면 편집] 클릭

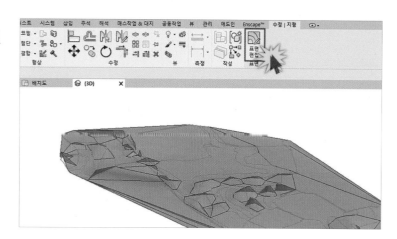

⑩ [도구] 패널 ➡ [표면 단순화] 클릭

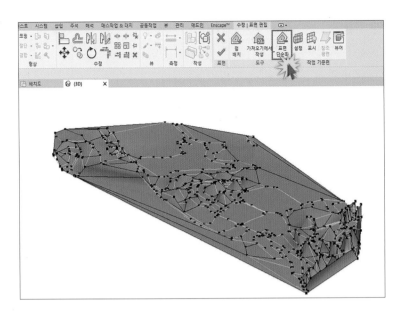

⑪ [표면 단순화] 대화상자 ➡ [표면 정확성 : 20]
으로 변경 ➡ [확인] 클릭

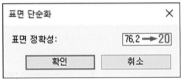

⑫ [표면] 패널 ➡ [✓] 클릭

⑬ 단순화된 표면 확인

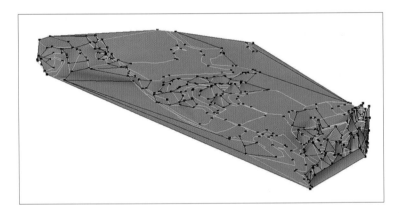

3 지형면의 소구역과 분할

(1) 지형면의 소구역 설정

작성된 지형면을 새로운 구역으로 지정하여 도로 및 주차장 등을 별도로 표현할 수 있으며, 별도의 지형 표면 영역이
작성되기 때문에 재료를 달리 적용할 수 있습니다.

① 🔳예제 [2-45.rvt] 파일 열기 ➡ [3D] 뷰로
　　전환

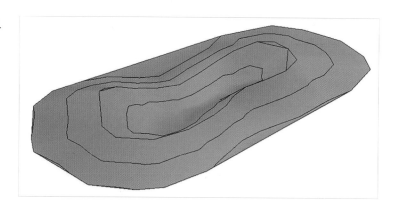

② [매스작업 & 대지] 탭 ➡ [대지 수정] 패널 ➡

　　[🔲] ➡ [그리기] 탭 ➡ [⟋] 클릭 ➡ 그림
　　소구역

　　과 같이 마우스 포인터를 지정하여 [소구역]

　　설정 ➡ [모드] 패널 ➡ [✔] 클릭

　　(반드시 소구역은 닫힌 영역으로 작성하여

　　야 함)

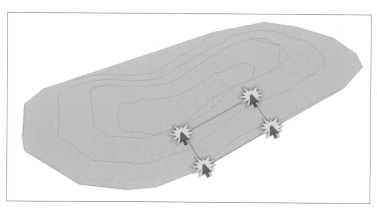

③ [↳] ➡ 작성된 [소구역] 선택 ➡ [특성] 창
　　수정

　　➡ 그림과 같이 [재료 : LB 난간 목재]로 변

　　경 ➡ [확인] 클릭

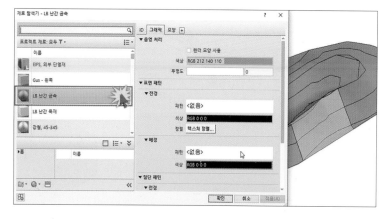

④ 빈 공간에 마우스 포인터 지정 ➡ 변경된

　　[소구역]을 클릭하고 Del 키를 누르면 제거

　　됩니다.

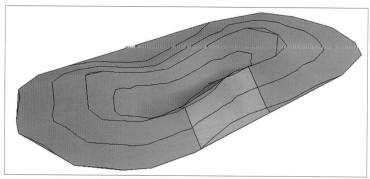

(2) 지형면의 분할과 병합

① ▶예제 [2-45.rvt] 파일 열기

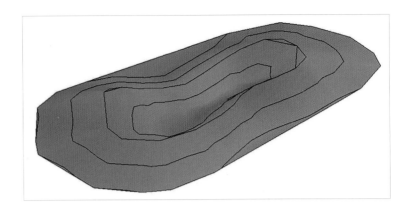

② [매스작업 & 대지] 탭 ➜ [대지 수정] 패널 ➜

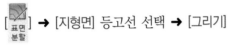 ➜ [지형면] 등고선 선택 ➜ [그리기]

탭 ➜ [✎] 지정 ➜ 그림과 같이 마우스 포

인터를 지정하여 [표면 분할] 영역 설정 ➜

[모드] 패널 ➜ [✔] 클릭(반드시 닫힌 영역

으로 설정)

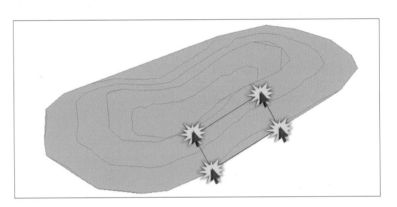

③ [수정] ➜ 분할된 지형면 선택 ➜ 키보드에

서 Del 키 입력

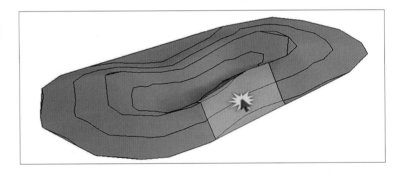

Memo | Autodesk **REVIT & NAVISWORKS**

④ 변경된 지형 확인

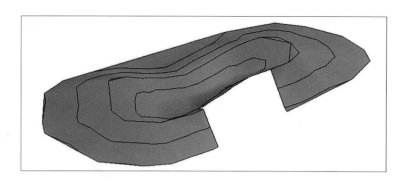

⑤ 키보드에서 Ctrl+Z 입력하여 삭제된 지형
면 복구

⑥ [매스작업&대지] 탭 ➜ [대지 수정] 패널 ➜

[표면 병합] ➜ 그림과 같이 병합할 두 지형면을

순서대로 선택

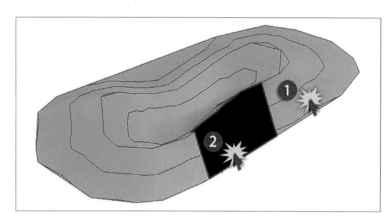

⑦ 병합된 지형면 확인

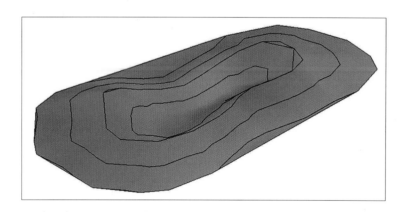

Memo ❚ Autodesk **REVIT & NAVISWORKS**

▌ 지형면이 아닌 표면 분할한 면으로 병합이 되었나요?
  - 지형면을 먼저 클릭하여야 지형면이 표면 분할되었던 재질(지형)로 병합이 됩니다.
  - 선택하는 순서를 정확하게 하여야 합니다.
  - 표면 분할한 면을 먼저 클릭하면 표면 분할한 면의 재질이 그대로 병합됩니다.

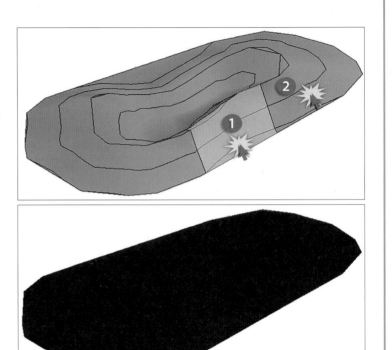

 ▌ Autodesk **REVIT & NAVISWORKS**

(3) 건물 패드의 활용

[건물 패드]는 건물이 놓일 지형면을 평지구간으로 조성하고자 할 경우 주로 사용됩니다.

① 🔲**예제** [2-45.rvt] 파일 열기

② [프로젝트 탐색기] ➜ [배치도] 더블 클릭

③ [매스작업&대지] 탭 ➜ [대지 모델링] 패널 ➜

🔲
건물
패드 ➜ [그리기] 패널 ➜ [▱] 클릭

④ 그림과 같이 지형면 위에 [사각 패드] 지정

    ➜ [모드] 패널 ➜ [✔] 클릭

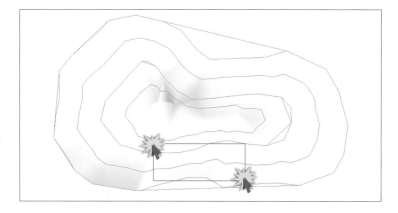

⑤ [신속 접근 도구 막대] ➜ [🏠] 클릭

⑥ 작성된 건물 패드 확인

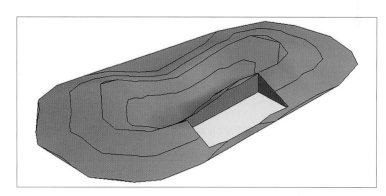

⑦ [🔲 수정] ➜ 작성된 패드 선택

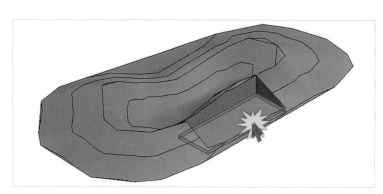

⑧ [특성] 창 ➡ [구속조건] ➡ [레벨로부터 높
   이 : 500]으로 변경
   ([레벨]로도 변경 가능)

⑨ 변경된 [건물 패드] 확인

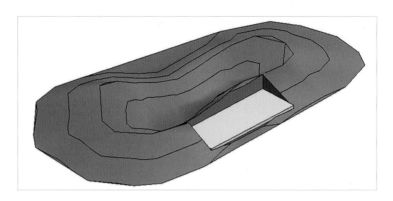

Memo ▍ Autodesk **REVIT & NAVISWORKS**

WISDOM_Autodesk Revit

▌Revit에서 지형 작성 방법은 다양해요.

1) 스케치업의 위치 추가(Add Location) 활용
   스케치업에서 제공되는 위치 추가(Add Location) 활용하여 정확한 위치의 구글 지도 데이터를 수집할 수 있으며, 이를 Revit에 삽입하여 지형을 작성할 수 있습니다.

① 스케치업 지형 데이터를 활용한 지형 작성 순서
   [삽입] 탭 ➡ [가져오기] 패널의 CAD 가져오기 ➡ 스케치업의 Add Location을 활용하여 작성된 지형 데이터 (*.SKP) 찾기 ➡ [열기] ➡ [매스(질량)작업 & 대지] 탭 ➡ [대지 모델링] 패널 ➡ [지형면] ➡ [도구] 패널 ➡ [가져오기 작성] ➡ [가져오기 인스턴스(Instance) 선택] ➡ 삽입된 지형 선택하여 지형면 작성

① 🖼예제 [스케치업 지형.skp] 파일을 가져오기 ➡삽입된 [지형] 선택➡ [수정/스케치업 지형.skp] 탭 ➡ [가져오기 인스턴스] 패널의 [부분 분해] 클릭➡ 함께 삽입된 [사각면] 선택 ➡ 지형면과 사각면이 분리되어 삭제 가능해짐.

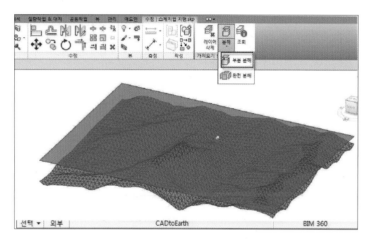

2) Revit ADDIN 활용
   Revit에 존재하지 않는 기능은 다양한 ADDIN을 통해 해결할 수 있습니다. ADDIN이란 마치 자동차에 추가 옵션을 설치하듯, Revit의 기능을 확장시켜주는 플러그인들입니다. Revit에 직접 구글 어스에서 검색된 지도를 삽입할 수 있는 대표적인 ADDIN으로서 [CADtoEarth]라는 것이 있습니다. 제조사 사이트에 회원가입 및 구글 어스 프로그램이 설치하여야 해당 ADDIN을 사용할 수 있습니다.

① Revit 우측 상단 → [Autodesk App Store] 클릭

② 가장 인기 있는 앱 중 [CADtoEarth] 앱 클릭 → [다운로드] 후 설치

WISDOM_Autodesk Revit

③ Revit 상단 메뉴 중 [CADtoEarth Addin] 탭 클릭 →
[Log In] 클릭

④ [EMAIL]과 [PASSWORD] 입력 후 [OK] 클릭
(회원가입을 원할 경우 해당 창의 [Don't have an
account?]를 클릭하여 회원가입 진행, Google 또는
Autodesk 아이디와 비밀번호 입력으로 로그인 가능하나
오류 발생 가능)

⑤ [CADtoEarth Site] 클릭 → 우측 상단 검색창에 [seoul]
입력 후 Enter↵

⑥ 마우스의 휠(화면 확대, 축소)과 왼쪽 버튼(화면 이동)을
클릭 끌기 하여 위치 지정
(하단의 이미지의 위치와 동일할 필요 없음)

⑦ 화면 좌측 중간의 슬라이드 펼침 버튼 [> Click to open sidebar] 클릭

⑧ [Storage] → [default, ‹ G 🏠 📍 ›]로 지정

⑨ [Drawing mode] 버튼 클릭하여 활성화 → [Surface
Mesh] 바를 움직여 [50]값으로 조정

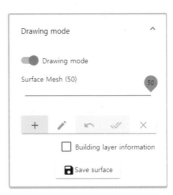

WISDOM_Autodesk Revit

⑩ 마우스 좌측 버튼을 클릭하여 건물이 놓일 대지의 경계를
작성하되 닫힌 경계를 위한 최종 선분은 [Close polyline,

   ]을 클릭하여 닫아 줌.

⑪ [Save surface] 클릭 → Revit의 CADtoEarth 메뉴 중 [Get Surface] 클릭

⑫ Revit으로 삽입 된 지형 확인

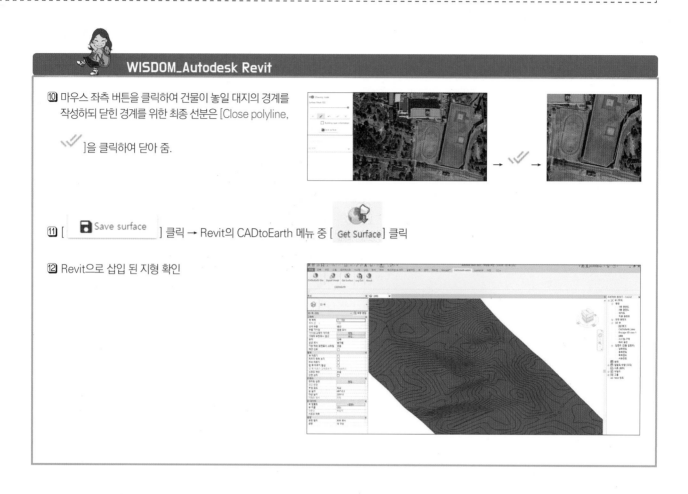

Memo ▎ Autodesk **REVIT & NAVISWORKS**

✏️ 6.2 대지 구성 요소 패밀리의 활용

1 기본 대지 구성 요소 패밀리 삽입

① 📖**예제** [2-46.rvt] 파일 열기

② [매스 작업 & 대지] 탭 ➜ [대지 모델링] 패널

    ➜ [🌲 대지 구성요소] 클릭

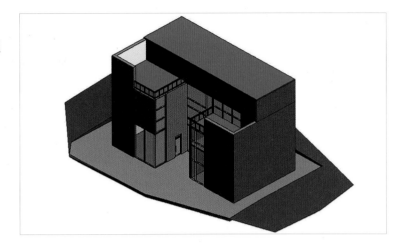

③ [특성] 창 ➜ [유형 : 사용자가 원하는 수목 및 사람 등 선택]

④ 마우스 포인터 이동 ➜ [대지 구성 요소]가 위 치할 지형 위 포인트 지정

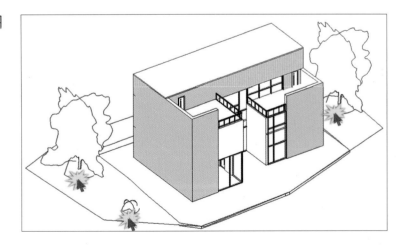

⑤ [프로젝트 탐색기] ➜ [평면] ➜ [배치도] 더블 클릭

⑥ [매스 작업 & 대지] 탭 ➜ [대지 모델링] 패널 ➜ [주차장 구성요소] 클릭

⑦ 그림과 동일한 위치 위치를 지정하여 [주차 라인] 삽입(주차장을 삽입할 경우 [옵션 바] 에서 [배치 후 회전] 옵션을 체크하면 삽입과 동시에 회전시킬 수 있음)

수정 | 주차장 구성요소   ☐ 배치 후 회전

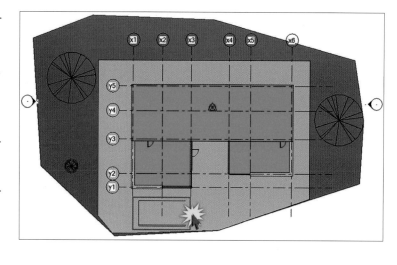

⑧ [특성] 창 ➜ 대지 구성 요소 [RPC 비틀] 선 택 ➜ 그림과 동일한 위치에 삽입

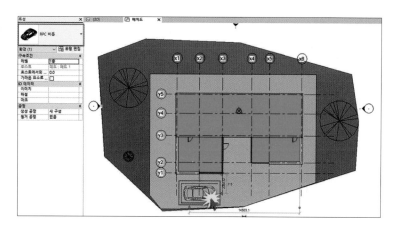

⑨ [신속 접근 도구 막대] ➜ [⌂] 클릭

⑩ 삽입 완료된 결과 확인

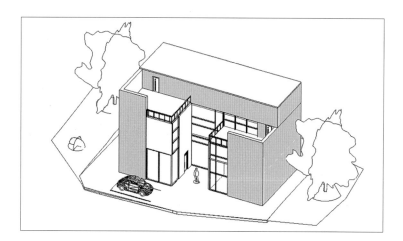

2 등고선 레이블 표현

① 📖예제 [2-45.rvt] 파일 열기

② [프로젝트 탐색기] ➔ [배치도] 더블 클릭

③ [매스 작업 & 대지] 탭 ➔ [대지 수정] 패널 ➔

[50 / 등고선 레이블] 클릭

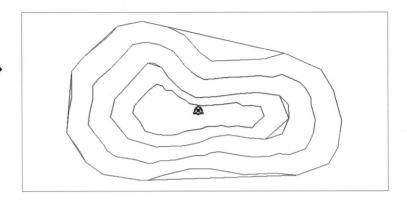

④ [등고선 레이블]을 표기할 위치의 처음과 끝
점을 지정

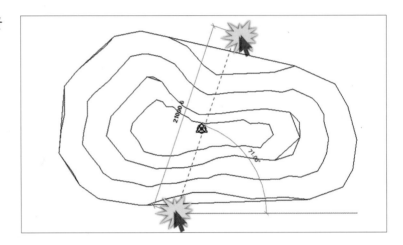

⑤ 작성된 [등고선 레이블] 확인
(문자가 작아 보이지 않을 경우 [유형편집]
의 문자 크기 조절)

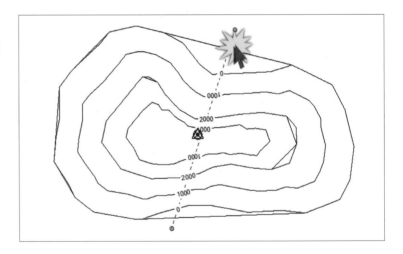

3 추가 대지 구성 요소 패밀리 삽입

① 📽예제 [2-46.rvt] 파일 열기

② [삽입] 탭 ➔ [라이브러리에서 로드] 패널 ➔

[📥 패밀리 로드] 클릭

③ [조명] ➔ [건축] ➔ [외부] ➔ [가로등.rfa]와
[보호 기둥 조명.rfa] 파일 선택 ➔ [열기]
클릭

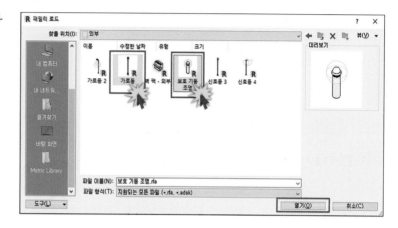

④ [프로젝트 탐색기] ➔ [조명 설비] ➔ 로드된
조명 패밀리 확인

⑤ 해당 패밀리를 마우스 좌측 버튼으로 [클릭
후 끌기]하여 원하는 위치에 배치

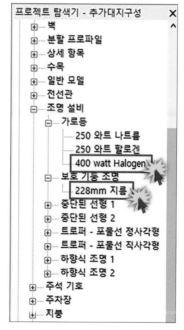

⑥ 로드된 패밀리를 활용한 [보호 기둥 조명]의
배치 결과 확인

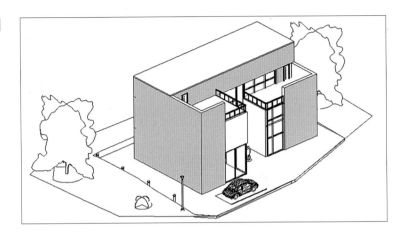

Memo | Autodesk **REVIT & NAVISWORKS**

07. 다양한 건축 및 부재 형상 작성

지금까지 [건축] 또는 [구조] 탭의 도구들을 활용한 건축물 작성방법에 대하여 살펴보았습니다. 이 외에도 Revit은 [내부 편집 매스(질량)]이라는 독특한 도구를 가지고 있으며, 이를 활용하여 개념적인 형태를 다양하게 작성하고 이를 즉시 건축화 시킬 수 있습니다.

7.1 내부 편집 매스(질량)을 활용한 건축 형상 작성

① [매스 작업 & 대지] 탭 → [개념 매스] 패널 → [내부 매스(내부 매스)] 클릭

② [이름 : 매스 기초] 입력

③ [작성] 탭 → [그리기] 패널 → [그리기] 도구들을 활용하여 다양한 건축 매스 작성 가능

1 솔리드를 활용한 매스

① 📁예제 [2-47.rvt] 파일 열기 → 밑그림이 보이지 않을 경우 → [매스 작업 & 대지] 탭 → [개념 매스] 패널 → [내부 매스] 선택 → [이름 : 매스기초 1]로 이름 지정 → [내부 편집기]패널 → [매스 완료] 클릭 (미리 작성된 매스의 밑그림)

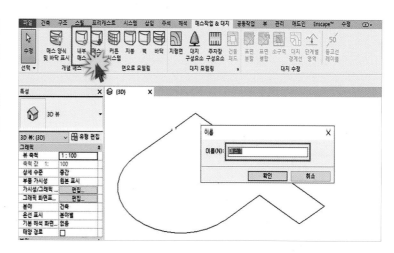

② [내부 편집기]패널 ➡ [매스 완료] 클릭 (미리
작성된 매스의 밑그림)

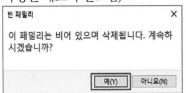

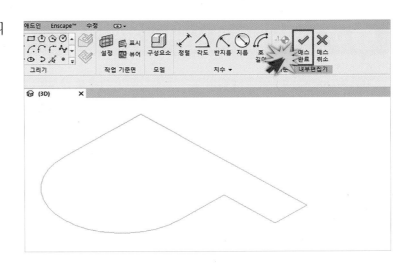

③ [수정] ➡ 그림에서와 같이 객체 선택 ➡ [수
정/매스] 탭 ➡ [모델] 패널 ➡ [내부 편집] 클릭

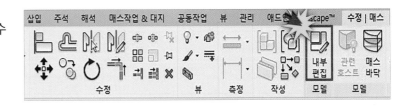

④ [수정] ➡ 작성된 객체 선택 ➡ [양식] 패널
➡ [솔리드 양식] 클릭

⑤ [프로젝트 탐색기] ➡ [평면] ➡ [남측면도] 더
블 클릭

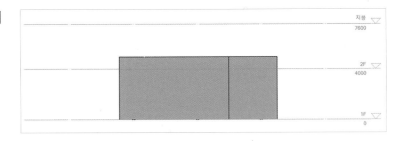

⑥ [수정] 패널 ➡ [ ] 클릭

⑦ [지붕 레벨선] 클릭 후 [솔리드 매스 상단선] 클릭하여 그림과 같이 정렬

⑧ [내부편집기] 패널 ➡ [매스 완료] 클릭

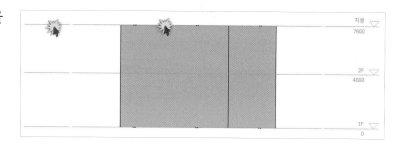

⑨ [신속 접근 도구 막대] ➡ [⌂] 클릭

⑩ [수정] ➡ 그림과 같이 객체 선택

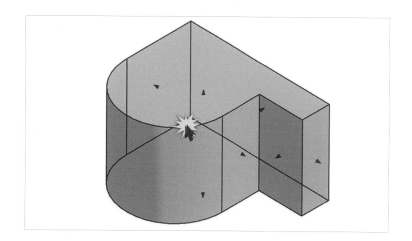

⑪ [수정/질량] 탭 ➡ [모델] 패널 ➡ [매스 바닥] 클릭

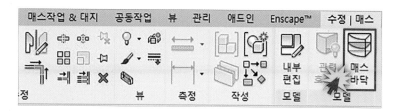

⑫ [매스 바닥] 대화상자 ➡ [지붕]을 제외한 바닥이 작성될 층을 체크 ➡ [확인] 클릭

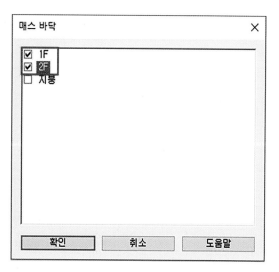

⑬ [매스 작업 & 대지] 탭 → [면으로 모델링] 패널

　→ [] → 바닥 작성 예정면 선택

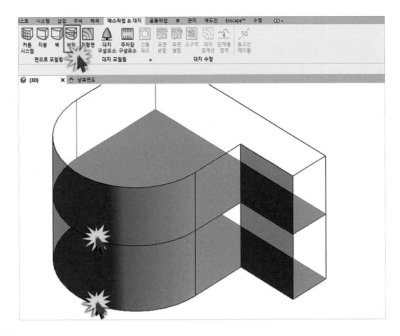

⑭ [수정/면으로 바닥 배치] → [다중 선택] 패널

　→ [] 클릭

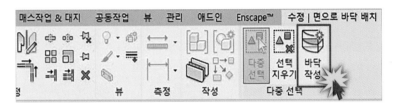

⑮ [매스작업 & 대지] 탭 → [면으로 모델링] 패널

　→ [벽] 클릭

⑯ [특성] 창 → [유형 : 외벽 – 스틸 스터드 벽돌벽] 선택

⑰ 그림과 같이 매스의 측면들을 선택하여 벽
체 작성

([옵션 배]의 위치선: 마감면:외부 ∨ 을

활용하여 [벽]의 방향을 변경할 수 있음)

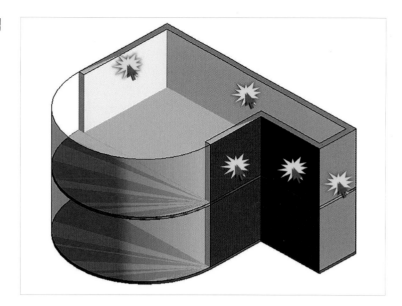

⑱ [매스 작업 & 대지] 탭 → [면으로 모델링] 패널

→ [커튼
시스템] 클릭

⑲ 매스 곡면 클릭 → [다중 선택] 패널 → [시스템
작성]

클릭

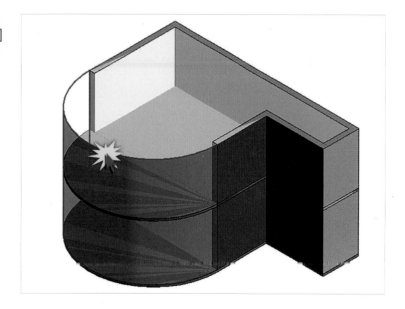

⑳ [수정] ➡ 그림과 같이 커튼월의 외곽선 선택

➡ [특성] 창 ➡ [유형편집] ➡ [복제] ➡ [이름 : 커튼월 변경] 입력

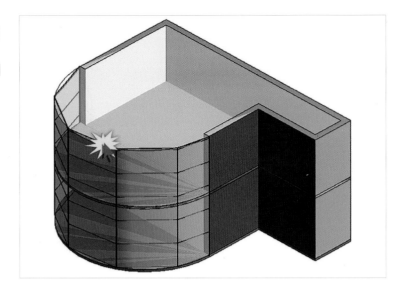

㉑ 그리드 1,2의 배치 유형 ➡ [고정 개수]로 변경 ➡ [확인] 클릭

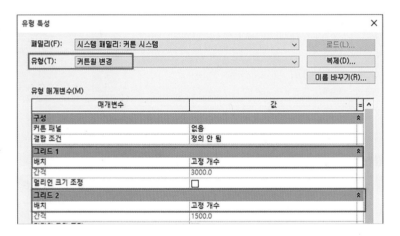

㉒ 그리드 1, 2의 [번호 : 10]으로 변경 ➡ [적용] 클릭

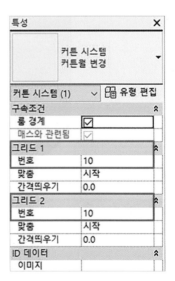

㉓ [매스 작업 & 대지] 탭 ➜ [면으로 모델링] 패널
➜ [지붕] 클릭

㉔ 지붕이 작성될 [상단 매스면] 선택 ➜ [다중
선택] 패널 ➜ [지붕 작성] 클릭

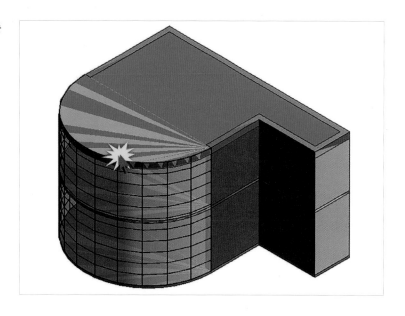

㉕ [수정] ➜ 작성된 [지붕] 선택 ➜ [특성] 창 ➜
[구속조건] ➜ [선택한 면 위치 : 지붕 하단 면]
으로 변경

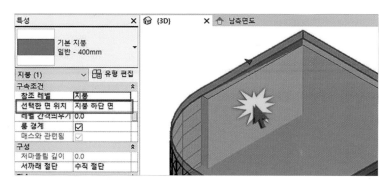

㉖ [매스 작업 & 대지] 탭 ➜ [개념 매스] 패널 ➜

[매스 양식 및 바닥 표시] ➜ [뷰 설정별 매스 표시] 클릭

㉗ 변경된 모델 확인

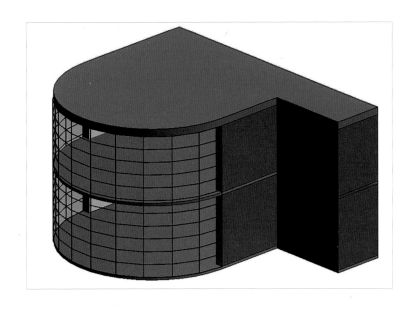

2 보이드를 활용한 매스

① 🔲**예제** [2-48.rvt] 파일 열기 ➜ [매스 작업&
대지] 탭 ➜ [개념 매스] 패널 ➜ [내부 매스]
클릭 ➜ [이름 : 취소] 클릭

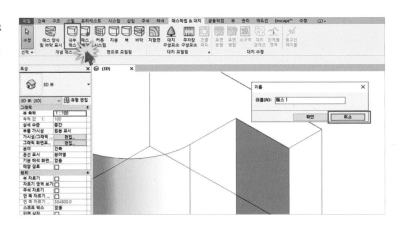

② [➤수정] ➜ 작성된 [매스] 클릭 ➜ [수정/메스]

  탭 ➜ [모델] 패널 ➜ [내부편집] 클릭

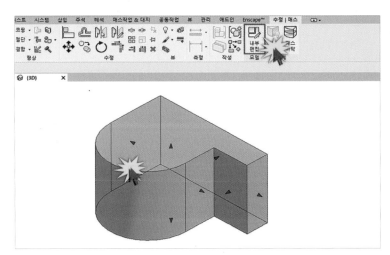

③ [수정] 탭 ➡ [그리기] 패널 ➡ [🕒] 클릭

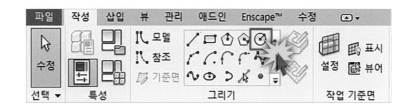

④ 그림과 같은 원의 중심점 지정 ➡ [반지름 : 1000]의 원 작성

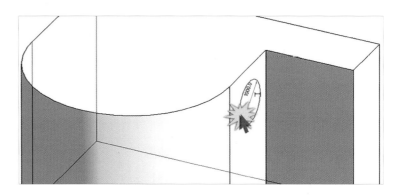

⑤ [🖱️ 수정] ➡ [원] 선택 ➡ [양식] 패널 ➡ [🛢️ 보이드 양식] 클릭

⑥ [원]일 경우 그림과 같이 두 가지 유형(원통과 원구)이 제시됨 ➡ 좌측 유형 선택

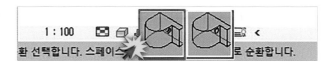

⑦ 작성된 [보이드]의 좌측 원형면 선택 ➡ 임시 치수 문자 선택 ➡ [깊이 : 800] 입력

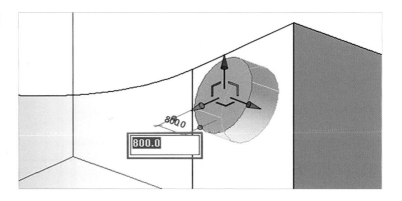

⑧ [내부 편집기] ➜ [매스 완료] 클릭

작성된 매스 확인

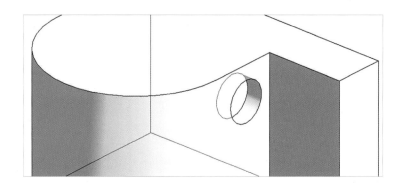

③ 솔리드와 보이드를 활용한 스윕 매스

⑨ **예제** [2-49.rvt] 파일 열기 ➜ [매스 작업& 대지] 탭 ➜ [개념 매스] 패널 ➜ [내부 매스] 클릭 ➜ [이름 : 취소] 클릭

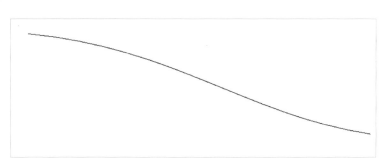

⑩ [수정] ➜ 객체 선택 ➜ [수정/매스] 탭 ➜ [모델] 패널 ➜ [내부 편집] 클릭

⑪ [수정] 탭 ➜ [그리기] 패널 ➜ [◉] 클릭

⑫ 객체의 시작과 끝점에 [◉] 삽입

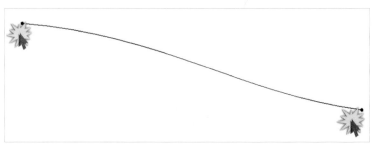

⑬ [🔍 수정] ➡ [⊙] 클릭 ➡ [수정] 탭 ➡ [그리기] 패널 ➡ [⊘] 클릭 ➡ 해당 위치에 [반지름 : 300]의 원 작성

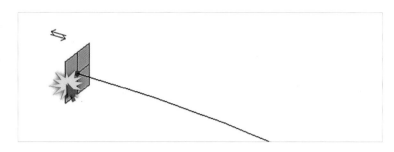

⑭ [🔍 수정] ➡ [⊙] 클릭 ➡ [수정] 탭 ➡ [그리기] 패널 ➡ [⊘] 클릭 ➡ 해당 위치에 [반지름 : 1000]의 원 작성

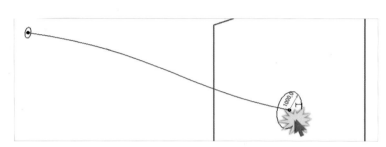

⑮ [🔍 수정] ➡ 전체 객체 선택 ➡ [양식] 패널 ➡ [🔺 솔리드 양식] 클릭
(보이드 양식으로도 활용 가능)

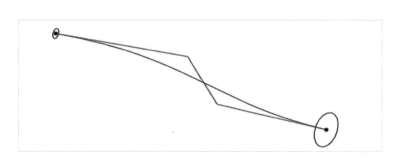

⑯ [내부 편집기] ➡ [✔ 매스 완료] 클릭

작성된 매스 확인

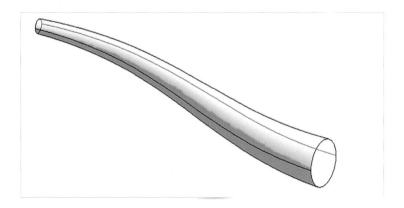

4 솔리드와 보이드를 활용한 회전 매스

① 📄예제 [2-50.rvt] 파일 열기 ➡ [매스작업 &
대지] 탭 ➡ [개념 매스] 패널 ➡ [내부 매스]
클릭 ➡ [이름 : 취소] 클릭

② [수정] ➡ 그림과 같이 단면이 될 객체 선택

➡ [수정/매스] 탭 ➡ [모델] 패널 ➡ [내부
편집]

클릭

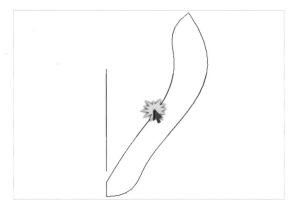

③ [수정] ➡ 전체 객체 선택 ➡ [양식] 패널 ➡

[🔔 솔리드 양식] 클릭

(보이드 양식으로도 활용 가능)

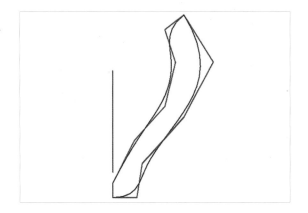

④ [내부 편집기] ➡ [매스
완료] 클릭

[신속 접근 도구 막대] ➡ [🏠] 클릭

⑤ 회전된 매스 확인

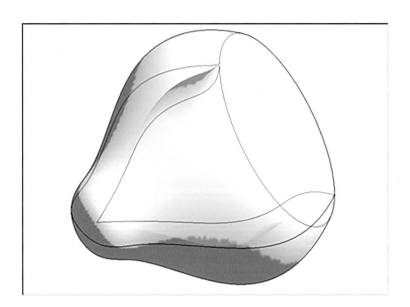

🖊 7.2 내부 편집 모델링 도구를 활용한 부재 형상 작성

[내부 편집 모델링] 도구를 활용하여 패밀리(기둥, 벽, 가구 등) 부재 형상을 다양하게 작성할 수 있습니다.

1️⃣ 내부 편집 모델링의 시작

① [건축] 탭 ➜ [빌드] 패널 ➜ [🗂] ➜
　　　　　　　　　　　　　　구성요소

　[🗂 내부편집 모델링] 클릭

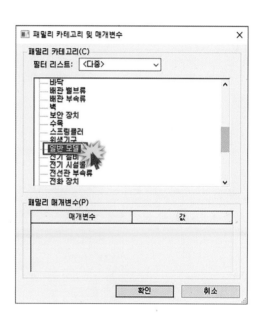

② 벽, 가구 등 작성하고자 하는 패밀리 카테고
　리의 선택이 가능하지만 다양한 [내부 편집
　모델링] 도구의 활용법 학습을 위해 [일반 모
　델] 선택 ➜ [확인] 클릭

③ [이름] 대화상자 ➜ [이름 : 일반 모델 1]로 입
　력 ➜ [확인] 클릭

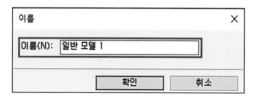

② 내부 편집 모델링 도구의 활용

(1) 돌출 : 한 방향으로 돌출된 형상 작성

① [작성] 탭 ➜ [양식] 패널 ➜ [▣] 클릭

② [프로젝트 탐색기] ➜ [평면] ➜ [1층 평면도]
더블 클릭

③ [그리기] 패널 ➜ [▢] 클릭 ➜ 그림과 같
이 [1500x1500mm] 사각형 작성

④ [모드] 패널 ➜ [✔] 클릭

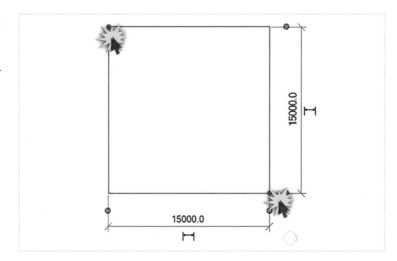

⑤ [프로젝트 탐색기] ➜ [3D 뷰] ➜ [3D] 더블 클
릭

⑥ [▷] ➜ 객체 선택
   수정

   (조절 아이콘(▲)과 [특성] 창의 [돌출 끝]과
   [돌출 시작] 값, 그리고 [옵션 배의 깊이로 크
   기 조절 가능)

⑦ [내부편집기] 패널 ➜ [✔] 클릭하여 작성
                        매스
                        완료

   마무리

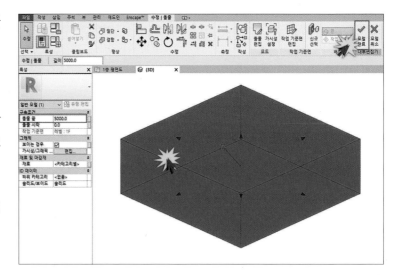

(2) 혼합 : 높이차가 있는 두 개의 단면이 혼합된 형상 작성

① [작성] 탭 ➜ [양식] 패널 ➜ [혼합] 클릭

② [프로젝트 탐색기] ➜ [평면] ➜ [1층 평면도]
   더블 클릭

③ [그리기] 패널 ➜ [ ] 클릭 ➜ [옵션 바] ➜
   [깊이 : 0] ➜ 그림과 같이 [2000x2000]의
   사각형 작성

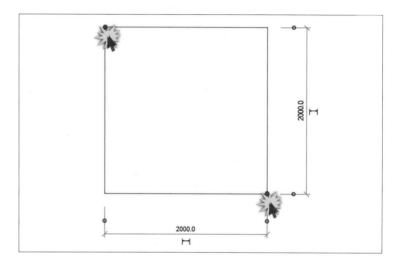

④ [모드] 패널 ➜ [상단 편집] ➜ [그리기] 패널 ➜

   [ ] 클릭 ➜ [옵션 바] ➜ [깊이 : 3000] ➜
   그림과 같이 사각형 내부에 [원] 작성

⑤ [모드] 패널 ➜ [✔] 클릭

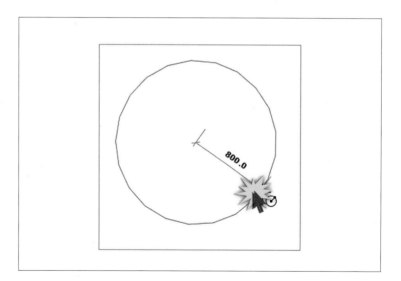

⑥ [프로젝트 탐색기] ➜ [3D 뷰] ➜ [3D] 더블 클릭

⑦ [내부 편집기] 패널 ➜ [모델 완료] 클릭하여 작성

마무리

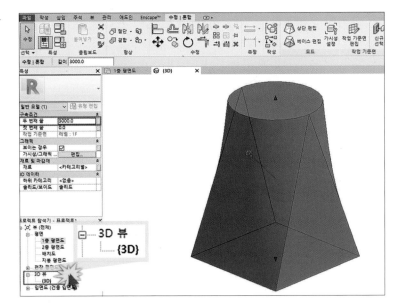

(3) 회전 : 축을 기준으로 회전된 형상 작성

① [작성] 탭 ➜ [양식] 패널 ➜ [회전] 클릭

② [프로젝트 탐색기] ➜ [평면] ➜ [1층 평면도] 더블 클릭

③ [그리기] 패널 ➜ [축선] ➜ [／] 클릭 ➜ 그림과 같이 작성

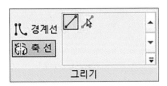

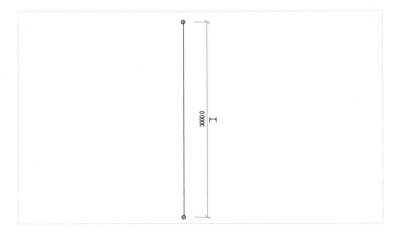

④ [그리기] 패널 → [경계선] → [／] 클릭 →
그림과 같이 회전 단면 작성

⑤ [모드] 패널 → [✓] 클릭

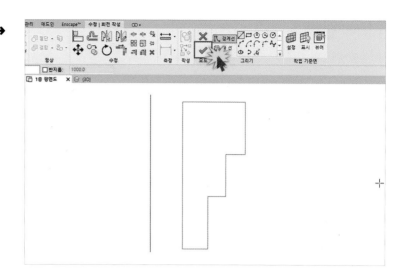

⑥ [프로젝트 탐색기] → [3D 뷰] → [3D] 더블 클릭

⑦ [내부 편집기] 패널 → [모델 완료] 클릭하여 작성 마무리

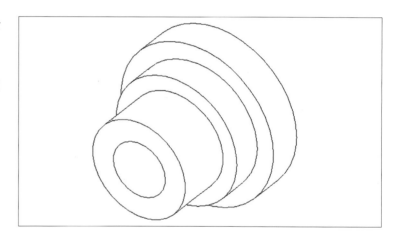

(4) 스윕 : 경로를 따라 돌출된 형상 작성

① [작성] 탭 → [양식] 패널 → [스윕] 클릭

② [프로젝트 탐색기] → [3D 뷰] → [3D] 더블 클릭

③ [스윕] 패널 → [경로 스케치] 클릭

④ [그리기] 패널 ➜ [/] 클릭

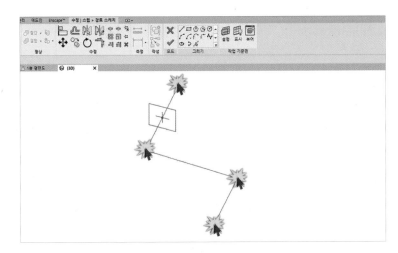

⑤ 그림과 같이 [경로] 작성

⑥ [모드] 패널 ➜ [✓] 클릭

⑦ [스윕] 패널 ➜ [프로파일 편집] 클릭

⑧ [그리기] 패널 ➜ [⬠] 클릭 ➜ 그림과 같이
   육면체의 단면 작성

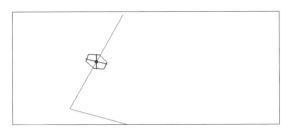

⑨ [모드] 패널 ➜ [✓] 클릭 ➜ [모드] 패널 ➜

   [✓] 클릭 ➜ [내부편집기] 패널 ➜ [✓ 모델 완료] 클

   릭하여 작성 마무리

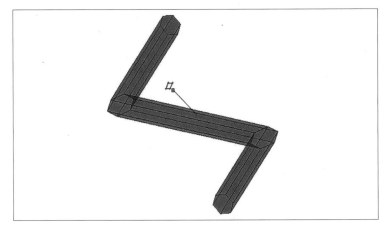

(5) 스윕 혼합 : 경로를 따라 돌출된 혼합 형상 작성

① [작성] 탭 ➔ [양식] 패널 ➔ [🎨 스윕 혼합] 클릭

② [프로젝트 탐색기] ➔ [평면] ➔ [1층 평면도] 더블 클릭

③ [스윕 혼합] 패널 ➔ [🔗 경로 스케치] 클릭

④ [그리기] 패널 ➔ [╱] 클릭 ➔ 그림과 같이 [길이 : 14400]의 수직선 작성

⑤ [모드] 패널 ➔ [✓] 클릭

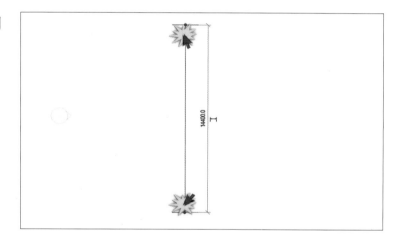

⑥ [스윕 혼합] 패널 ➔ [🎨 프로파일 1 선택] ➔ [📝 프로파일 편집] 클릭

⑦ [그리기] 패널 ➔ [⊙] ➔ 그림과 같이 원형 의 단면 작성

⑧ [모드] 패널 ➔ [✓] 클릭

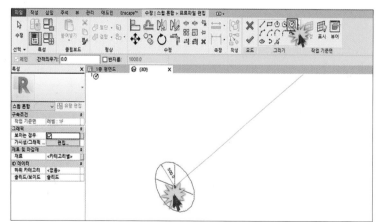

⑧ [스윕 혼합] 패널 → [ 프로파일 2 선택] →

[🖉 프로파일 편집] 클릭

⑨ [그리기] 패널 → [⬠] → [옵션 배] → [측

면 : 6] → 그림과 같이 다각형의 단면 작성

⑩ [모드] 패널 → [✔] 클릭

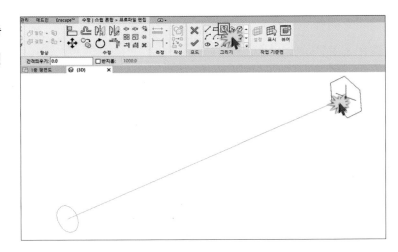

⑪ [프로젝트 탐색기] → [3D 뷰] → [3D] 더블 클

릭

⑫ [모드] 패널 → [✔] 클릭 → [내부편집기] 패

널 → [모델 완료] 클릭하여 작성 마무리

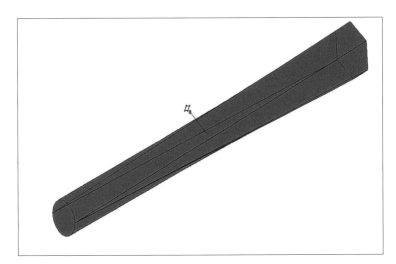

❸ 보이드 회전을 활용한 형상 작성

지금까지 [솔리드 양식]을 중심으로 학습하였습니다. [보이드 양식]은 [솔리드 양식]과 동일한 방법으로 수행됩니다. 그러나 반드시 작성된 솔리드를 대상으로 [보이드 양식]을 적용할 수 있습니다. [보이드 양식] 중 [보이드 회전]을 대표로 살펴보도록 하겠습니다.

① [솔리드 양식] ➜ [돌출]을 활용하여 그림과 같은 형상 작성

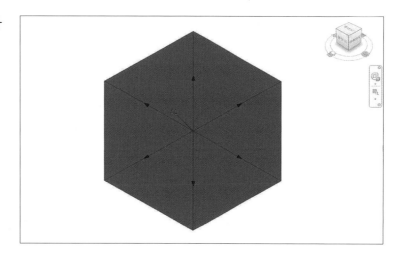

② [작성] ➜ [양식] 패널 ➜ [보이드 양식] ➜ [🗄️ 보이드 회전] 클릭

③ [작업 기준면] 패널 ➜ [설정] 클릭

④ [작업 기준면] 대화상자 ➜ [기준면 선택] 체크
　　➜ [확인] 클릭

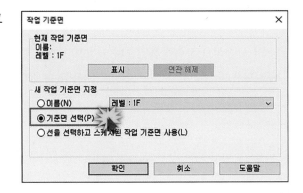

⑤ 마우스 포인터 이동 ➜ 그림과 같은 면
　　선택

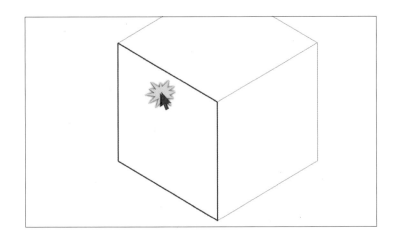

⑥ [그리기] 패널 ➜ [축선] ➜ [╱] 클릭 ➜ 그
　　림과 같이 작성

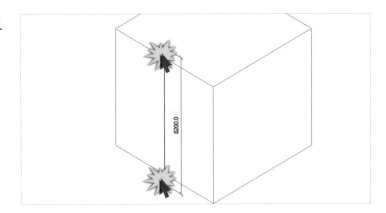

⑦ [그리기] 패널 ➔ [경계선] ➔ [] 클릭 ➔

그림과 같이 회전 단면 작성

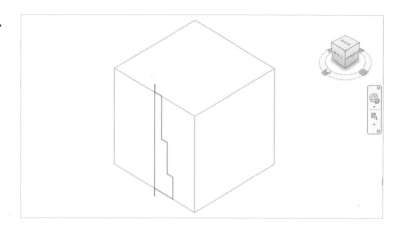

⑧ [모드] 패널 ➔ [✓] 클릭 ➔ [내부편집기] 패

널 ➔ [모델 완료] 클릭하여 작성 마무리

⑨ 변형된 객체 확인

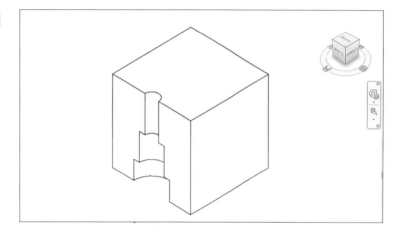

WISDOM_Autodesk Revit

▍ 축선과 경계선이 떨어지게 작성할 수도 있습니다.
보이드가 되는 부분의 형태가 달라질 수 있으므로
어떤 형태가 나올 것인지 먼저 예상한 후 축선과 경
계선의 거리를 지정해주는 것이 유리합니다.

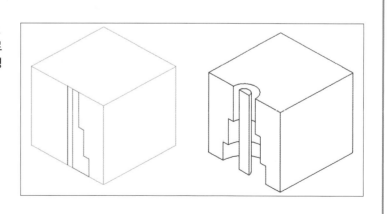

AUTODESK® REVIT®   AUTODESK® NAVISWORKS

PART 03

종합 예제를 활용한 복습

01

종합 예제를 활용한 예습 · 복습하기

📥 01. 2층 규모의 원형 전망대 작성 따라하기

① 그림과 같은 그리드 작성

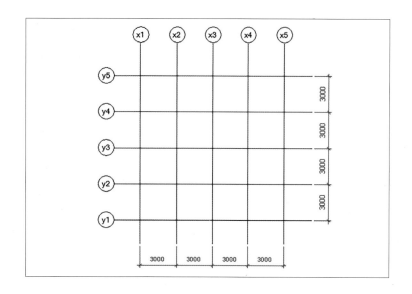

② [건축] 탭 ➔ [빌드] 패널 ➔ [바닥 : 건축]
 클릭

③ [1층 평면도] ➔ [일반 150mm의 바닥] 작성
 ➔ [모드] 패널 ➔ [✓] 클릭하여 마무리

④ 작성된 바닥을 선택 ➔ [특성] 창 ➔ [레벨로
 부터 높이 값 : 150mm]으로 수정

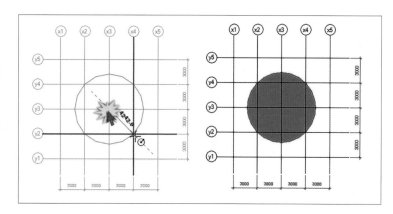

⑤ 일반 150mm의 바닥을 [그리기] 패널의 [원]
 으로 그림과 같이 작성 ➔ [모드] 패널 ➔
 [✓] 클릭하여 마무리

⑥ 바닥 선택 ➔ [특성]창 ➔ [레벨로부터의 높이
 값 : 을 300mm]으로 수정

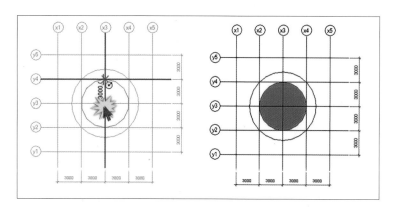

⑦ [건축] 탭 ➜ [빌드] 패널 ➜ [ ] 클릭

➜ [기둥: 건축]클릭

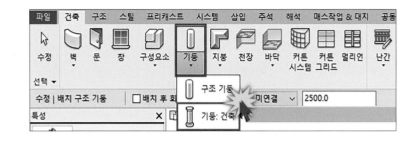

⑧ [수정/배치 기둥] 탭 ➜ [모드] 패널 ➜ [패밀리 로드]
클릭

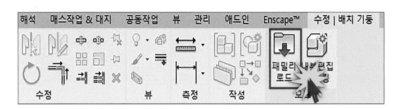

⑨ [금속 클래드 기둥] 찾기 ➜ [열기] 클릭

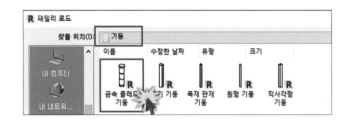

⑩ 그림과 같이 우측 축선에서 2400mm 떨어
진 원과 원 사이 수평 축선에 [건축 : 기둥]
삽입

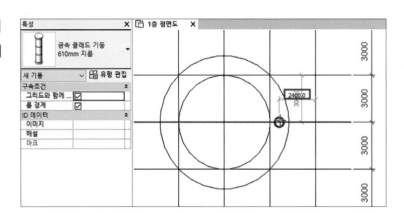

⑪ 키보드에서 [MD] 입력 ➜ 작성된 [기둥] 선
택 ➜ [특성] 창 ➜ [베이스 레벨 : 1층], [베이
스 간격띄우기 : 150], [상단 레벨 : 지붕], [상
단 간격띄우기 : 0]으로 수정

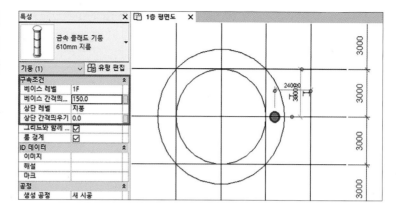

⑫ 작성된 [기둥] 선택 ➜ 키보드에서 배열 복사의 단축키인 [AR] 입력 ➜ 옵션을 그림과 같이 설정

⑬ [옵션 배] ➜ 회전의 중심 : [장소] 클릭 ➜ 배
열 복사할 대상의 중심을 원 중심으로 그림
과 같이 지정

⑭ 기둥 중심을 회전 배열 복사의 시작 원점으
로 지정 ➜ 마우스를 움직여 대상 간 개별
각도 45° 되는 위치에서 좌측 버튼 클릭

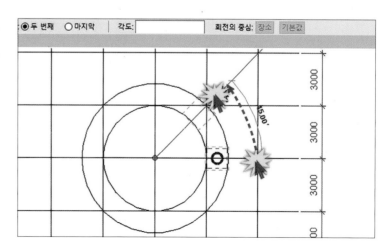

⑮ 배열 복사의 [개수 : 8]로 변경 → Enter↵

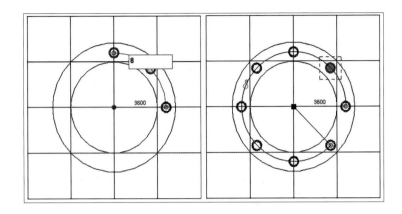

⑯ 전체 기둥을 선택 → [그룹] 패널 → [🗏]
그룹 해제
클릭 → [특성] 창 → 기둥의 구속 조건을 그
림과 같이 변경

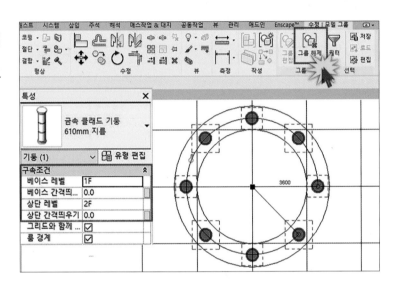

⑰ [건축] 탭 → [빌드] 패널 → [건축 : 벽] 선택
→ [특성] 창 → [유형 : 커튼월]로 유형 변경
→ [구속조건]을 그림과 같이 변경

⑱ [그리기] 패널 → [🖊] 클릭

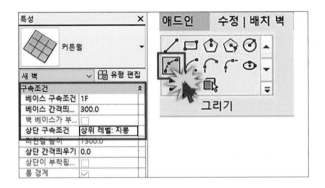

⑲ 그림과 같이 내부 원을 기준으로 [반지름 300]의 [호] 작성(그림과 같이 수평선의 좌우 끝점을 먼저 지정한 후 중간 상단의 그리드 교차점에 호의 돌출점 지정)

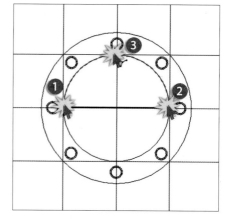

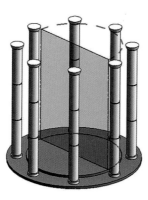

⑳ 작성된 커튼월 선택 ➜ [특성] 창 ➜ [유형 편집] ➜ [복제] ➜ [이름 : cc]로 입력

㉑ [수직 그리드] ➜ [배치 : 고정 개수]로 설정 ➜ [확인] 클릭

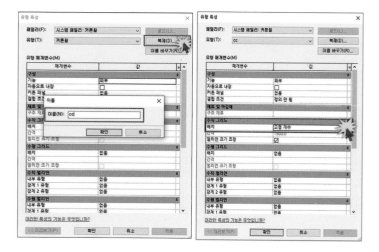

㉒ [특성] 창 ➜ [수직 그리드] ➜ [번호 : 15]로 변경

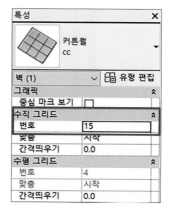

㉓ [건축] 탭 ➜ [빌드] 패널 ➜ [지붕] ➜ [외곽설
정으로 지붕 만들기] ➜ [가장 낮음 레벨 주의]
경고창 ➜ 기준 레벨을 [지붕]으로 설정

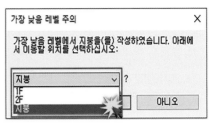

㉔ [그리기] 패널 ➜ [원] ➜ [옵션 바] ➜ [간격띄
우기 : 600] 입력 ➜ 그림과 같이 중심점과
사분점을 지정하여 지붕 작성 ➜ 부착 경고
창이 나타나면 [예] 클릭

㉕ [모드] 패널 ➜ [✔] 클릭

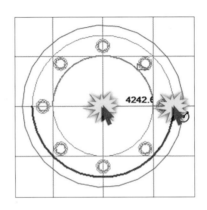

㉖ [⬚ 수정] ➜ 작성된 [지붕] 더블 클릭 ➜ 지붕의
경계선 선택 ➜ [옵션 바] ➜ [☐ 경사 정의]
설정 해제

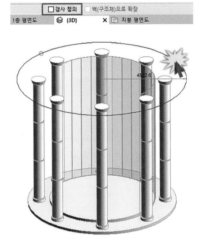

㉗ [그리기] 패널 ➡ [원] 선택 ➡ 키보드에서
[SC : Snap Center] 입력 ➡ 원의 경계 위
에 마우스 포인터를 이동하여 중심점 지정
➡ [반지름 : 2000]의 [원] 작성 ➡ 작성된
[원] 선택 ➡ [옵션 바] ➡ [경사 정의] 해제 ➡
[모드] 패널 ➡ [✔] 클릭

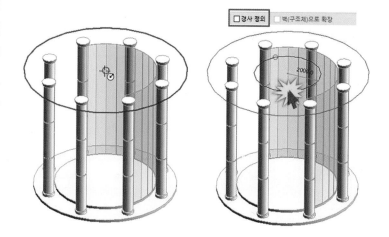

㉘ 기둥과 커튼월은 자동으로 지붕에 구속되
나 지붕에 구속되지 않는다면 기둥과 커튼
월을 선택한 후 [상단/베이스 부착] 활용하여 부착

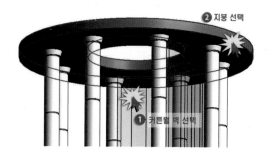

㉙ 작성된 지붕 선택 ➡ [모양 편집] 패널 ➡ [하
위 요소 수정] 클릭

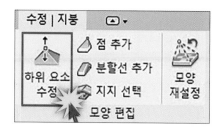

㉚ 그림과 같이 내부 원의 [반호] 선택 ➡ 조절 화살표를 클릭 후 [높이 : 1000]으로 변경

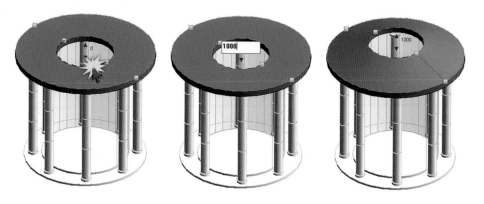

㉛ [건축] 탭 ➔ [순환] 패널 ➔ [구성요소 기준 계
단] ➔ [구성요소] 패널 ➔ [�] 클릭

㉜ [옵션 바] ➔ [위치선 : (계단진행 : 오른쪽)]으로 설정

| 위치선: 계단진행: 오른 ∨ | 간격띄우기: 0.0 | 실제 계단진행 폭: 1000.0 | ☑자동 계단참 | ☐중심 유지 |

㉝ 그리드의 교차점에 계단의 중심점 지점 ➔
수평 그리드와 내부 원이 교차되는 좌측 시
작점에서 챌판의 수가 [0]이 되는 끝점을 그
림과 같이 지정 ➔ [모드] 패널 ➔ [✓] 클릭

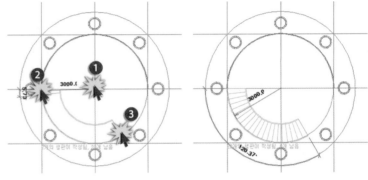

㉞ [건축] 탭 ➔ [빌드] 패널 ➔ [바닥 : 건축] ➔
[특성] 창 ➔ [레벨로부터 높이 : 0]으로 설정
➔ [2층 평면도]에서 계단을 제외한 나머지
공간을 선(／)과 시작-끝-반지름 호(✔）
를 이용하여 그림과 같이 작성 ➔ [모드] 패
널 ➔ [✓] 클릭

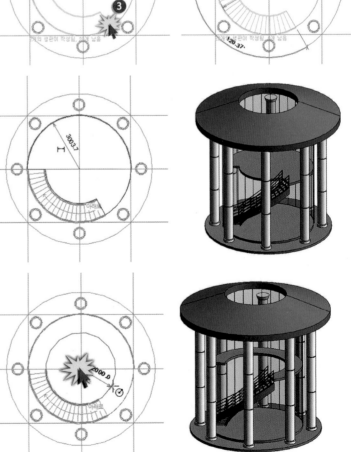

㉟ [건축] 탭 ➔ [개구부] 패널 ➔ [🔧] 클릭 ➔
2층 바닥 경계선 선택 ➔ [그리기] 패널 ➔
[원] 클릭 ➔ 그림과 같이 중심을 그리드 교
차점에 지정 ➔ [반지름 : 2000]의 [원] 작성
➔ [모드] 패널 ➔ [✓] 클릭

㊱ [건축] 탭 ➜ [순환] 패널 ➜ [난간] ➜ [ ]
　클릭

㊲ 그림과 같이 [2층 바닥] 내부 경계선 선택 ➜
　[모드] 패널 ➜ [✓] 클릭

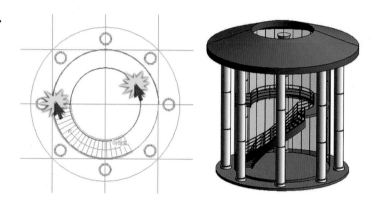

㊳ 전체 [난간] 선택 ➜ [특성] 창 ➜ [난간 유
　형 : 핸드레일-유리패널]로 변경

㊴ [프로젝트 탐색기] ➜ [1층 평면도] 더블 클릭
　➜ [특성] 창 ➜ [언더레이 : 2층]으로 설정하
　여 2층 평면 요소를 1층에 투영시킴 ➜ [건

　축] 탭 ➜ [빌드] 패널 ➜ [멀리언] ➜ [모든 그리드
선]

　클릭 ➜ 그림과 같이 작성된 커튼월을 선택
　하여 멀리언 작성

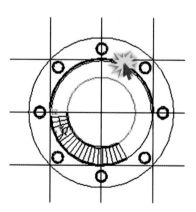

㊽ [건축] 탭 ➜ [빌드] 패널 ➜ [구성요소] ➜ [구
성요소 배치] 클릭

㊼ [특성]창 ➜ [산형화목 층층나무 – 3.0미터]
선택

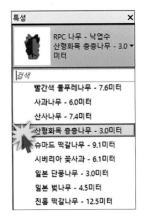

㊷ 원 중심에 [나무] 배치

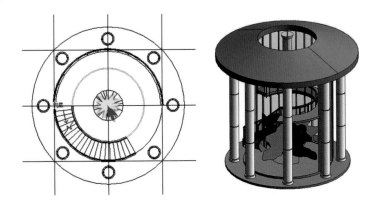

㊸ [신속 접근 도구 막대] ➜ [3D 뷰] ➜
[📷 카메라] 클릭

㊹ [1층 평면도] ➜ 그림과 같이 카메라 설치(카
메라 본체 위치 지정 후 대상점 위치 지정)

㊺ 4개의 뷰 크기 조절점 ➜ 마우스로 클릭 후
끌기 하여 뷰 범위 조절

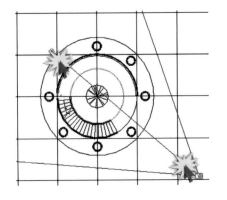

㊻ 작성 완료된 결과물을 렌더링하기 위하여
키보드에서 [RR] 입력

㊼ [렌더링] 대화상자 ➜ [품질 : 중간], [배경 :
스타일 : (하늘 : 구름 많음)]으로 설정 ➜ 상
단의 [렌더] 버튼 클릭

㊽ 렌더링 결과 확인
(렌더링 대화상자의 [내보내기]로 이미지 저
장 가능)

Memo | Autodesk **REVIT & NAVISWORKS**

02. 2층 규모의 갤러리 작성 따라하기

① [프로젝트 탐색기] ➔ [평면] ➔ [1층 평면도]더
  블 클릭 ➔ 그림과 같은 그리드 작성

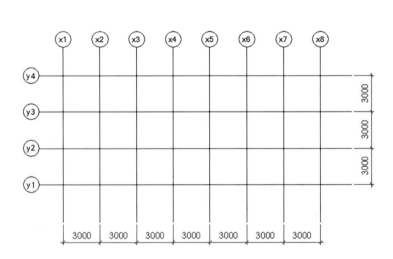

② [프로젝트 탐색기] ➡ [입면] ➡ [남측면도] 더
블 클릭 ➡ 그림과 같이 [레벨 선]과 [그리드
선]의 높이와 길이 정리

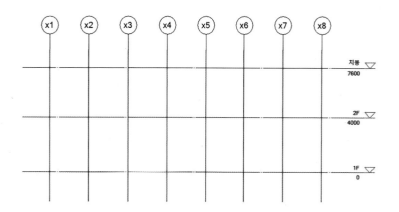

③ [프로젝트 탐색기] ➡ [평면] ➡ [2층 평면도]
더블 클릭 ➡ [매스 작업 & 대지] 탭 ➡ [개념
매스] 패널 ➡ [내부매스] 클릭

④ [이름 : 2F building] 입력 ➡ [확인] 클릭

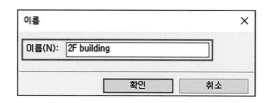

⑤ 작성된 그리드 교차점을 참고하여 [그리기]
패널 ➡ [▭] ➡ 그림과 같이 작성

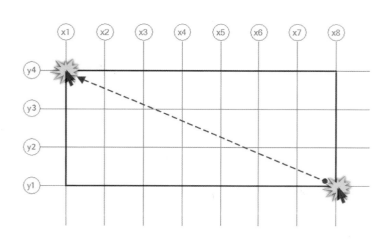

⑥ [양식] 패널 ➡ [양식 작성] ➡ [솔리드 양식] 클릭

⑦ [프로젝트 탐색기] ➡ [남측면도] 더블 클릭 (화면 하단의 비주얼 스타일(🗗)을 [🗗 색상일치]로 지정하면 매스 작성 확인이 쉬워짐)

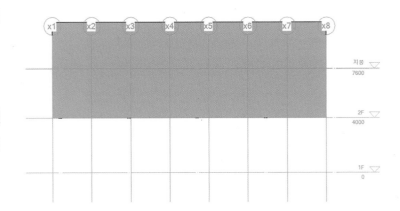

⑧ 지붕 레벨에 맞추기 위하여 키보드에서 [AL] 입력 ➡ [지붕 레벨선과 매스의 상단 경계선을 순서대로 클릭 ➡ 그림과 같이 돌출 매스 정렬

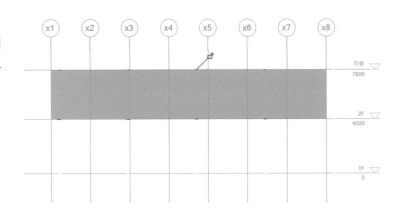

⑨ [프로젝트 탐색기] ➡ [2층 평면도] 더블 클릭 ➡ [그리기] 패널의 ▱ 도구를 활용하여 그림과 같이 작성

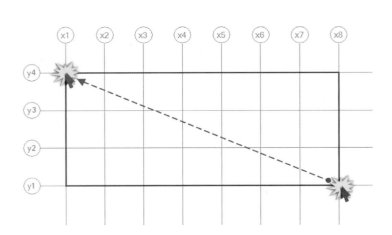

⑩ [신속 접근 도구 막대]에서 [🏠] 클릭 ➜

　[🕵수정] ➜ 작성된 작은 사각형 선택 ➜ [양식]

　패널 ➜ [양식 작성] ➜ [솔리드 양식] 클릭

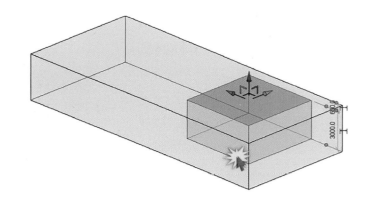

⑪ [프로젝트 탐색기]에서 [남측면도] 더블 클릭

⑫ 키보드에서 [AL] 입력 ➜ [1층 레벨선]과 [작
　은 사각형 매스의 하단 경계선]을 순서대로 클
　릭 ➜ 그림과 같이 정렬
　(매스의 하단 경계선을 쉽게 선택하기 위하
　여 [🔁] 키를 활용)

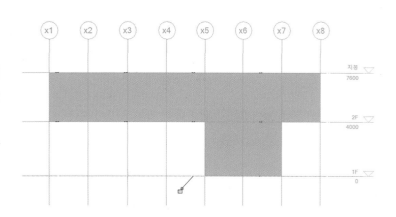

⑬ 키보드에서 [참조 평면의 단축키 : RP] 입력
　➜ [그리기] 패널 ➜ [🖊] 클릭 ➜ [간격띄우
　기 : 500] ➜ 2층 [외곽선]을 선택하여 그림
　과 같이 작성 ➜ Esc 버튼을 두 번 입력하여
　작성 완료

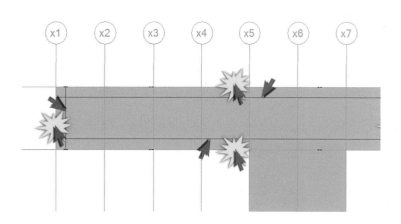

⑭ [그리기] 패널의 [▭] 클릭 → [작업 기준면]
대화상자 → [기준면 선택]에 체크가 되어 있
는지 확인 → [사각형]을 그리기 위해 대상
면을 클릭 → 그림과 같이 [참조 평면] 교차
점을 지정하여 빨간색으로 표시된 위치에
사각형 작성

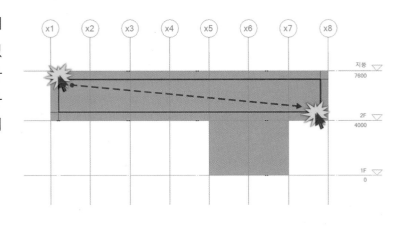

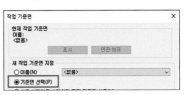

⑮ [⌖ 수정] → 작성된 [사각형] 클릭 → [양식] 패
널 → [양식 작성] → [보이드 양식] 클릭 →
[신속 접근 도구 막대] → [⌂] 클릭

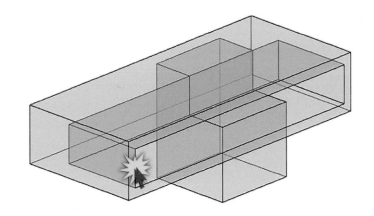

⑯ 추가 작성된 [보이드 입체 사각형]의 뒷면 경계선 위에 마우스 포인터 이동 → 키보드의 [⇥] 키를 여러 차례 입력하여
해당 면 탐색 후 마우스 좌측 버튼 클릭 → 측면에 나타난 임시 치수를 클릭하여 [깊이 : 500]으로 변경

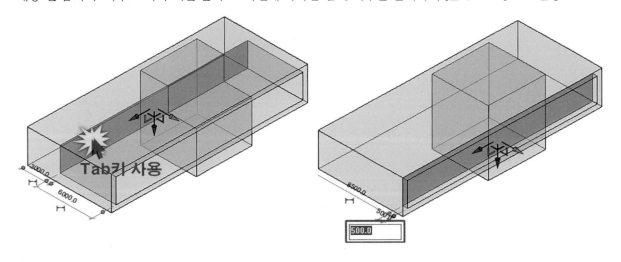

⑰ 다시 [보이드 입체 사각형] 경계선 위에 마우스 포
　인터 이동 ➜ 키보드의 ⬚ 키를 여러 차례 눌러
　[보이드 입체 사각형]을 찾은 후, 마우스 좌측 버튼
　클릭

⑱ [양식 요소] 패널 ➜

⎡ ⛰ ⛰ ⛰ ⛰ 　⛶ 새 포스트 선택 ⎤
⎢ X 레이 모서리 프로파일 　🔒 프로파일 잠금 ⎥
⎣ 　추가 　추가 　해제 🔓 프로파일 잠금 해제 ⎦
　　　　　　　양식 요소

　의 ⛰ 클릭 ➜ 화면의 빈 곳을 마우스로 클릭
　　X 레이
　하여 마무리

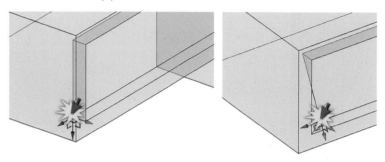

⑲ [보이드 상재] 뒷면 모서리 점으로 마우스 포
　인터 이동 ➜ 파란색 조절점 클릭 ➜ [XYZ
　축]에서 빨강 [X축]을 클릭 후 끌기 ➜ 해당
　조절점을 그림과 같이 적절히 이동

⑳ ⑲번과 동일한 방법 그림과 같이 내부 모서
　리점 이동

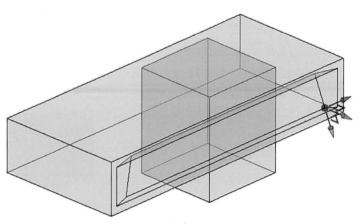

㉑ [형상] 패널의 [🔘 결합] 클릭 ➜ 두 개의 사
　각 매스 선택 ➜ [내부편집기] 패널의 ✔️ 매스
　인료
　클릭

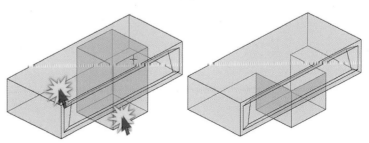

㉒ 작성된 매스 객체 선택 ➡ [수정/매스] 탭 ➡
[모델] 패널 ➡ [🗄️매스바닥] 클릭 ➡ 작성해 둔 매
스 선택 ➡ [매스 바닥] 대화상자 ➡ [1층]과
[2층]을 선택 후 [확인] 선택

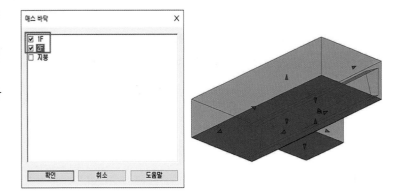

㉓ [매스작업 & 대지] 탭 ➡ [면으로 모델링] 패널
➡ [🗄️바닥] 클릭 ➡ 화면의 제시된 [임시 바닥
예정면] 클릭 ➡ [다중 선택] 패널 ➡ [🗄️바닥작성]
클릭

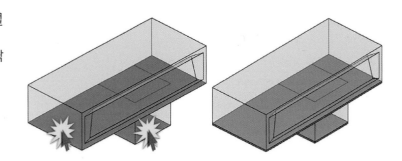

㉔ [매스 작업 & 대지] 탭 ➡ [면으로 모델링] 패널
➡ [벽] 선택 ➡ [특성] 창 ➡ [유형 : 기본 벽
(일반 –90mm 벽돌)]으로 선택

㉕ 커튼월이 생성될 면과 지붕면을 제외하고
그림에서와 같이 매스의 측면을 선택하여
[벽] 작성

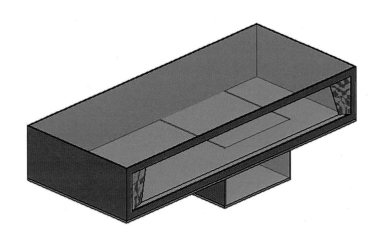

㉖ [매스작업 & 대지] 탭의 [면으로 모델링] 패널
　 → [커튼 시스템] 선택 → 그림과 같이 [매스
　 면] 클릭 → [다중 선택] 패널 → [커튼
시스템] 선택
　 하여 마무리(2층의 커튼월과 1층의 커튼월
　 은 별도로 면을 선택하여 각각 작성하고,
　 [특성] 창에서 그리드 배치 조건을 변경하여
　 그림과 유사하게 작성하되 반드시 본 교재
　 의 결과물과 동일할 필요는 없음)

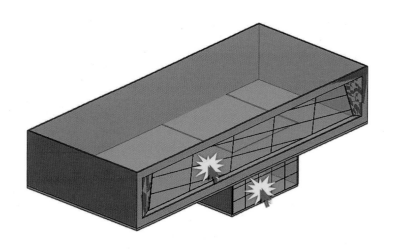

㉗ 그림과 같이 나무 패널로 변경할 [커튼월 유
　 리 패널]을 키보드의 Ctrl 키를 활용하여 동
　 시 선택(키보드의 ⇥ 키를 활용하시면 편
　 리하게 선택할 수 있음)

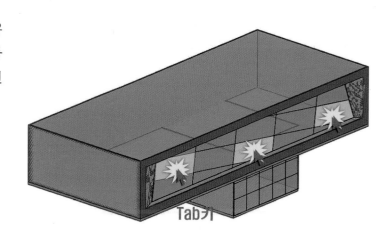

!

㉘ [특성] 창 → [유형 편집] → [복제] 클릭 → [이
　 름 : 목재]로 변경 → [매개 변수] → [재료 :
　 ⸬ 클릭] → [자작나무]로 변경 → [확인] 클
　 릭

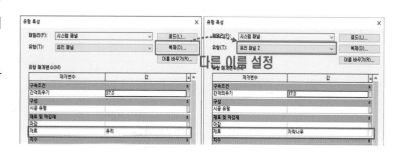

㉙ [매스(질량)작업 & 대지] 탭의 [면으로 모델링]

패널 ➔ [🗆지붕] 선택

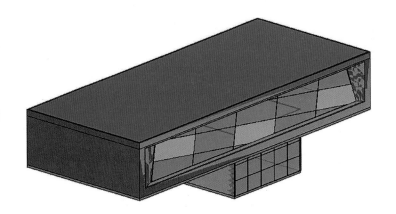

㉚ 그림과 같이 상단의 [매스 면] 선택 ➔ [다중

선택] 패널 ➔ [🗆지붕작성] 클릭

㉛ [🗆수정] ➔ [지붕] 선택 ➔ [특성] 창 ➔ [유형 :

기본 지붕 (일반-125mm)]로 변경 ➔ [레벨

간격띄우기 : 125]로 변경

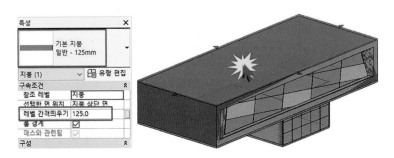

㉜ [프로젝트 탐색기] ➔ [2층 평면도] 더블 클릭

➔ 키보드에서 [참조 평면(단축키 : RP)]입

력 ➔ [간격띄우기 : 1000] ➔ [그리기] 패널

➔ [🗆] 사용하여 아래쪽, 좌측 클릭➔ 그

림과 같이 작성

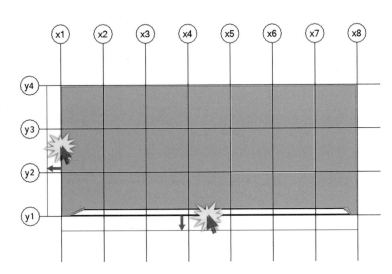

㉝ [⬉ 수정] ➡ [2층 평면도]에서 보여지는 모든

객체 선택 ➡ [선택] 패널의 [⧨ 필터] 클릭 ➡

[필터] 대화상자의 [바닥]만 체크하고 [확인]
클릭

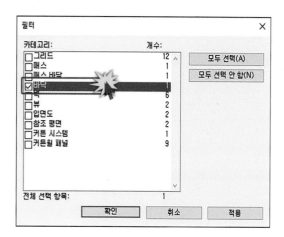

㉞ [모드] 패널 ➡ [✎ 경계 편집]을 클릭 ➡ 바닥판을 [그리기]와 [수정] 패널의 도구를 활용하여 우측 그림과 같이 수정 ➡ [모드]

패널 ➡ [✔] 클릭하여 마무리

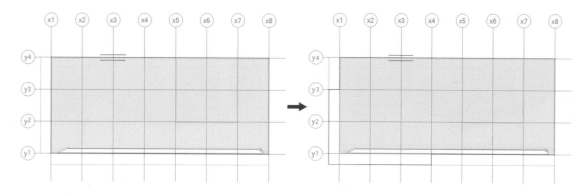

㉟ 키보드에서 [참조 평면(단축키 : RP)] 입력 ➡ [옵션 바] ➡ [간격띄우기 : 300] 입력 ➡ [그리기] 패널의 [⬈] 클릭 후 작
성해 두었던 [참조 평면]을 기준으로 좌측 그림과 같이 [참조 평면] 작성

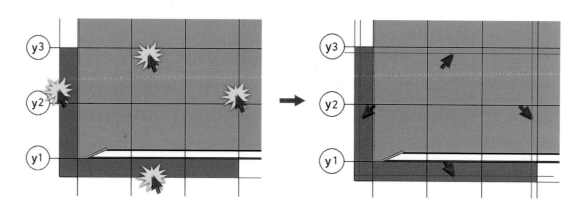

㊱ [프로젝트 탐색기] ➜ [1층 평면도]더블 클릭 ➜ [구조] 탭을 [구조] 패

널의 [🏛] [UC-범용 기둥-기둥, 305x305x97UC] 클릭 ➜ [옵션 바]
  기둥

➜ [구속 조건 : 높이, 지붕]으로 변경 ➜ 그림과 같이 기둥 작성

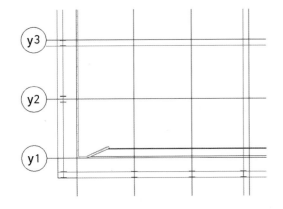

㊲ [신속 접근 도구 막대] ➜ [🏠] 클릭 ➜ 키보드에서 [AL] 입력 ➜ 좌측그림과 같이 2층 바닥의 측면을 기준면으로 선택

➜ 지붕의 측면을 선택하여 2층 바닥과 동일한 폭으로 확장

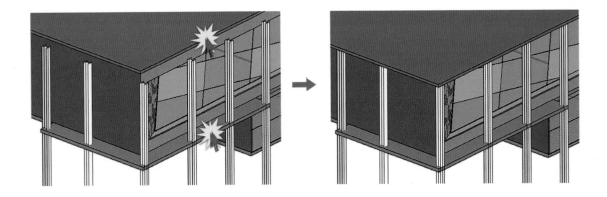

㊳ [신속 접근 도구 막대] ➜ [🏠] 클릭 ➜ 키보드에서 [AL] 입력 ➜ 그림과 같이 2층 바닥의 좌측면을 선택 ➜ 지붕의

좌측면을 선택하여 2층 바닥과 동일한 폭으로 확장

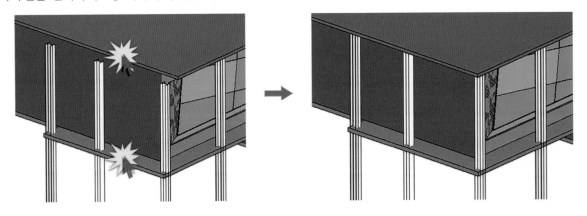

㉟ [구조] 탭 ➡ [구조] 패널의 [🔲] [UC-범용 기
기둥

둥-기둥, 305x305x97UC] 클릭 ➡ [배치]

패널 ➡ [🔲] 클릭 ➡ 마우스 포인터 이동
경사
기둥

후 양측 [수직 기둥] 끝점을 각각 지정하여

그림과 같이 [경사 기둥] 작성

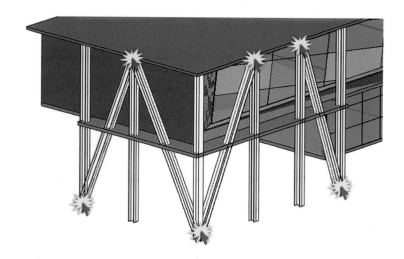

㊵ [수정] 탭의 [형상] 패널 ➡ [🔲 코핑] 클릭 ➡

[🔲] 선택 ➡ [🔲] 선택 ➡ 반복적으로 그
경사   수직
기둥   기둥

림과 같이 경사 기둥과 수직 기둥을 결합

(먼저 클릭하는 기둥이 잘리는 것 염두에

두어야 함)

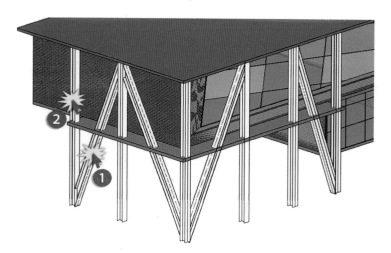

㊶ [프로젝트 탐색기] ➡ [2층 평면도] 더블 클릭 ➡ [건축] 탭의 [순환] 패널 ➡ [🔲] ➡ [그리기] 패널의 [✏️] 클릭 ➡ 좌측
난간

그림에서 분홍색으로 표시된 위치에 [난간]의 위치선 작성 ➡ [모드] 패널 ➡ [✔️] 클릭

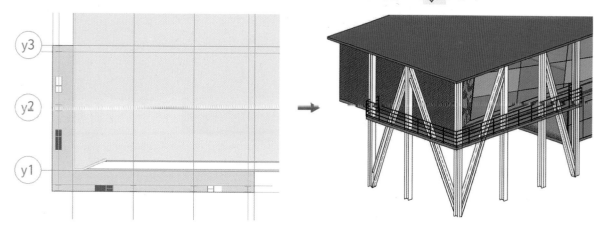

㊷ [신속 접근 도구 막대] → [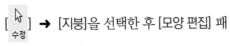] 클릭 →

[🔍 수정] → [지붕]을 선택한 후 [모양 편집] 패

널 → [🖊 분할선 추가] 클릭 → 지붕의 중간을

가르는 분할선을 그림과 같이 추가

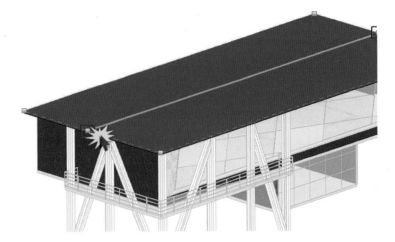

㊸ [모양 편집] 패널 → [하위 요소 수정] 클릭 →

지붕의 상단 경계선 클릭 → [높이 : 500]

입력 → Enter↵

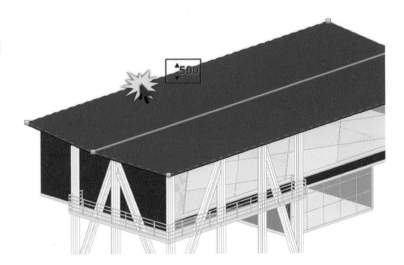

㊹ 경사 지붕에 뒷 벽을 부착하기 위하여 [벽]

선택 → 벽 [수정] 패널의 [🔲↑ 상단/베이스 부착] 클릭 →

[지붕] 선택

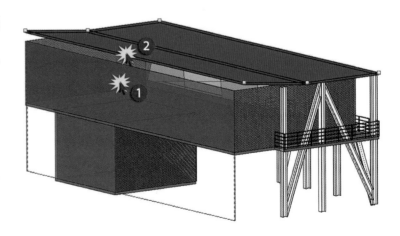

㊺ [경사 지붕]에 기둥을 부착하기 위하여 [기둥]을 선택 ➡ 기둥 [수정] 패널의 [상단/베이스 부착] 클릭 ➡ [지붕] 클릭

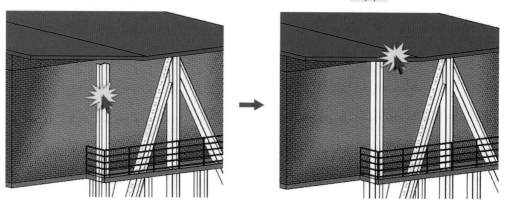

㊻ 1층 커튼월의 첫 번째 [수평 그리드] 선택 ➡ [커튼월 그리드] 패널 ➡ [세그먼트 추가/제거] 클릭 ➡ 그림과 같이 그리드 수정 ➡ 수직

그리드 또한 동일한 방법을 활용하여 수정

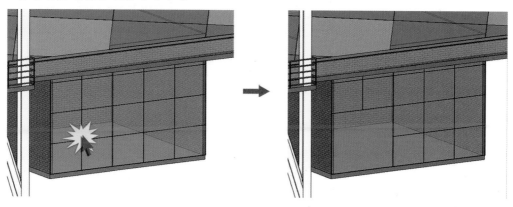

㊼ [삽입] 탭 ➡ [라이브러리에서 로드] 패널의

[패밀리 로드] 클릭 ➡ [패밀리 로드] 대화상자 ➡ [커

튼월 패널] 폴더 ➡ [문] 폴더 ➡ [커튼월-점두

-이중.rfa] 선택 후 [확인] 클릭

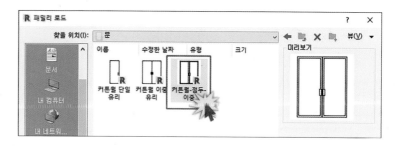

㊽ 좌측 그림과 같이 [커튼월 유리 패널] 선택 → [특성] 창 → [패밀리 : 커튼월-점두-이중유리]로 변경

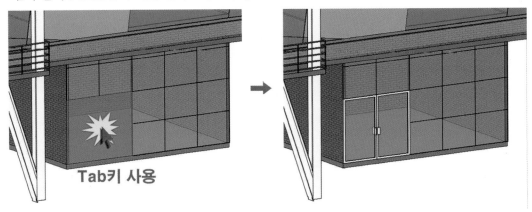

㊾ [매스 작업 & 대지] 탭 → [개념 매스] 패널의
[뷰 설정별 매스 표시]를 선택하여 매스의 형
상 숨김

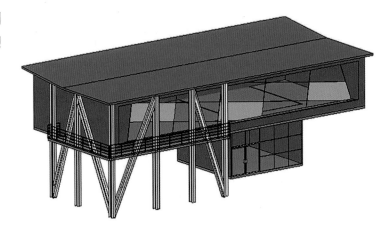

㊿ [건축] 탭 → [빌드] 탭의 [멀리언] 클릭 → [배

치] 패널의 [모든 그리드선] → 작성된 커튼월 그

리드를 선택하여 그림과 같이 멀리언 작성

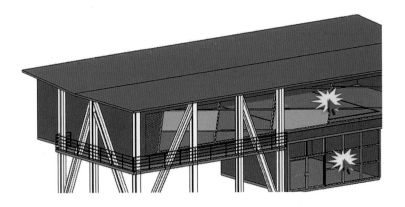

(51) 프로젝트 탐색기] ➜ [2층 평면도] 더블 클릭
➜ 키보드에서 [DR] 입력 ➜ [특성] 창 ➜ [유
형 : 미닫이-2 패널] ➜ [1730×2032mm]
선택 ➜ [y2]열에서 [600] 떨어진 위치에 그
림과 같이 [문] 삽입

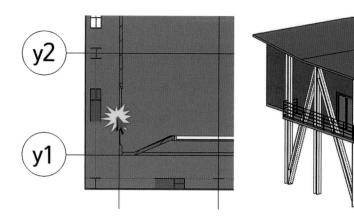

(52) 키보드에서 [WN] 입력 ➜ [특성] 창 ➜ [여
닫이-3×3] ➜ [900×1200mm] 선택 ➜ 작
성된 [문]에서 [1500] 떨어진 위치에 그림
과 같이 [창] 삽입

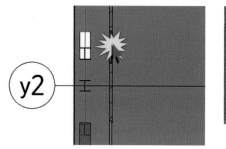
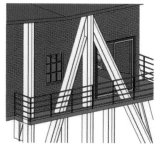

(53) [프로젝트 탐색기] ➜ [1층 평면도] 더블 클릭
➜ [건축] 탭의 [빌드] 패널 ➜ [구성 요소]의
[내부편집 모델링] 클릭 ➜ [패밀리 카테고리
및 매개변수] 대화상자 ➜ [구조 기둥] 선택 ➜
[이름 : cl] 입력

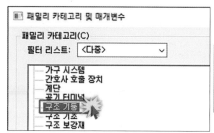

(54) [작성] 탭의 [양식] 패널 ➜ [혼합] 클릭 ➜ [그
리기] 패널 ➜ [원]을 사용하여 그리드 교차
점에 [반지름 : 300]의 [원]을 작성

(55) [모드] 패널의 [상단편집] 클릭 ➜ 그리드 교차점
에 [반지름 : 500]의 원 작성 ➜ [모드] 패널
➜ [✔] 클릭하여 마무리

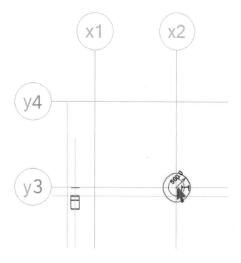

㊤ [프로젝트 탐색기] ➜ [남측면도] 더블 클릭 ➜ 키보드에서[AL] 입력 ➜ [2층 바닥판 밑면]의 경계선 선택 ➜ 작성된 [혼합

기둥]의 상단 경계선 선택 ➜ [내부편집기]의 [모델 완료] 클릭

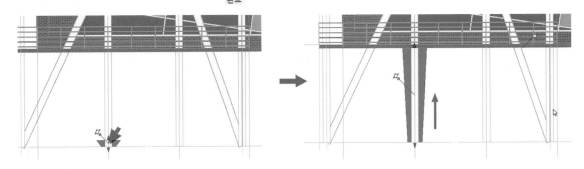

㊤ [수정] ➜ [혼합 기둥] 선택 ➜ [특성]창의 구

조 재료 ➜ [...] 클릭 ➜ [재료 탐색기] 대화

상자 ➜ [콘크리트]를 선택하고 [확인] 버튼

클릭

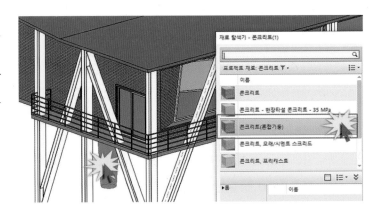

㊤ [프로젝트 탐색기] ➜ [배치도] 더블 클릭 ➜ 지형을 작성하기 위하여 좌측 화면 상에 보이는 ◯들을 선택 ➜ 우측 그림

과 같이 여유롭게 이동시켜 지형 작성 공간을 확보

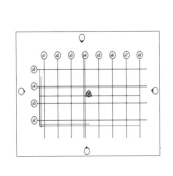 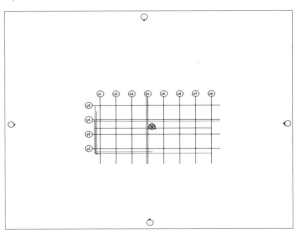

㉙ [매스 작업 & 대지] 탭 ➡ [대지 모델링] 패널 ➡ [지형면] 클릭

㉚ [도구] 패널 ➡ [점 배치]를 활용하여 그림과 같이 지형 작성

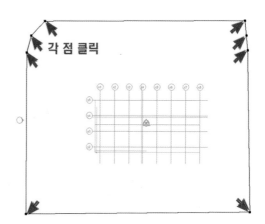

각 점 클릭

㉛ 작성된 지형 클릭 ➡ [] 클릭 ➡ ⓐ와 ⓑ점을 선택 ➡ [옵션 바] ➡ [고도 : 7000], ⓒ와 ⓓ점을 선택 ➡ [옵션 바] ➡

[고도 : 3000] 입력 ➡ [표면] 패널 ➡ [✔] 클릭

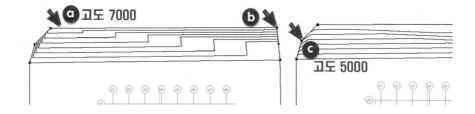

ⓐ 고도 7000   ⓑ   ⓒ   고도 5000

㉜ [매스 작업 & 대지] 탭의 [대지 수정] 패널 ➡

[] 클릭
소구역

㉝ [그리기] 패널의 도구(들)을

활용하여 그림과 같이 소구역을 작성 ➡ [모드] 패널 ➡ [✔] 클릭하여 마무리

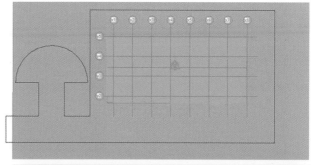

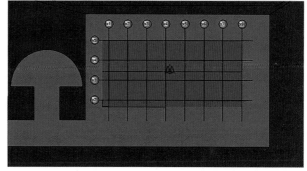

⑥ [🖱 수정] ➔ 소구역 선택 ➔ [특성] 창의 [재료 : ⋯] 선택 ➔ [재료 탐색기] 대화상자 ➔ [아스팔트, 역청] 선택 ➔ [확인]을 클릭하고 마무리

⑥ [매스 작업 & 대지] 탭의 [대지 모델링] 패널 ➔ [🌳 대지 구성요소] 클릭 ➔ [특성] 창 ➔ [유형 : 수목과 자동차, 사람 패밀리] 활용하여 자유롭게 배치 ➔ [옵션 바] ➔ ☑ 배치 후 회전 체크(패밀리 삽입과 동시에 자유롭게 회전 가능)

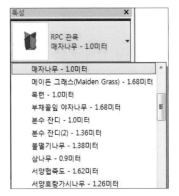

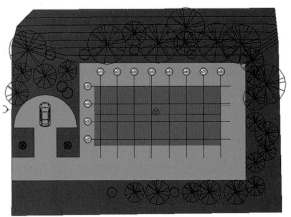

66 [신속 접근 도구 막대] ➜ [📷 카메라] 클릭 ➜ [배치도]에 그림과 같이 설치 ➜ [프로젝트 탐색기] ➜ [3D] ➜ [3D 뷰 1] 더블 클릭 ➜ 4개의 뷰 조절점을 조정

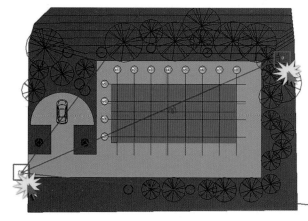
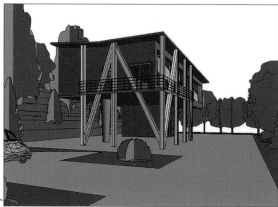

67 화면 하단의 [🔆] 클릭 ➜ [태양 설정...] 클릭 ➜ [태양 설정] 대화상자 ➜ [일조 연구] ➜ [계속] 설정 ➜ [위치]와 [날짜], [시간]을 변경 ➜ [확인] 클릭 ➜ 그림자(⬜ 🔲 🔆 ○ 🔅 🔅 도구 중에서 ○) 클릭

68 키보드에서 [RR] 입력 ➜ [렌더링] 대화상자 ➜ [품질 : 중간], [배경 스타일 : 하늘-구름 없음]으로 설정 ➜ 상단의 [렌데] 버튼 클릭 ➜ 렌더링 결과물 확인

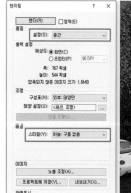

317

AUTODESK®
REVIT®

AUTODESK®
NAVISWORKS

PART 04

작성된 형상과 특성 정보의 도면화

04

작성된 형상과 특성 정보의 도면화

⬇ 01. 효율적이고 신속하게 치수 표현

✏ 1.1 작성 가능한 치수 유형

Revit에서 치수 표현은 [주석] 탭 ➡ [치수]
패널의 다양한 치수 도구들을 활용하여 작성
할 수 있습니다.

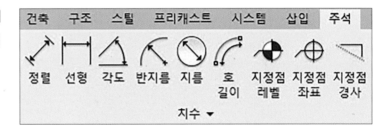

AutoCAD에서 작성할 수 있는 치수 표현과 더불어 [지정점 레벨 / 지정점 좌표 / 지정점 경사] 과 같은 경사 및 높이와 관련한 치수를 보다 편리하게 작성할 수 있습니다.

✏️ 1.2 주요 치수 작성

▣ 정렬 치수

Revit에서는 [선형 치수]는 잘 사용되지 않고 [정렬 치수]가 주로 사용됩니다.

① 🎬**예제** [4-1.rvt] 파일 열기

② [주석] 탭의 [✎정렬] 클릭 ➔ [옵션 배] ➔ [벽 중심선 선호] 선택

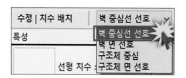

③ 그림과 같이 좌우 [수직벽]의 중심선 선택

④ 마우스 포인터를 아래로 이동 ➔ 그림과 같이 [치수 문자]의 위치점 지정

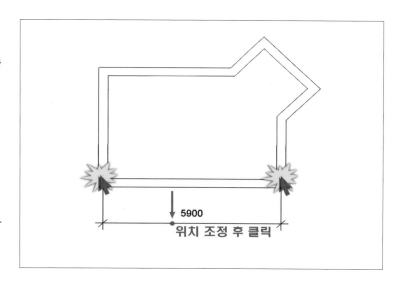

WISDOM_Autodesk Revit

▌ 선형 치수의 특징에 대하여 알고 계시나요?

① 오직 수평, 수직 치수 입력만 가능함.

② 별도의 스냅점이 나타나지 않으며, 마우스 포인터를 이동하여 끝점 부위를 지정 ➔ 반대편의 끝점 부위를 선택 한 후 치수 문자의 위치점을 추가 지정하면 됨.

③ [🏠] 뷰에서는 선형 치수를 작성할 수 없음.

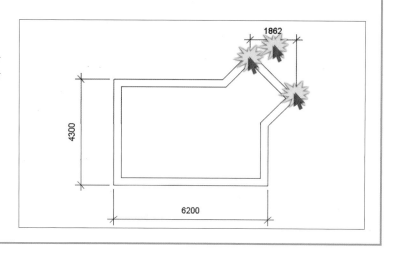

2 각도 치수

① 圓예제 [4-2.rvt] 파일 열기

② [주석] 탭의 [△각도] 클릭 ➔ [옵션 배] ➔ [벽 중
심선 선호] 선택

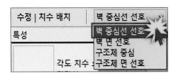

③ 그림과 같이 [수직]과 [수평벽]의 중심선 선
택

④ 마우스 포인터 이동 ➔ [치수 문재] 위치점
지정

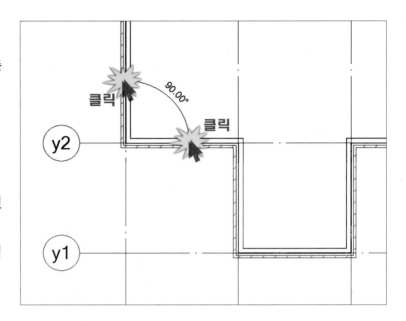

3 반지름과 지름 치수

① 圓예제 [4-2.rvt] 파일 열기

② [주석] 탭의 [↖반지름] 또는 [◯지름] 클릭 ➔ [옵
션 배] ➔ [벽 중심선 선호] 선택

③ 그림과 같이 [곡선벽] 중심선 선택

④ 마우스 포인터 이동 ➔ [치수선] 위치점
지정

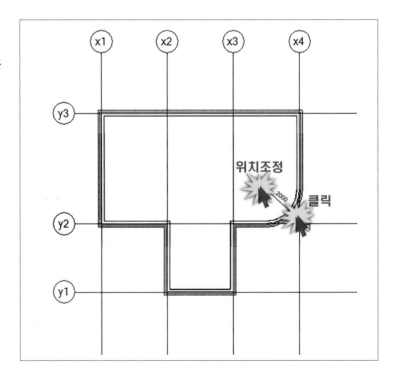

4 호 길이 치수

① 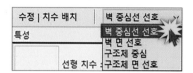[4-2.rvt] 파일 열기

② [주석] 탭의 [호 길이] 클릭 ➡ [옵션 배] ➡ [벽 중

심선 선호] 선택

③ 그림과 같이 [곡선벽] 중심선 선택

④ 곡선벽과 연결된 수평·수직벽 중심선 각각

선택

⑤ 마우스 포인터 이동 ➡ [치수 문자] 위치점

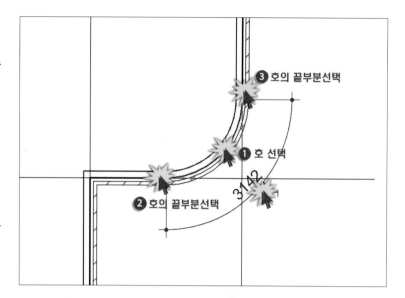

WISDOM_Autodesk Revit

▌ 치수문자의 자릿수 구분은 어떻게 할까요?

1️⃣ [관리] 탭 ➡ [설정] 패널 ➡ [프로젝트 단위] 클릭

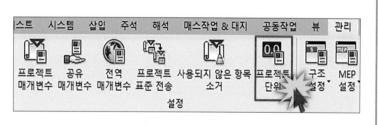

2️⃣ [프로젝트 단위] 대화상자 ➡ [길이]의 [형식] 클릭 ➡
[형식] 대화상자 ➡ [자릿수 구분 사용] 체크 ➡ [확인]
클릭 ➡ 다시 한번 [확인] 클릭

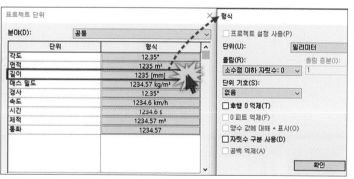

5 지정점 레벨 및 좌표

[지정점 좌표]와 [지정점 레벨]은 입면상에 보이는 부재의 [특정점]에 대한 높이와 좌표를 표현할 때 사용됩니다. 작성 방법은 동일합니다.

① **예제** [4-3.rvt] 파일 열기

② [프로젝트 탐색기] ➜ [입면도] ➜ [남측면도]
   더블 클릭

③ [주석] 탭 ➜ [치수] 패널 ➜ [지정점 레벨]
   클릭

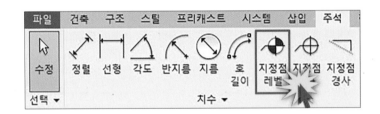

④ 좌측 그림과 같이 우측 경사 지붕 끝단에 [지정점] 지정 ➜ 마우스 포인터 이동 ➜ 중간의 그림과 같이 다음 점을 순차적으로 지정하여 [지정점 레벨] 작성(우측 그림은 동일한 방법으로 [지정점 좌표]를 표현한 것임)

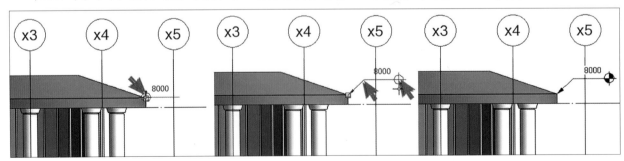

⑥ 지정점 경사

지정점 경사는 입면상의 경사 지붕의 경사도를 표현할 경우 사용됩니다.

① ▣예제 [4-3.rvt] 파일 열기

② [프로젝트 탐색기] ➜ [입면도] ➜ [남측면도]
   더블 클릭

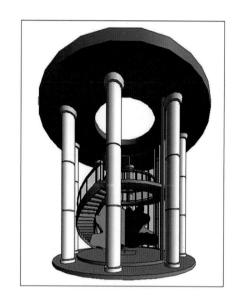

③ [주석] 탭 ➜ [치수] 패널 ➜ [지정점 경사]
   클릭

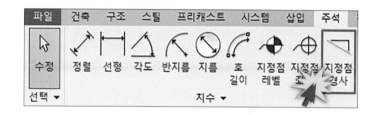

④ 지붕의 경사진 부분에 마우스 포인터를 이
   동하여 [지정점 경사] 위치점 지정 ➜ 마우스
   를 움직여 경사 표현의 아래·위 방향 설정
   후 클릭

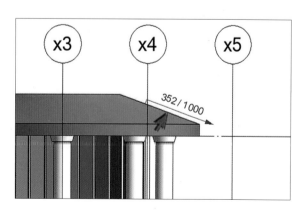

⑤ [수정] ➔ 작성된 [지정점 경사] 클릭 ➔ [특성] 창 ➔ [유형 편집] ➔ [단위 형식] ➔ [1234/1000] 클릭

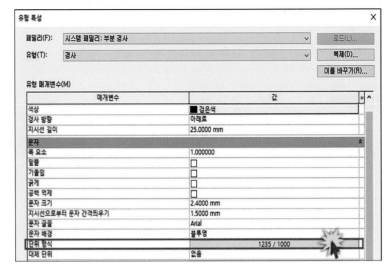

⑥ [형식] 대화상자 ➔ [단위]와 [단위 기회]를 그림과 같이 변경 ➔ [확인] 클릭 ➔ 다시 한번 [확인] 클릭

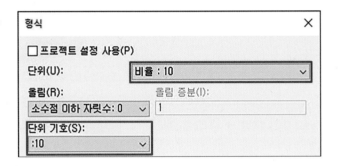

⑦ 변경된 [지정점 경사] 확인

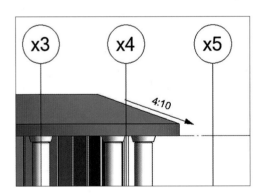

1.3 그리드와 벽체를 활용한 치수 작성

1 그리드를 이용한 치수

① ■예제 [4-2.rvt] 파일 열기

② [주석] 탭의 [✎정렬] 클릭 ➜ [옵션 배] ➜ [벽 중심선 선호] 선택

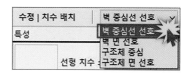

③ 그림과 같이 그리드 선을 순차적으로 선택
④ 마우스 포인터 이동 ➜ [치수 문자] 위치점 지정

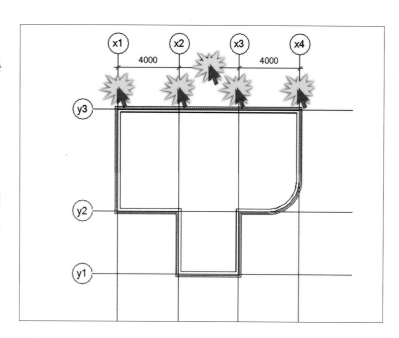

WISDOM_Autodesk Revit

▌ 치수선을 클릭하면 다양한 추가 기능을 경험할 수 있습니다.

① 치수선의 [🔒] 자물쇠를 클릭하면 잠금 기능을 사용하면 치수의 변경할 수 없음.

② 치수선의 [EQ]를 클릭하면, 동일한 값의 치수선으로 변경이 되며, 이때 그리드 선도 동일한 위치 값으로 변경이 되니 주의해야 함.

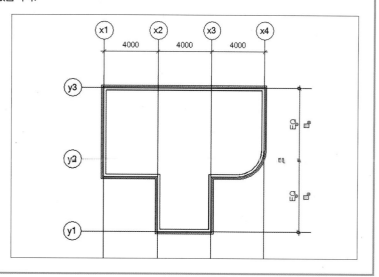

2 자동 치수 옵션을 이용한 치수

① ▶예제 [4-4.rvt] 파일 열기

② [주석] 탭의 [✎정렬] 클릭 ➜ [옵션 바] ➜ [벽 중심
선 선호], [선택 : 전체 벽], [옵션 : 개구부, 중
심]으로 그림과 같이 변경

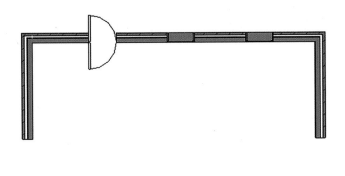

③ [벽] 선택 ➜ 마우스 포인터 이동 ➜ [치수 문
자]의 위치점 지정

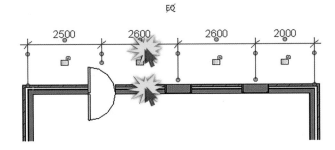

WISDOM_Autodesk Revit

▌작성된 치수선 및 문자는 [유형 편집]을 통해 다양한 변화를 줄 수 있습니다.

① [그래픽] 매개변수는 치수선과 눈금 마크 등에 관한 유
형 변화를 줄 수 있는 카테고리이며, 특히, [요소와의
치수 보조선 간격] 값을 변경하여 객체와 치수보조선
사이의 사이 거리를 넓힐 수 있음.

② [문자] 매개변수는 치수 문자의 굵기, 크기, 기울기, 단
위 형식 등의 값을 변경할 수 있음.

❸ 치수선의 추가 및 삭제

① 🎬예제 [4-5.rvt] 파일 열기

② [주석] 탭의 [✏ 정렬] 클릭

③ [⬆ 수정] ➡ 치수선 선택

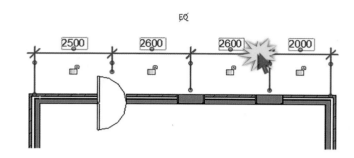

④ [수정 | 치수] 탭 ➡ [치수 보조선] 패널 ➡ [치수 보조선 편집] 클릭

⑤ 마우스 포인터 이동 ➡ 우측 수직벽 중심선 선택 ➡ 화면의 빈 공간 클릭

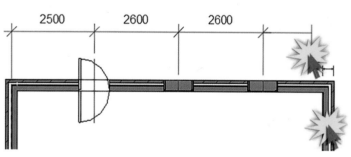

⑥ 치수 보조선 편집 결과 확인

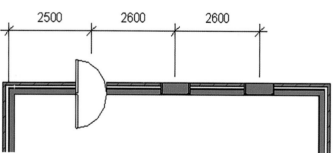

⑦ [🖱 수정] ➜ 치수선 선택

⑧ [수정 | 치수] 탭 ➜ [치수 보조선] 패널 ➜ [치수 보조선 편집] 클릭

⑨ 우측 수직벽 중심선 선택 ➜ 마우스 포인터를 이동하여 화면의 빈 곳 클릭

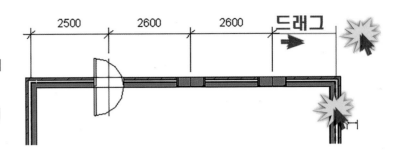

⑩ 치수 보조선 편집 결과 확인

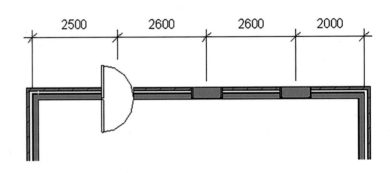

Memo | Autodesk **REVIT & NAVISWORKS**

02. 룸과 면적 범례표 작성

2.1 룸의 작성

1 룸 작성의 필요성

[룸]이란 모델 요소 즉, 벽.바닥.천장 및 구분 선으로 둘러 싸여진 영역을 의미합니다. 이러한 영역을 통해 다양한 면적을 표현하고 산출해 낼 수 있습니다.

2 룸 작성과 정보 표시

① 📁예제 [4-6.rvt] 파일 열기

② [건축] 탭의 [룸 및 면적] 패널 ➜ [🔲 룸] 클릭

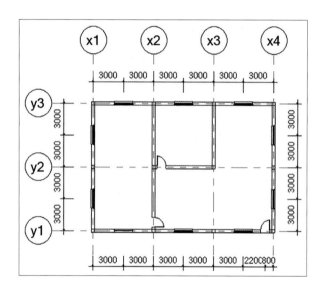

③ 마우스 포인터 이동 ➜ 그림과 같이 [벽]으로 구획된 내부 공간을 순차적으로 클릭하여 [룸] 작성

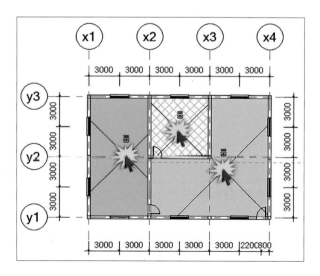

331

④ [수정] ➔ [룸 명칭] 더블 클릭 ➔ 그림과 같이

[1F-사무실, 1F-회의실, 1F-로비]로 수정

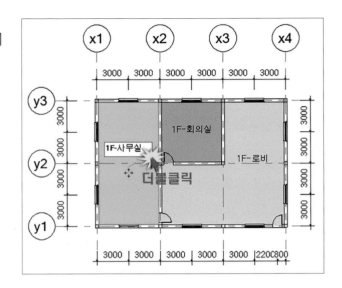

⑤ [수정] ➔ [룸 명칭] 클릭 ➔ [특성] 창 ➔ [유형

편집] ➔ [그래픽] 매개변수의 [면적 표시] 체

크 ➔ [확인] 클릭

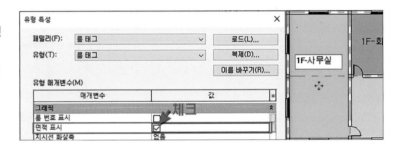

⑥ 면적 표기 결과 확인

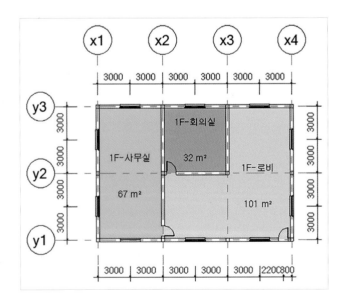

✏️ 2.2 룸 면적 범례표 만들기

① 🔲예제 [4-7.rvt] 파일 열기

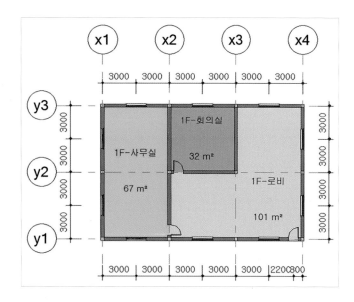

② [건축] 탭의 [룸 및 면적] 패널 ➜
   [룸 및 면적 ▾] 클릭

③ [🔲 색상표] 클릭

④ [색상표 편집] 대화상자 ➜ [색상표 : 카테고
   리] ➜ [1층] 선택 ➜ [확인] 클릭

⑤ [주석] 탭의 [색상 채우기] 패널 ➜
    클릭

⑥ 마우스 포인터 이동 ➜ 작성된 도면 우측 하
  단에 [범례] 삽입점 지정

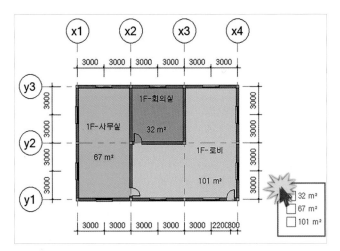

⑦ [범례] 삽입 결과 확인

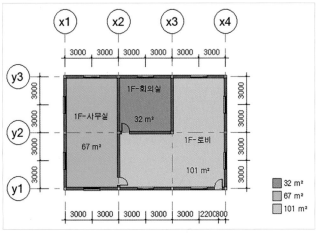

⑧ [건축] 탭의 [룸 및 면적] 패널 ➜ [룸 구분 기호] 클릭

⑨ [그리기] 패널 ➜ [/] 클릭 ➜ [1F - 로비]
  공간을 그림과 같이 마우스로 포인트를 지
  정하여 분할

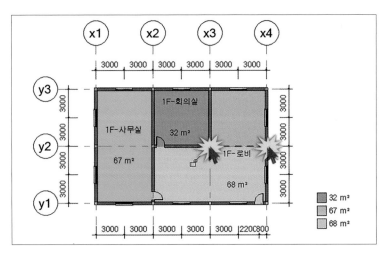

⑩ [건축] 탭의 [룸 및 면적] 패널 ➜ [] 클릭

⑪ 그림과 같은 위치의 [룸] 작성

⑫ 범례표의 새로운 [룸 : 1F-휴게실] 면적 추가
확인

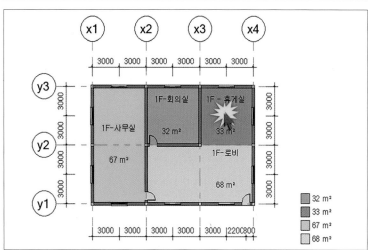

📥 03. 패턴과 문자 작성

✏️ 3.1 패턴의 작성

1 평면 형상에서의 패턴

① ▶️예제 [4-6.rvt] 파일 열기

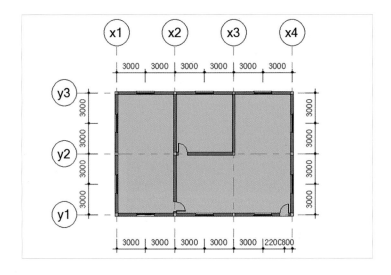

② [주석] 탭 ➔ [상세 정보] 패널 ➔ [영역] ➔

[채워진 영역] 클릭

③ [그리기] 패널 ➔ [ ] 클릭

④ 그림과 같이 [벽] 내부 모서리점을 지정하여
패턴 영역 작성

⑤ [모드] 패널 ➔ [✔️] 클릭

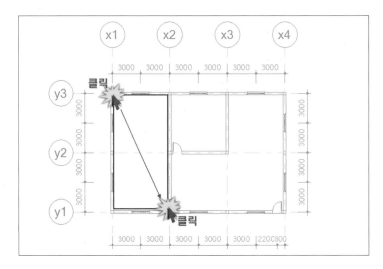

⑥ [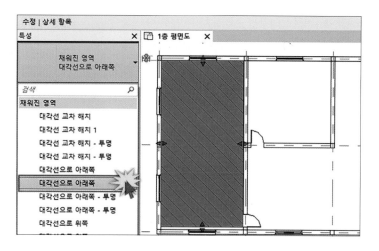] ➜ 그림과 같이 작성된 [패턴] 영역 선

택 ➜ [특성] 창 ➜ [유형 : 채워진 영역-대각

선으로 아래쪽] 선택

⑦ 작성된 패턴 확인

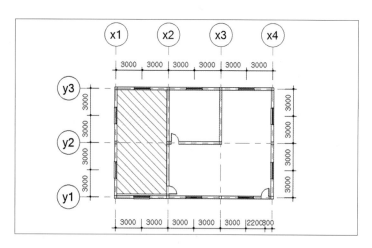

⑧ [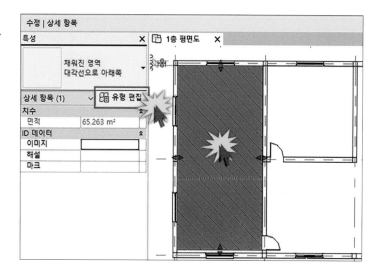] ➜ 작성된 [패턴] 선택 ➜ [특성] 창 ➜

[유형 편집] 클릭

⑨ [복제] ➔ [이름 : 대각선 교차 해치 1] 입력 ➔
[확인] 클릭

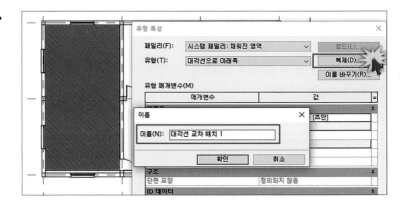

⑩ [전경 채우기 패턴]의 [값] 클릭 ➔ [대각선 교
차 해치] 선택 ➔ [전경 패턴 색상]을 [빨간
색]으로 선택 ➔ [확인] 클릭 ➔ 다시 [확인]
클릭하여 마무리

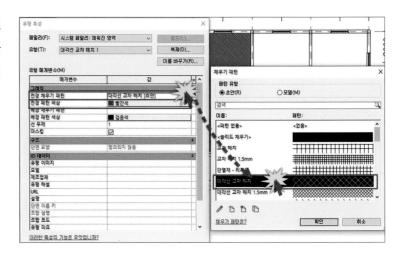

⑪ 변경된 [패턴] 확인

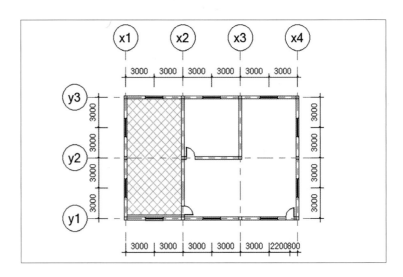

☑ 입면 형상에서의 패턴

① **▣예제** [4-6.rvt] 파일 열기

② [수정] ➡ 그림과 같이 좌측 [벽] 선택 ➡
   [특성] 창 ➡ [유형 편집] 클릭

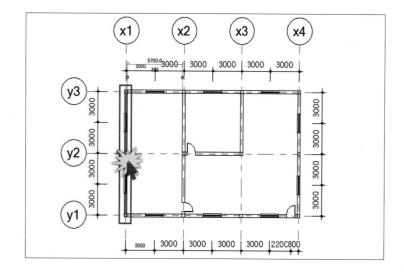

③ [복제] 클릭 ➡ [이름 : 일반 - 300mm 입면
   패턴] 입력 ➡ [구성] 매개변수 ➡ [편집] 클
   릭

④ [조합 편집] 대화상자 ➡ 구조[1]의 [재료 : 석
   조-벽돌] 클릭

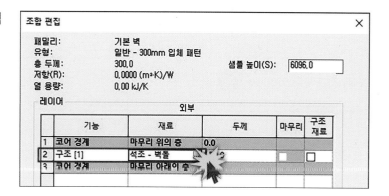

⑤ [재료 탐색기] 대화상자 ➡ [표면 패턴] ➡ [패턴 : 〈없음〉] 클릭

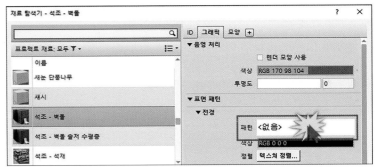

⑥ [패턴 유형 : 모델]로 체크 ➡ [패턴 : 벽돌] ➡ [확인] 클릭

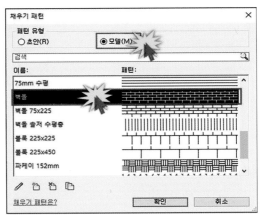

⑦ [확인] 클릭

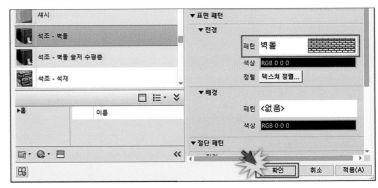

⑧ [신속 접근 도구 막대] ➡ 🏠 클릭

⑨ 패턴 변화 확인

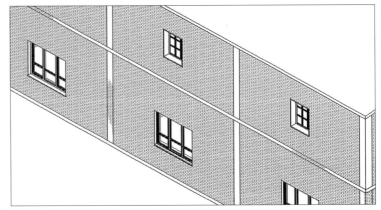

3 단면 형상에서의 패턴

단면 형상의 패턴 적용 방법은 입면 패턴 적용 방법과 유사합니다.

① [📁예제] [4-6.rvt] 파일 열기

② [수정] ➡ 그림과 같이 좌측 [벽] 선택 ➡ [특성] 창 ➡ [유형 편집] 클릭

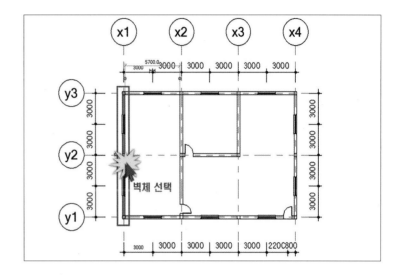

③ [복제] 클릭 ➡ [이름 : 일반 – 300mm 단면 패턴] 입력 ➡ [구성] 매개변수 ➡ [편집] 클릭

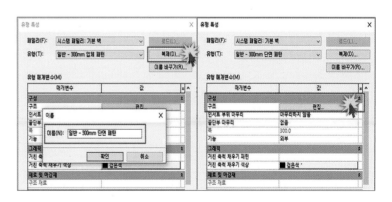

④ [조합 편집] 대화상자 ➡ 구조[1]의 [재료 : 기본벽] 클릭

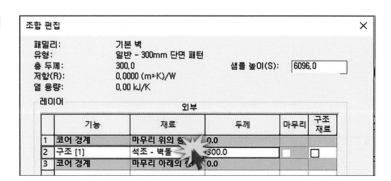

⑤ [재료 탐색기] 대화상자 ➜ [절단 패턴]의 [절단 패턴 : 선택란] 클릭 ➜ [석조-벽돌]로 변경 ➜ [확인] 클릭

⑥ [특성] 창 ➜ [범위] ➜ [단면 상자] 체크
(단면상자는 3D뷰에서만 체크, 사용 가능)

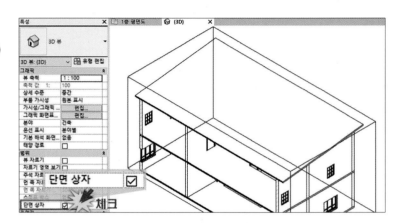

⑦ 마우스로 [단면 상자] 범위 조절점
[◀▶] 을 클릭 후 끌기 ➜ 절단 범위 설정

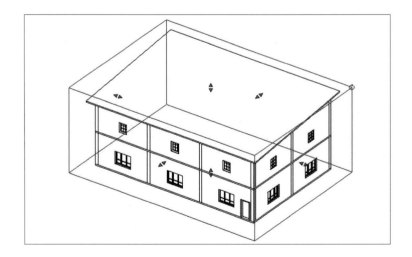

⑧ 단면 상자가 위치한 수직벽 단면의 패턴 적
  용 결과 확인

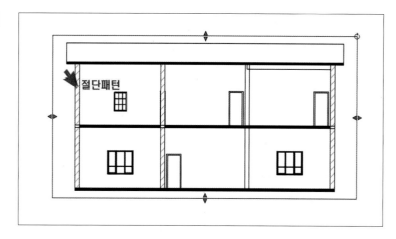

Memo ▌Autodesk **REVIT & NAVISWORKS**

✏️ 3.2 문자의 작성

1️⃣ 지시 문자

① 🔳예제 [4-6.rvt] 파일 열기

② [신속 접근 도구 막대] ➜ 🏠 클릭

③ [주석] 탭의 [문자] 패널 ➜ 🅰 문자 클릭

④ [수정] 탭의 [형식] 패널 ➜ ←🅰, ↙🅰,
↻🅰 각각 클릭 ➜ 지시선의 시작과 꺾임점
을 순서대로 지정 ➜ 그림과 같이 문자 기입

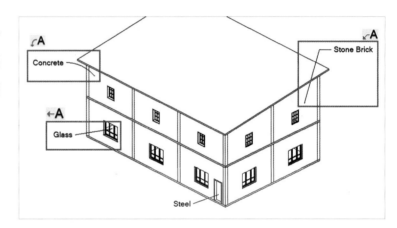

⑤ [🔧 수정] ➜ [문자] 클릭 ➜ [특성] 창의 [유형 편
집] 클릭(문자를 더블 클릭하면 내용 수정
가능)

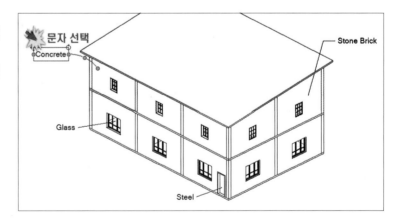

⑥ [유형 특성] 대화상자 ➡ [문자] 매개변수 ➡
　[문자 크기 : 5]로 변경 ➡ [확인] 클릭

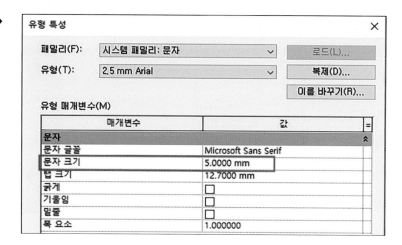

⑦ 변경된 문자 확인

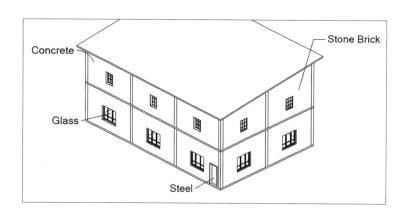

2 입체 문자

① 📺예제 [4-6.rvt] 파일 열기
② [신속 접근 도구 막대] ➡ 🏠 클릭

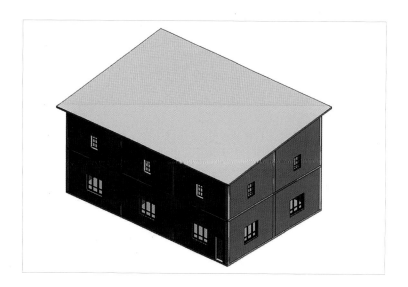

③ [건축] 탭 ➡ [작업 기준면] 패널 ➡ [설정] 클릭

④ [기준면 선택] 체크 ➡ [확인] 클릭

(설정면이 보이도록 하려면 [작업기준면]

패널 ➡ [표시] 클릭)

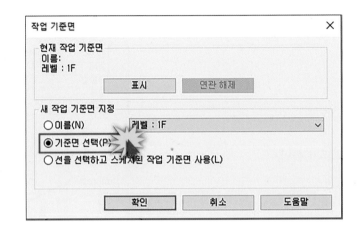

⑤ 입체 문자가 기입될 [지붕면] 선택

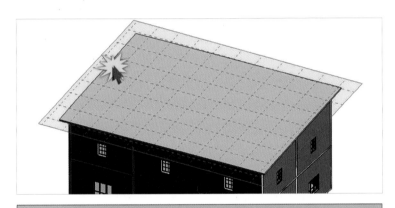

⑥ [건축] 탭의 [모델] 패널 ➡ [입체 문자] 클릭

⑦ [문자 편집] 대화상자 ➡ [revit] 입력 ➡ [확인] 클릭

⑧ [지붕면] 선택 ➜ [입체 문자] 부착

(([특성] 창의 [깊이] 값을 변경하여 두께 조정 가능)

⑨ [수정] ➜ [입체 문자] 선택 ➜ [○] 클릭 ➜

시작 각도점 지정 ➜ 마우스를 이동시켜 [90°] 위치점을 그림과 같이 지정

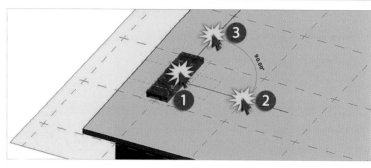

⑩ 회전된 [입체 문자] 확인

3.3 유용하고 흥미로운 추가 활용 팁으로 고수되기

1 구름형 수정기호 작성

① 예제 [4-6.rvt] 파일 열기

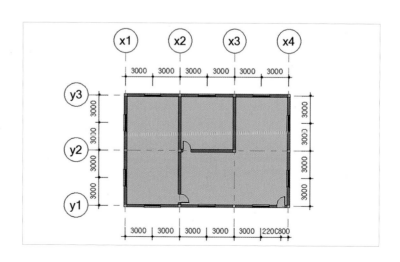

② [주석] 탭의 [상세 정보] 패널 ➔ [구름형
수정기호] 클릭

③ [그리기] 패널 ➔ [▢] 클릭 ➔ 그림과 같이
두 개의 대각선 모서리점을 지정하여 [구름형
수정 기호] 작성 ➔ [모드] 패널 ➔ [✔] 클릭

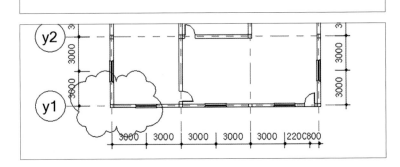

④ 작성된 결과 확인

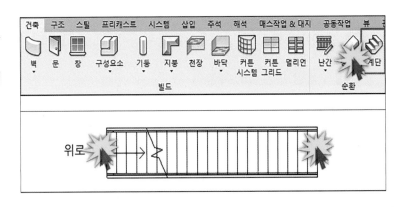

❷ 계단 디딤판 번호 기입

① 그림과 같이 [순환] 패널 ➔ [🪜] ➔
계단
[🔲 실행 🔲]을 활용하여 그림과 같이 직
선형(일자형) 계단 작성

② [주석] 탭 ➔ [태그] 패널 ➔ [디딤판
번호] 클릭

③ 마우스 포인터를 계단 폭의 중앙으로 이동
　→ [가상선] 선택

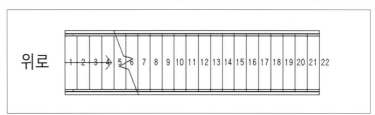

④ 작성된 디딤판 번호 확인(동일 방법으로 입
　면도, 단면도에서도 디딤판의 번호 기입이
　가능)

③ 영역의 채움과 마스킹

채움과 마스킹이란 지정한 영역에 색이나 패턴을 채워(채워진 영역)넣거나 특정 부분을 숨기는(마스킹 영역) 역할을
합니다. 채워진 영역과 마스킹 영역의 작성 순서는 동일합니다. 단, 마스킹 영역에는 별도의 패턴을 지정할 필요가 없습
니다. 입면도와 단면도의 절단된 지형면의 표현에 유리합니다.

① **예제** [4-3.rvt] 파일 열기
② [프로젝트 탐색기] → [입면도] → [남측면도]
　더블 클릭

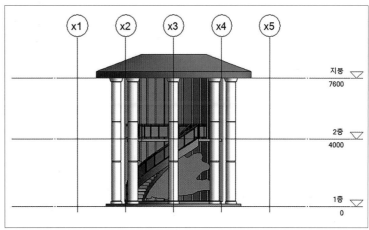

③ [주석] 탭 → [상세 정보] 패널 → [영역] → [채
　워진 영역] 클릭

④ [수정 | 채워진 영역 경계 작성] 탭 → [그리기]
패널 → [▭] 클릭 → 그림과 같이 바닥
아래 부분에 [사각 영역] 지정 → 상단의 [모
드] 패널 → [✔] 클릭하여 마무리

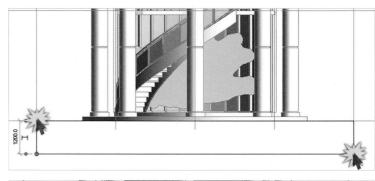

⑤ [↖︎수정] → 그림과 같이 작성된 [채워진 영역]
선택 → [특성] 창 → [유형 편집] 클릭

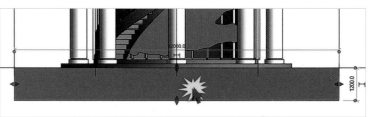

⑥ [유형 특성] 대화상자 → [복제] → [이름 : 솔
리드]로 변경 → [채우기 패턴] 매개변수 →
[값 : ...] 클릭

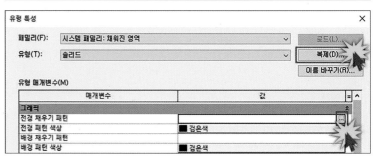

⑦ [채우기 패턴] → [솔리드 채우기]로 선택 →
[확인] 클릭 → 다시[확인] 클릭

⑧ [채우기 패턴] 결과 확인

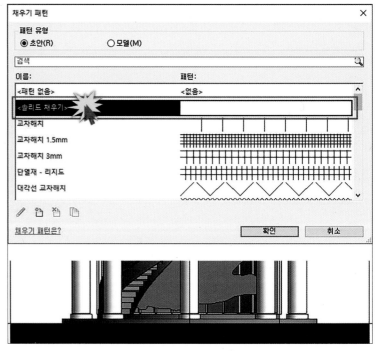

04. 다양한 뷰(View)와 범례의 작성

4.1 단면 뷰 작성

단면도 도구를 활용하여 모델의 절단(단면) 뷰를 작성할 수 있습니다.

1 기본 단면 뷰 작성

① **예제** [4-8.rvt] 파일 열기

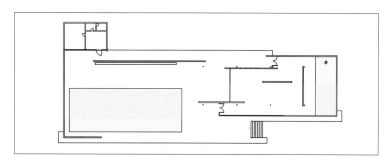

② [뷰] 탭 ➡ [작성] 패널 ➡ [🔾단면도] 클릭

③ 그림과 같이 시작점(좌측)과 끝점(우측)을 마우스 포인터로 지정하여 1층 평면도에 [단면선] 작성

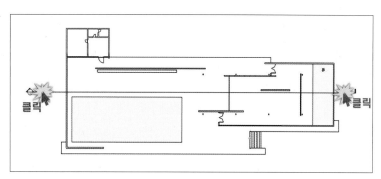

④ 뷰 범위 조절점을 클릭 후 끌기 하여 단면 뷰의 가시 거리 조정
(조절점 범위를 넘어선 객체는 단면도 상에 표현되지 않음, 단면선 헤드의 [⬍]를 클릭 하여 단면 방향 전환 가능)

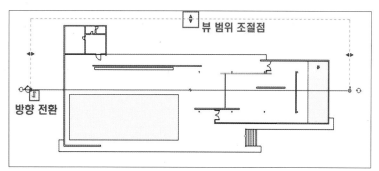

⑤ [프로젝트 탐색기] ➡ [단면도] ➡ [단면도 0]
더블 클릭하여 작성된 단면도 확인

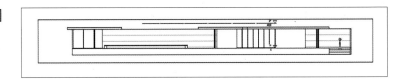

2 꺾인 단면 뷰 작성

① [프로젝트 탐색기] ➡ [평면] ➡ [1층 평면도]
더블 클릭 ➡ [수정] ➡ [단면선] 클릭 ➡ [단
면도] 패널 ➡ [세그먼트 분할] 클릭

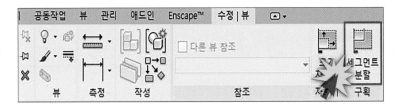

② [✏] 도구 ➡ 마우스 포인터를 이동하여 단
면선에서 꺾기 위치점 지정 ➡ 마우스 포인
터를 이동하여 꺾인 단면선의 위치점 지정

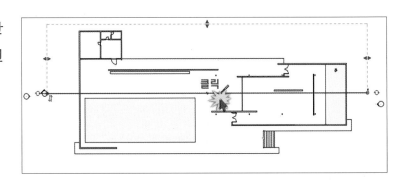

③ 변화된 단면선 확인 후 [수정] ➡ [단면선] 선
택 ➡ ─◆─ 점을 클릭 후 원래 위치로 끌
기 하여 단면선의 형상 복구

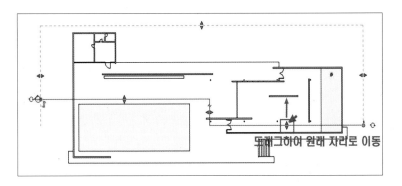

🖊 4.2 인출 뷰 작성

1 직사각형 인출 뷰 작성

작성된 도면에서 일부분만 별도의 뷰로 작성하고자 하는 방법입니다.

① 🗁예제 [4-9.rvt] 파일 열기

② [뷰] 탭 ➔ [작성] 패널 ➔ [콜아웃] ➔

[직사각형] 클릭

③ 그림과 같이 마우스 포인터 점을 지정하여
[인출뷰] 영역 작성

④ [프로젝트 탐색기] ➔ [평면] ➔ [2층 평면도 –
콜아웃1] 더블 클릭

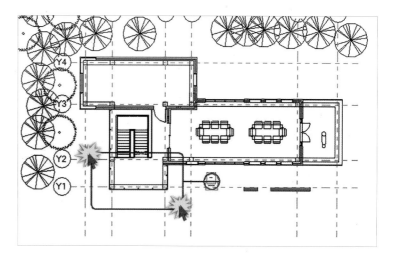

⑤ 인출된 뷰 확인

⑥ 화면 우측 하단의 [상세 수준] 유형을 변경하
여 [인출뷰]의 [상세 수준] 향상 가능

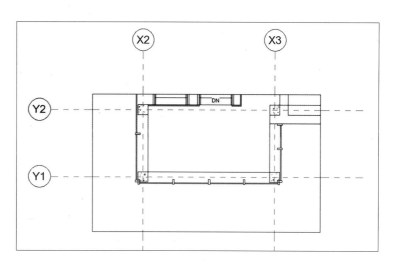

② 스케치를 활용한 다양한 인출 뷰 작성

① 예제 [4-8.rvt] 파일 열기 [스케치]

② [뷰] 탭 ➔ [작성] 패널 ➔ [콜아웃] ➔
[스케치] 클릭

③ [그리기 패널] ➔ [／] 클릭 ➔ 그림과 같이
[인출뷰] 영역 작성

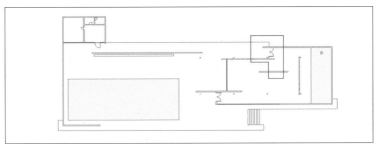

④ [프로젝트 탐색기] ➔ [평면] ➔ [1층 평면도 –
콜아웃1] 더블 클릭

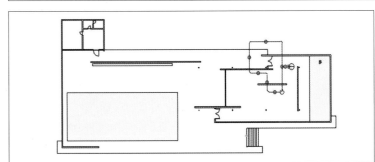

⑤ 인출된 뷰 확인

⑥ 화면 우측 하단의 [상세 수준]의 유형을 변경
하여 [인출뷰]의 [상세 수준] 향상 가능

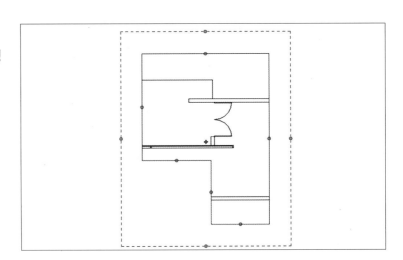

4.3 드래프팅 뷰 작성

1 부재별 상세 패밀리 삽입

Revit은 다양한 부재별 상세 패밀리를 포함하고 있습니다.

① [삽입] 탭 ➡ [라이브러리에서 로드] 패널의
[패밀리 로드] ➡ [상세항목] ➡ [창호] ➡ [창]
➡ [알루미늄 창] ➡ [알루미늄 미닫이 창-씰-
단면.rfa] 파일 선택 후 열기

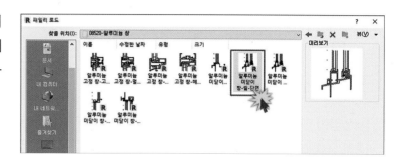

2 드래프팅 뷰 작성

① [뷰] 탭 ➡ [작성] 패널 ➡ 드래프팅 뷰 클릭➡ [이
름 : 창호]로 기입 후 [확인] 클릭

② [프로젝트 탐색기] ➡ [패밀리] ➡ [상세항목]
➡ [알루미늄 미닫이 창-씰-단면] ➡ [알루미
늄 미닫이 창-씰-단면]을 클릭 후 [작업창]으
로 끌기 하여 삽입

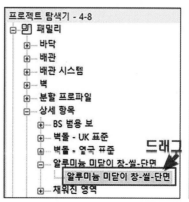
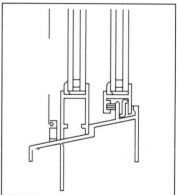

🖊 4.4 창호 범례 작성

1️⃣ 창호 평·입면 표현

① [뷰] 탭의 [작성] 패널 → [📱범례] → [📱 범례]
클릭

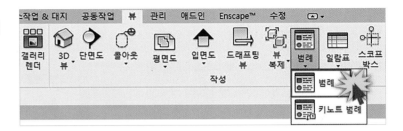

② [새 일람표] 대화상자 → [이름 : 창호범례] →
[축척 : (1 : 50)]으로 변경 후 [확인] 클릭

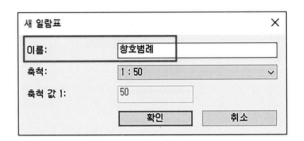

③ 그림과 같이 [프로젝트 탐색기] → [패밀리]
→ [창] → [미닫이 1500x1500mm]를 클릭 후
[작업창]으로 끌기 하여 삽입

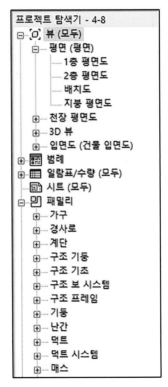

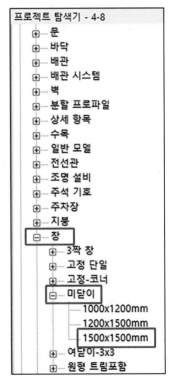

④ ③번과 동일한 방법 [미닫이 1500x1500mm]를 클릭 후 [작업창]으로 끌기 하여 삽입 ➔ 그림과 같이 두 개의 창호 배치

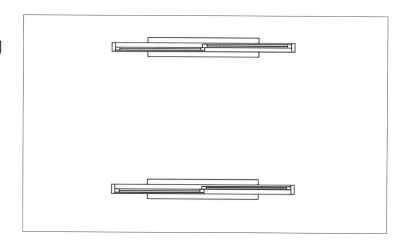

⑤ [수정] ➔ 상단 [창호] 선택

⑥ [옵션 바] ➔ 뷰: 입면도: 앞 으로 변경

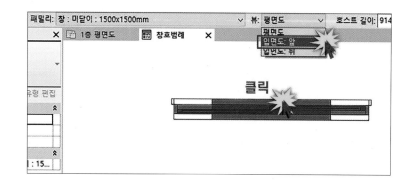

⑦ 상단 창호 변경 결과 확인

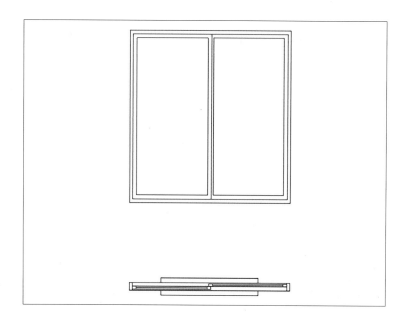

2 상세선을 이용한 범례표 작성

① [주석] 탭 ➔ [상세 정보] 패널 ➔

클릭

② [그리기] 패널 ➔ [ ] 클릭

③ 그림과 같이 두 개의 창호 주변으로 [상세선] 작성

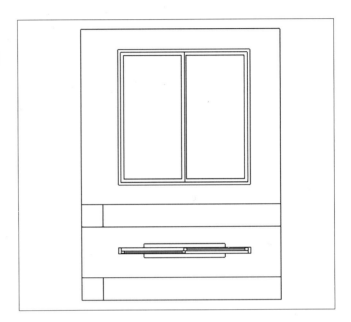

④ [주석] 탭 ➔ [문자] 패널 ➔ A 클릭 ➔ 그림과 같이 표 내부 공간에 문자의 시작점을 지정한 후 [1층 창호 TOP] 입력

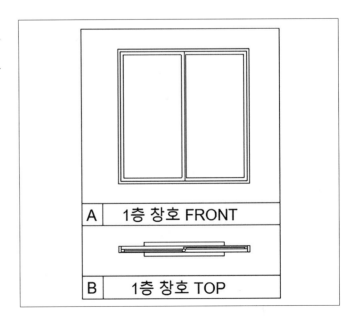

✏️ 4.5 유용하고 흥미로운 추가 활용 팁으로 고수되기

1️⃣ 단면 상자의 생성

① 🈁예제 [4-9.rvt] 파일 열기

② [프로젝트 탐색기] ➜ [3D 뷰] ➜ [3D] 더블 클릭

③ [특성] 창 ➜ [범위] ➜ [단면 상자] 체크

④ [단면 상재]의 뷰 조절점을 마우스로 클릭 후 끌기 하여 절단 범위 조정

2️⃣ 단면 상자의 숨김

① [수정] ➜ [단면 상재] 선택 후 우측 버튼 클릭

② [메뉴] ➜ [뷰에서 숨기기] ➜ [요소] 클릭

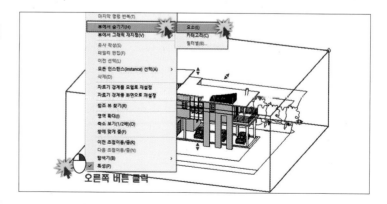

③ 숨김 결과 확인(단면 상자뿐만 아니라 동일
한 방법으로 작성된 요소를 선택하고 숨김
가능)

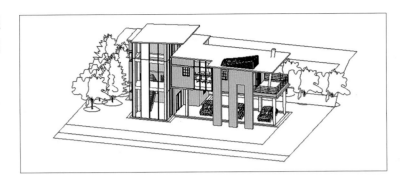

❸ 단면 상자의 숨김 해제

① [뷰 컨트롤 막대] ➔ [💡] 클릭

② 화면상에 숨겨진 전체 요소 확인 가능 ➔

[] ➔ [단면 상재] 클릭 ➔ 마우스 우측 버

튼 클릭 ➔ [뷰에서 숨김 해제] ➔ [요소] 클릭

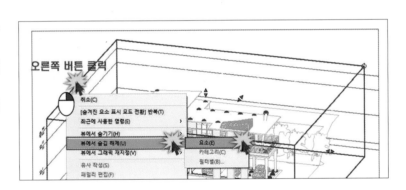

③ [뷰 컨트롤 막대] ➔ 다시 [💡] 클릭

Memo ┃ Autodesk **REVIT & NAVISWORKS**

🔧 05. 다양한 일람표의 작성

✏️ 5.1 부재의 일람표 작성

1️⃣ 문 일람표 작성

작성된 결과물에 포함된 각종 문, 창 등의 수량 등을 자동으로 일괄 파악하고 이를 일람표로 작성할 수 있습니다.

① 🔖예제 [4-6.rvt] 파일 열기

② [뷰] 탭 ➜ [작성] 패널 ➜ [🔳 일람표] ➜

[🔳 일람표/수량] 클릭

③ [새 일람표] 대화상자 ➜ [카테고리] ➜ [문]선택 후 [확인] 클릭

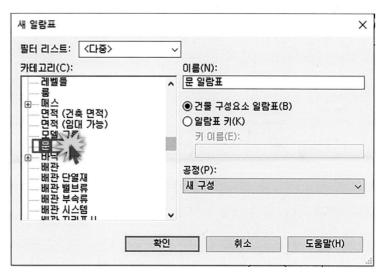

④ [필드 선택] 대화상자 ➜ [사용 가능한 필드] ➜ 일람표 작성에 필요한 항목을 선택하여 [추가] 클릭 ➜ [확인] 클릭

⑤ [일람표] 작성 결과 확인

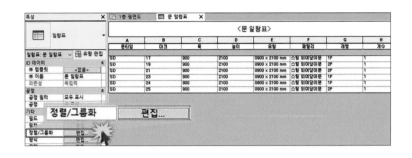

⑥ [특성] 창 ➡ [기타] ➡

정렬/그룹화 [편집...]에서 [편집]

클릭

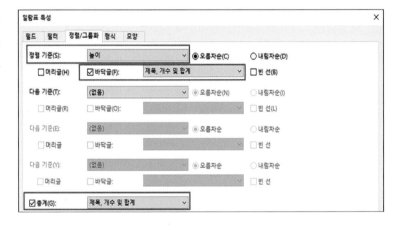

⑦ [일람표 특성] 대화상자 ➡ [정렬 기준 : 높이],

[바닥글 : 체크, 제목, 개수 및 합계] 클릭 후

[확인] 클릭(총계(G)를 체크하면 정렬 기준

에 따라 구분된 총계 작성 가능)

⑧ [높이]를 기준으로 변경된 [일람표] 확인

(다른 요소들도 동일한 방법으로 일람표 작

성 가능)

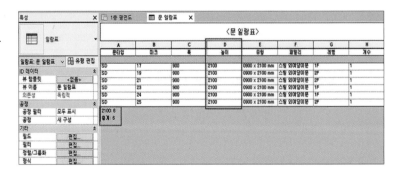

❷ 일람표 내보내기

일람표를 엑셀 등과 같은 프로그램에서 열기할 수 있습니다.

① **파일** 버튼 ➔ [내보내기] ➔ [보고서] ➔ [일
람표] 클릭

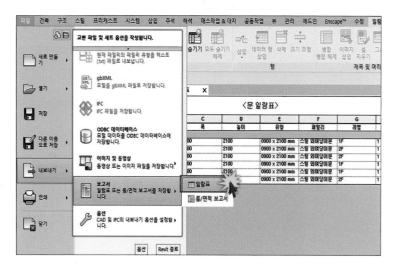

② [파일 형식 : *.txt] ➔ [파일 이름 : 창 일람표]
➔ [저장] 클릭

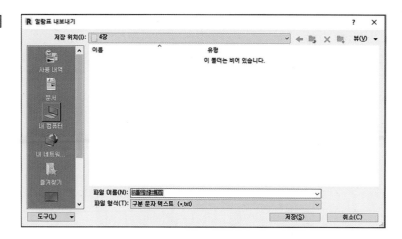

Memo ▌Autodesk **REVIT & NAVISWORKS**

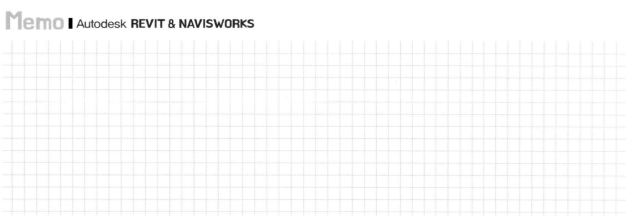

✏️ 5.2 구조 및 견적 일람표 작성

1 그래픽 기둥 일람표 작성

x열과 y열의 교차 지점에 작성된 기둥을 펼친 형태의 도면으로 표현하고 일관 관리할 수 있습니다.

① 📹예제 [4-10.rvt] 파일 열기

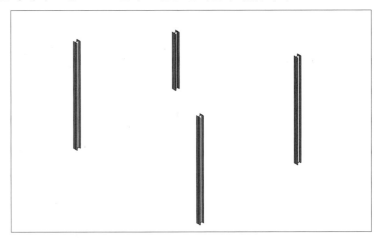

② [뷰] 탭 ➜ [작성] 패널 ➜ [일람표] ➜ [그래픽 기둥 일람표] 클릭

③ 그래픽 기둥 일람표 확인(x1-y1은 x1과 y1 축열이 교차되는 지점의 기둥을 의미)

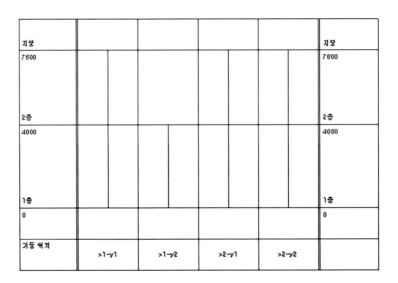

④ [비주얼 스타일 : 음영처리] ➔ [상세 수준 : 높음](화면에 기둥의 높이와 폭이 함께 표현됨)

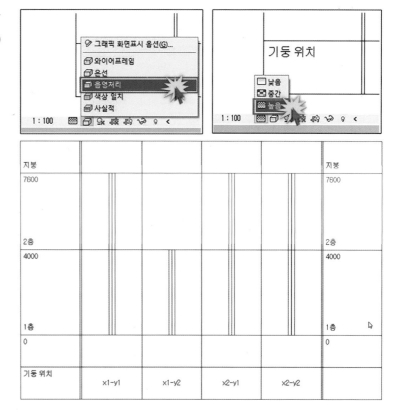

⑤ 가장 짧은 기둥 선택 ➔ [특성] 창 ➔ [상단 레벨] ➔ [지붕]으로 변경

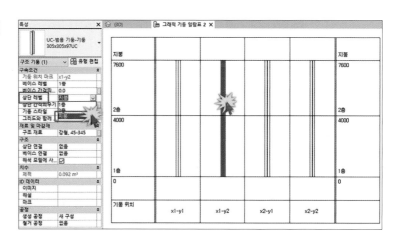

Memo | Autodesk **REVIT & NAVISWORKS**

2 재료 견적 일람표 작성

일람표의 동일한 방법으로, 콘크리트의 물량을 산출할 수 있습니다.

① 📄예제 [4-6.rvt] 파일 열기

② [뷰] 탭 ➜ [작성] 패널 ➜ [일람표]➜

[🚚 재료 수량 산출]

③ [새 재료 견적] 대화상자 ➜ [카테고리] ➜ [다중 카테고리]를 선택 후 [확인] 클릭

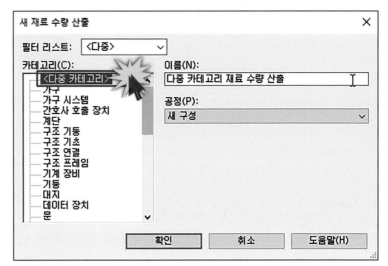

④ [사용 가능한 필드]에서 [재료 : **] 필드와 기타 필드를 그림에서의 [일람표 필드]와 동일하게 선택하여 추가 ➜ [확인] 클릭
(재료 [볼륨]은 재료 [체적]과 동일한 필드명이며, 2021 버전은 재료 [체적]으로 사용)

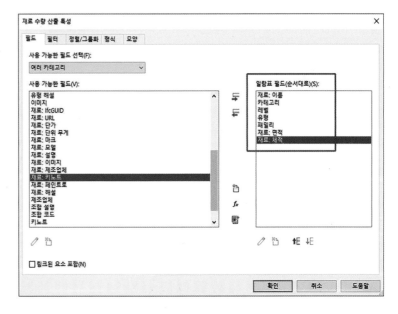

⑤ 작성된 [재료 견적] 일람표 확인
([모양] 패널 도구를 활용하여 글꼴과 문자
정렬 방식 등을 다양하게 변경할 수 있음)

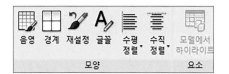

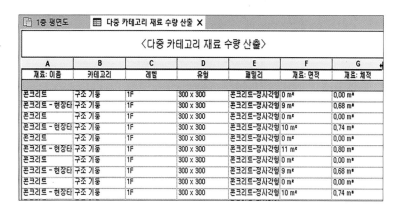

	A	B	C	D	E	F	G
	재료: 이름	카테고리	레벨	유형	패밀리	재료: 면적	재료: 체적
	콘크리트	구조 기둥	1F	300 x 300	콘크리트-정사각형	0 m²	0,00 m²
	콘크리트 - 현장타	구조 기둥	1F	300 x 300	콘크리트-정사각형	9 m²	0,68 m²
	콘크리트	구조 기둥	1F	300 x 300	콘크리트-정사각형	0 m²	0,00 m²
	콘크리트 - 현장타	구조 기둥	1F	300 x 300	콘크리트-정사각형	10 m²	0,74 m²
	콘크리트	구조 기둥	1F	300 x 300	콘크리트-정사각형	0 m²	0,00 m²
	콘크리트 - 현장타	구조 기둥	1F	300 x 300	콘크리트-정사각형	11 m²	0,80 m²
	콘크리트	구조 기둥	1F	300 x 300	콘크리트-정사각형	0 m²	0,00 m²
	콘크리트 - 현장타	구조 기둥	1F	300 x 300	콘크리트-정사각형	9 m²	0,68 m²
	콘크리트	구조 기둥	1F	300 x 300	콘크리트-정사각형	0 m²	0,00 m²
	콘크리트 - 현장타	구조 기둥	1F	300 x 300	콘크리트-정사각형	10 m²	0,74 m²

⑥ [정렬 기준]을 [높이]로, [바닥글]을 체크하고,
[제목, 개수 및 합계]를 선택하고 [확인] 클릭
([총계]를 체크하면 정렬 기준별 총계를 구
분지어 편리하게 산출할 수 있음)

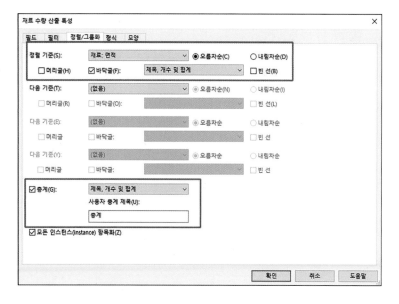

⑦ 물량 산출 결과 확인(일람표의 글꼴과 정렬
방식은 [모양] 패널 도구를 활용하여 조정
가능)

	A	B	C	D	E	F	G
	재료: 이름	카테고리	레벨	유형	패밀리	재료: 면적	재료: 체적
	콘크리트	구조 기둥	1F	300 x 300	콘크리트-정사각형	0 m²	0,00 m²
	콘크리트	구조 기둥	1F	300 x 300	콘크리트-정사각형	0 m²	0,00 m²
	콘크리트	구조 기둥	1F	300 x 300	콘크리트-정사각형	0 m²	0,00 m²
	콘크리트	구조 기둥	1F	300 x 300	콘크리트-정사각형	0 m²	0,00 m²
	콘크리트	구조 기둥	1F	300 x 300	콘크리트-정사각형	0 m²	0,00 m²
	콘크리트	구조 기둥	1F	300 x 300	콘크리트-정사각형	0 m²	0,00 m²
	콘크리트	구조 기둥	1F	300 x 300	콘크리트-정사각형	0 m²	0,00 m²
	콘크리트	구조 기둥	1F	300 x 300	콘크리트-정사각형	0 m²	0,00 m²
	콘크리트	구조 기둥	1F	300 x 300	콘크리트-정사각형	0 m²	0,00 m²
	콘크리트	구조 기둥	1F	300 x 300	콘크리트-정사각형	0 m²	0,00 m²
	콘크리트	구조 기둥	1F	300 x 300	콘크리트-정사각형	0 m²	0,00 m²
0 m²: 12							

🔽 06. 시트를 활용한 모델링 정보의 배치

✏️ 6.1 기본 도면 시트 활용

1️⃣ 기본 도면 시트 활용

Revit 프로그램을 설치하면 기본적인 [시트] 템플릿이 함께 설치되며, 이 시트 위에 적성된 모델에서 추출된 다양한 설계 정보(평면, 입면, 단면, 일람표 등)를 편리하게 배치하여 출력할 수 있습니다.

(1) 시트 열기

① 🖼️예제 [4-8.rvt] 파일 열기

② [뷰] 탭 ➡ [시트 구성] 패널 ➡ [🗂️] 클릭
　　시트

③ [새 시트] 대화상자 ➡ [A1 미터법] 선택 ➡ [확인] 클릭

④ 열기된 [기본 시트] 확인

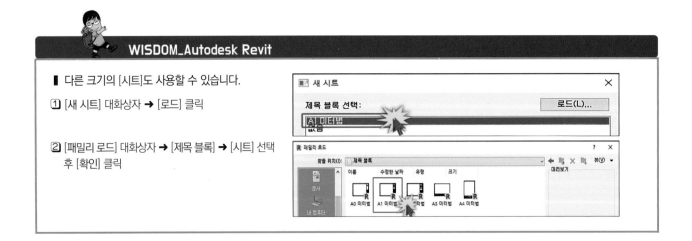

(2) 시트 세부 사항 수정

① [시트]의 [소유재]와 [프로젝트] 문자를 더블
클릭 ➜ 기존 문자 변경

② [특성] 창 ➜ [ID 데이터] 매개변수 수정

③ [관리] 탭 ➜ [설정] 패널 ➜ [프로젝트 정보]
클릭 ➜ 우측 그림과 같이 [매개변수] 값 수
정

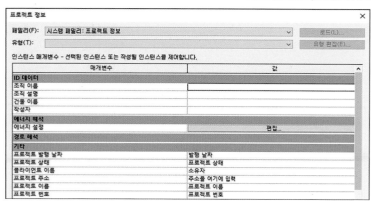

2 프로젝트 뷰의 배치

① 작성이 완료된 [프로젝트 탐색기]의 [1층 평면
도]를 선택 ➜ 마우스 포인터를 선택 후 시
트 내부로 끌기 하여 삽입(동일한 방법으로
[3D 뷰, 입면도, 단면도, 범례, 일람표] 등을 시
트에 삽입 가능)

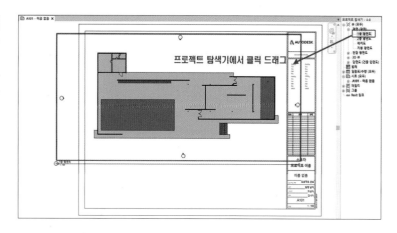

② [수정] ➡ 시트에 삽입된 [뷰] 선택 ➡ [특성]

창 ➡ [뷰 축척] 변경(뷰 마다 다른 축척 적
용 가능)

[뷰 축척]의 값 [1 : 100]을 [1 : 200]으로 변
경

③ 축척이 변경된 [뷰] 확인

④ [수정] ➡ 삽입된 [뷰] 클릭 ➡ [제목 표시줄]

그립점 클릭 후 끌기 하여 길이 조정(제목
표시줄만 클릭 후 끌기 할 경우 위치 이동
가능)

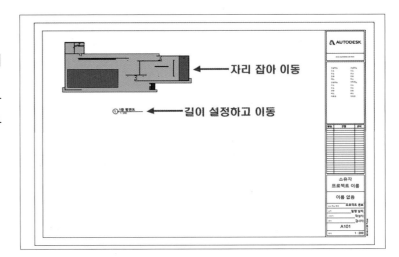

🖊 6.2 신규 도면 시트 작성

기본적으로 제공되는 시트 이외에 사용자가 원하는 크기의 시트로 새롭게 작성할 수 있습니다.

① [파일] 버튼 ➡ [새로 만들기] ➡ [제목 블록]
클릭

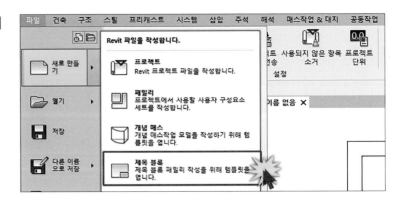

② [새 제목 블록] 대화상자 ➡ [새 크기 미터 법.rft] 선택 후 [열기] 클릭

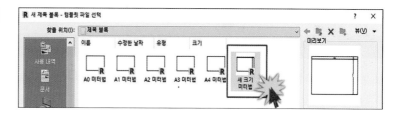

③ 수평 외곽선 선택 ➡ [수직 치수 값] 클릭하여 원하는 길이(예, 420)로 수정 ➡ 수직 외곽선 선택 ➡ [수평 치수 값] 선택하여 원하는 길이(예, 297)로 수정

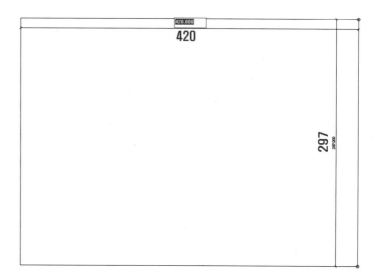

④ [파일] ➡ [다른 이름으로 저장] ➡ [패밀리] 클릭

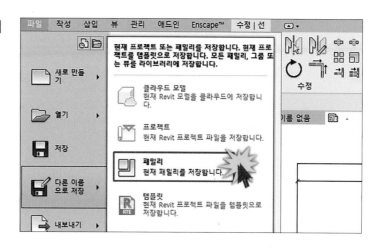

⑤ [제목 폴더] 안에 새로운 [시트] 저장

로컬 디스크 (C:) ▸ ProgramData ▸ Autodesk ▸ RVT 2021 ▸ Libraries ▸ Korea ▸ 제목 블록

WISDOM_Autodesk Revit

▍새롭게 만든 [패밀리]를 저장하고자 하는 데 [programdata] 폴더를 찾을 수 없어요?

① 시작 버튼 클릭 ➜ [컴퓨터 또는 내 PC] 클릭➜ [로컬
디스크 C] ➜ [보기] 탭 ➜ [옵션] 클릭

② [폴더 옵션] ➜ [보기] 탭 ➜ [숨김 파일, 폴더 및 드라이
브 표시] 체크 ➜ [확인] 클릭

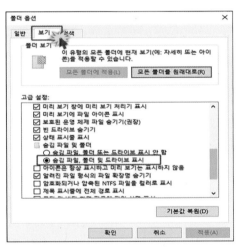

6.3 시트의 인쇄(출력)

정보 모델에 대한 다양한 뷰와 일람표 등이 배치된 시트는 실제 용지나 PDF 등으로 신속하게 인쇄(출력)할 수 있습니다.

① **예제** [4-11.rvt] 파일 열기

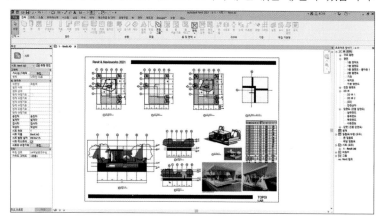

② **파일** → 🖨 **인쇄** → [인쇄] 클릭

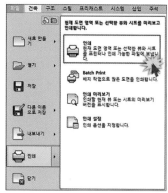

③ [인쇄] 대화상자 → [프린터] → [이름 : 인쇄 가능 프린터] 선택 → [인쇄 범위 : 현재 창]으로 체크

　　※ 프린터 이름을 [Hancom PDF]나 [Acrobat Reader PDF] 등으로 설정하면 전자문서로 출력 가능

④ [설정] 버튼 클릭

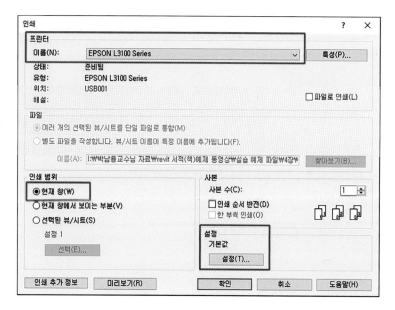

⑤ 그림과 같이 [크기(I) : A3] / [용지 배치 : 중
심(C)] / [줌(Z) : 35%] / [래스터 품질(Q) :
최고] / [색상(R) : 색상]으로 세부 옵션 설정
→ [확인] 클릭

※ [줌]을 35%로 설정한 이유는 현재 시트
가 A0 사이즈이며 인쇄 용지 크기가 A3
이기 때문임. [래스터 품질]에서 인쇄의
품질, [색상]에서 컬러 또는 흑백, 그레이
로 변경 가능함)

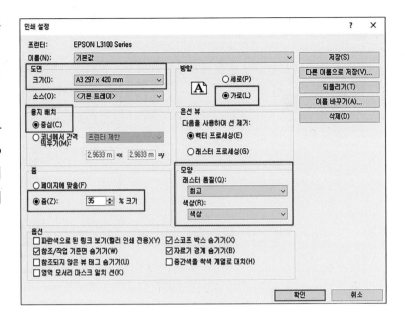

⑥ [인쇄] 대화상자 하단의 [미리보기] 클릭

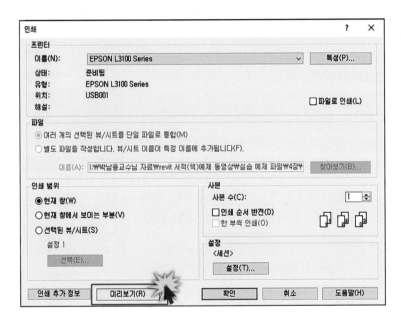

Memo ▍Autodesk **REVIT & NAVISWORKS**

⑦ [미리보기] 창 ➔ 좌측 상단의 [인쇄] 버튼을
클릭 ➔ [인쇄] 대화상자 ➔ [확인]을 클릭하
여 실제 용지에 인쇄 진행

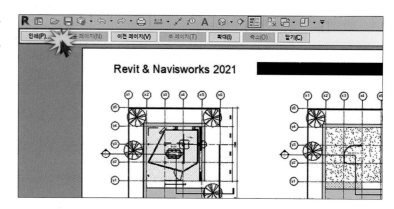

Memo | Autodesk **REVIT & NAVISWORKS**

작성 모델을 활용한 다양한 시각화와 검토하기

Autodesk **REVIT** & **NAVISWORKS**

05

작성 모델을 활용한 다양한 시각화와 검토하기

⬇ 01. 다양한 위치에서 바라보는 카메라 뷰 작성

Revit에서는 작성된 객체를 다양한 시야의 장면을 연출할 수 있는 카메라 기능을 제공합니다. 카메라는 1대가 아니라 여러 대를 설치할 수 있으며 이를 통해 여러 개의 장면 뷰를 작성할 수 있습니다.

① 📥**예제** [4-9.rvt] 파일 열기

② [프로젝트 탐색기] ➡ [평면] ➡ [1층 평면도]
   더블 클릭

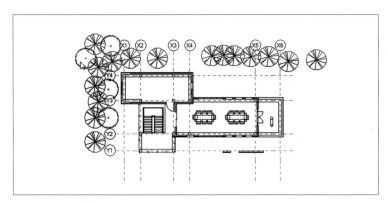

③ [뷰] 탭 ➡ [작성] 패널 ➡ [🏠 3D 뷰] ➡

   [📷 카메라] 클릭 (신속 접근 도구 막대의
   [카메라] 활용 가능)

④ 그림과 같이 카메라 본체의 [위치점] 지정
   ➔ 카메라 뷰 [목표점] 지정

⑤ [프로젝트 탐색기] ➔ [3D] ➔ [3D뷰 1] 확인
⑥ 4면의 나타난 [자르기 영역]의 조절점을 클릭 후 끌기 하여 가로·세로 뷰 범위 조정 가능
⑦ 화면 하단 뷰 컨트롤 막대

중 [🎞] 클릭하면 장면의 [자르기 영역]을 숨김 및 해제 가능

WISDOM_Autodesk Revit

▌ 평면도의 카메라가 사라졌어요?

① [프로젝트 탐색기] ➔ [3D 뷰] ➔ [3D 뷰1] 위에 마우스 포인터 위치(클릭 하지 않음)

② 마우스 우측 버튼 클릭
③ [우측 버튼 메뉴] ➔ [카메라 표시(S)] 클릭

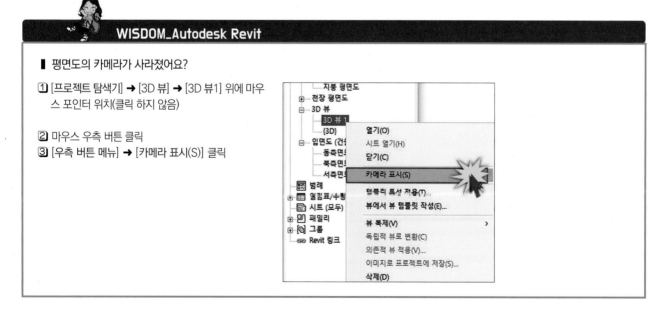

📥 02. 보행 시선의 애니메이션 작성

✏️ 2.1 보행 시선 경로 작성과 편집

1 보행 시선 경로 작성

① 🎬 예제 [5-1.rvt] 파일 열기

② [프로젝트 탐색기] ➡ [평면] ➡ [1층 평면도]
더블 클릭

③ [뷰] 탭 ➡ [작성] 패널 ➡ [🏠 3D 뷰] ➡

[👣 보행 시선] 클릭 선택

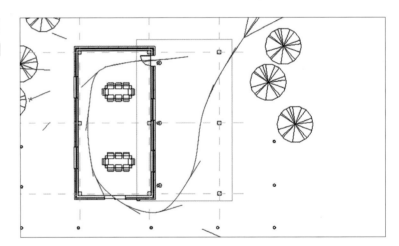

④ 그림과 유사한 지점을 마우스 포인터를 이
동하면서 순차적으로 지정 ➡ [보행 시선]

패널 ➡ [✔️ 보행 시선 완료] 클릭

⑤ [프로젝트 탐색기] ➡ [보행시선] ➡ [보행시선
1] 더블 클릭

⑥ [특성] 창 ➔ [범위] ➔ [먼 쪽 자르기 간격 띄우기 : 200000]으로 변경

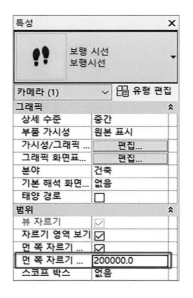

⑦ [프로젝트 탐색기] ➔ [평면] ➔ [1층 평면도] 더블 클릭

(보행시선 경로가 사라진 경우, [프로젝트 탐색기] ➔ [보행시선] ➔ [보행시선 1] 위에 마우스 포인터 위치시킴 ➔ 마우스 우측 버튼 클릭 ➔ [카메라 표시] 클릭)

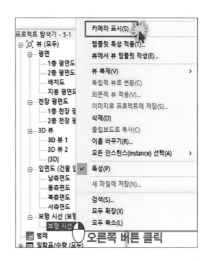

⑧ 사라진 [보행시선] 경로 재생성 확인

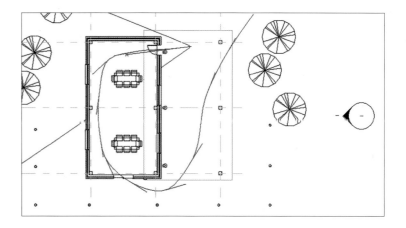

2 보행시선 경로 편집

① [수정/카메라] 탭 ➔ [보행시선] 패널 ➔

 [보행 시선 편집] 클릭

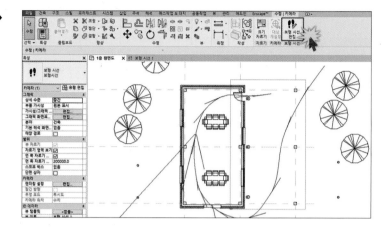

② [옵션 바] ➔ [컨트롤 : 키 프레임 추가]로 변경

③ 마우스 포인터 이동 ➔ 작성된 기존 경로에
   존재하는 [키 프레임] 사이에 새로운 [키프레
   임]을 추가

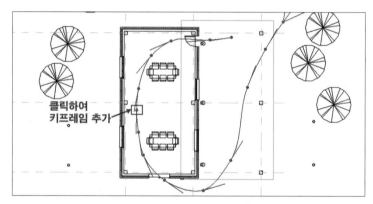

클릭하여
키프레임 추가

④ [옵션 바] ➔ [컨트롤 : 경로]로 변경

⑤ 청색 [키 프레임]을 클릭 후 끌기 하여 [경로]
   변경

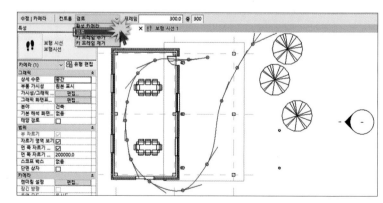

382

⑥ [보행시선 종료] ➔ [보행시선을 종료하시겠습니까?] ➔ [예] 클릭

⑦ [수정/카메라]탭 ➔ [보행시선]패널 ➔ [보행 시선 편집] 클릭

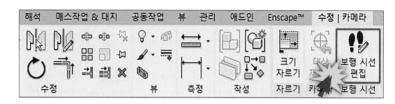

⑧ [옵션 바] ➔ [컨트롤 : 활성 카메라]로 변경 ➔ [보행자 편집]탭 ➔ [보행시선] 패널 ➔ [이전 프레임] 과 [다음 프레임] 클릭하여 [프레임 : 1] 로 설정

⑨ [대상점] 대상점을 클릭 후 끌기 ➔ 각각의 키 프레임에서 카메라 대상점의 방향 재지정

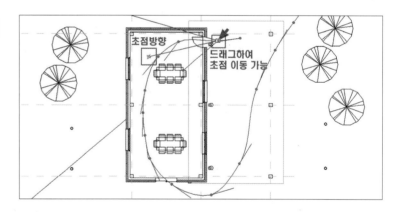

⑩ [보행자 편집]탭 ➔ [보행시선] 패널 ➔ [재생] 클릭하여 [보행 시선] 미리보기

✏️ 2.2 보행 시선 애니메이션 작성

① [**파일**] → [내보내기] → [이미지 및 동영상]
→ [보행시선] 클릭

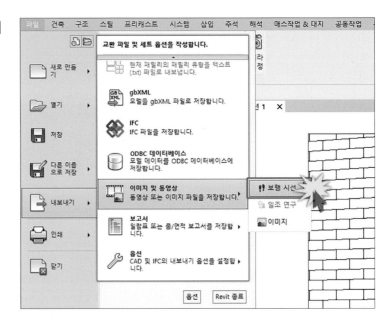

② [길이/형식] 대화상자 → [형식]의 [비주얼 스
타일 : 사실적(모서리 포함)] → [치수]는 영상
화면의 크기를 의미하며 가로·세로 값 변경
가능 → [시간 및 날짜 스탬프 포함] 체크 →
[확인] 클릭(초당 프레임 수의 값이 작을수
록 총시간은 길어짐)

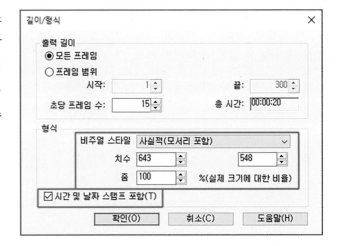

③ 파일 이름 및 저장 위치 지정 → [확인] 클릭

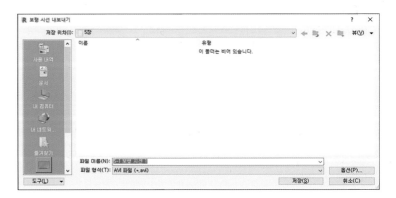

④ [비디오 프로그램] 유형 선택 후 [확인] 클릭
　(유형 선택을 하지 않아도 무방함)

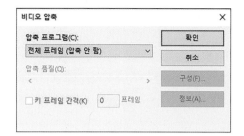

WISDOM_Autodesk Revit

▌ 보행시선 프레임을 조정하여, 좀 더 부드러운 시선 움직임을 생성할 수 있습니다.

① [특성] 창 ➜ 기타 : [보행시선 프레임]의 [값 : 300]
　클릭

② [보행시선 프레임] 대화상자 ➜ [속도 통일] 체크 해제

③ [가속기] 값을 수정 ➜ 구간별 속도 제어 가능
　(값이 높을수록 속도가 증가됨)

④ [초당 프레임 수(F)]의 값을 증가하면 부드러운 영상 제
　작 가능

Memo ▌ Autodesk **REVIT & NAVISWORKS**

⬇ 03. 일조와 음영 변화 검토

✏ 3.1 태양과 그림자 설정

① 🖼예제 [5-1.rvt] 파일 열기

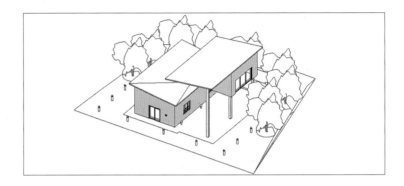

② [뷰 컨드롤 막대] ➜ [☀] ➜

[☀ 태양 경로 켜기] 클릭

③ [뷰 컨트롤 막대] ➜ [☀] ➜ [태양 설정] 클릭

④ [태양 설정] 대화상자 ➜ [일조 연구 : 계속]
[설정 : 위치와 날짜 수정] ➜ [확인] 클릭
(지면도 레벨(G)이란 그림자가 드리워지는
레벨을 의미)

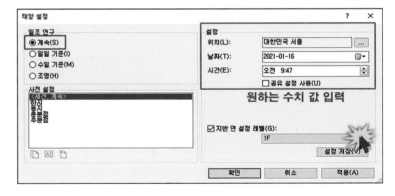

⑤ 뷰 컨트롤 막대의 [◑x] 클릭

⑥ 변경된 [뷰] 확인

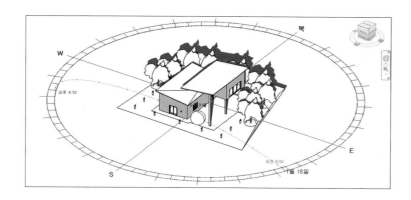

3.2 일조 분석 및 애니메이션의 작성

① [예제] [5-1.rvt] 파일 열기

② [뷰 컨드롤 막대] ➜ [☼] ➜

　[☼ 태양 경로 켜기] 클릭

③ [뷰 컨트롤 막대] ➜ [☼] ➜ [태양 설정] 클릭

④ [태양 설정] 대화상자 ➜ [일조 연구 : 일일 기준] ➜ [위치 : ...] 클릭

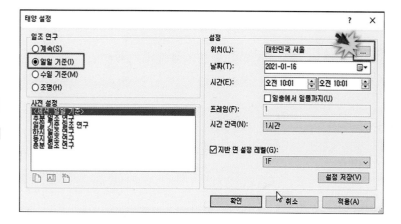

⑤ [프로젝트 주소(P) : 인천광역시] 입력 후 [검색] 클릭 ➜ [확인] 클릭

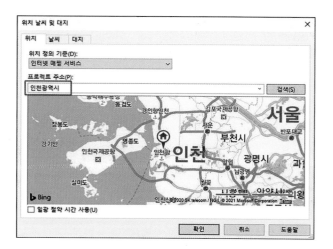

⑥ [시간 간격 : 30분]으로 변경 ➜ [확인] 클릭
　➜ 일출에서 일몰까지 체크
　(날짜와 오전 및 오후 시간 변경 가능)

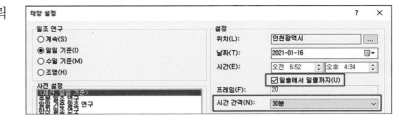

⑦ [뷰 컨트롤 막대] ➜ [☼] ➜ [일조 연구 미리
보기] 클릭

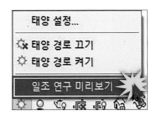

⑧ [옵션 바] ➜ [▶] 클릭하여 일조 시뮬레이
션 확인

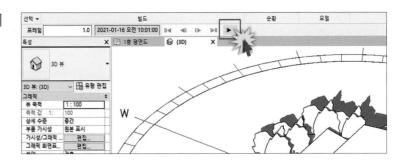

⑨ [파일] ➜ [내보내기] ➜ [이미지 및 동영상]
　➜ [일조 연구] 클릭

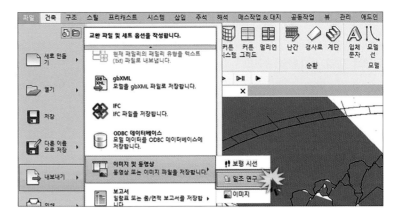

⑩ [길이/형식] 대화상자 ➡ [형식]의 [비주얼 스
타일 : 사실적(모서리 포함)] ➡ [치수]는 영상
화면의 크기를 의미하며 가로·세로 값 변경
가능 ➡ [시간 및 날짜 스탬프 포함] 체크 ➡
[확인] 클릭(초당 프레임 수의 값이 작을수
록 총시간은 길어짐)

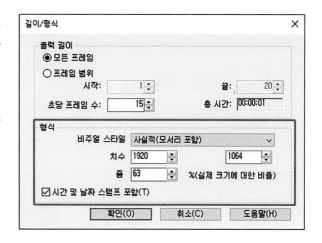

⑪ 파일 이름 및 저장 위치 지정 ➡ [확인] 클릭

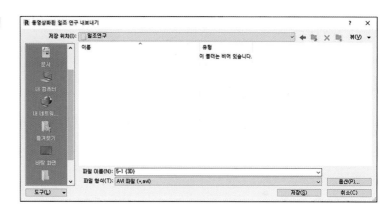

⑫ [비디오 프로그램] 유형 선택 후 [확인] 클릭
(유형 선택을 하지 않아도 무방함)

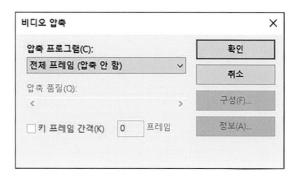

04. 작성된 모델의 렌더링

4.1 실외(외부) 렌더링의 이해

① **예제** [5-2.rvt] 파일 열기

② [뷰 컨트롤 막대] ➜ [🖼] 클릭

③ [품질] ➜ [설정 : 중간]으로 변경

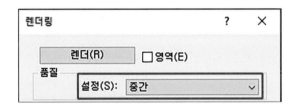

④ [출력 설정] ➜ [해상도 : 화면] 값은 현재 해
상도만큼 렌더링 출력 됨

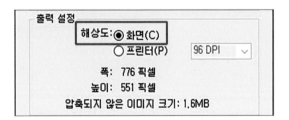

⑤ [출력 설정] ➜ [프린터] ➜ DPI(해상도) 조정

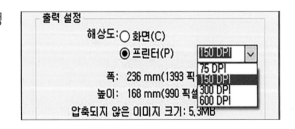

⑥ [조명] ➔ [구성표 : 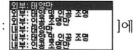]에

서 태양과 인공 조명의 설정에 대한 유형 선

택

⑦ [조명] ➔ [태양 설정 : ⋯] 클릭

⑧ [태양 설정] 대화상자를 활용하여 구체적인

태양 설정 값 조정

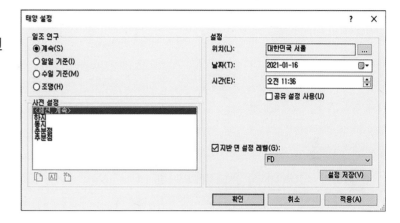

⑨ [배경] ➔ [스타일 : 구름 유형] 클릭

(유형 중 [이미지] 선택 시 별도의 [그림 파일]

을 선택하여 사용할 수 있음)

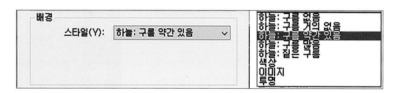

⑪ [이미지] ➔ [노출조정] ➔ [설정] 값 세부 조

정을 통해 [렌더링]된 결과물(이미지)에 대

한 노출값 조정

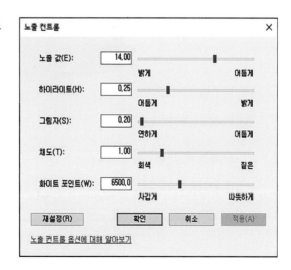

⑫ 설정된 값을 기준으로 렌더링하기 위하여 대화상자 상단의 [렌더] 버튼 클릭하여 렌더링을 수행 → [이미지] → [프로젝트에 저장]을 선택하면 [프로젝트 탐색기]에 [렌더 결과 장면] 저장 가능

⑬ [이미지] → [내보내기(X)]를 클릭하면 렌더링 결과 장면을 [*.png] 등의 이미지 파일로 저장 가능

4.2 실내(내부) 렌더링의 이해

① 📘예제 [5-1.rvt] 파일 열기

② [프로젝트 탐색기] → [3D 뷰] → [3D 뷰 1] 더블 클릭

③ [수정] → [바닥] 선택

④ [특성] 창 → [유형 편집] → [유형 특성] 대화상자 → [구성] 매개변수 → [구조] → [편집] 클릭(복제하여 다른이름 저장)

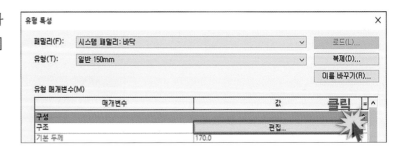

⑤ [조합 편집] 대화상자 ➜ [2번 마감재 2] ➜ [재료 : VCT-비닐 구성] 선택 ➜ [재료 탐색기 – VCT-비닐 구성 타일] 대화상자 ➜ [모양] 탭 ➜ [유형, 색상, 마감] 등의 재료 질감을 변경 [확인] 클릭

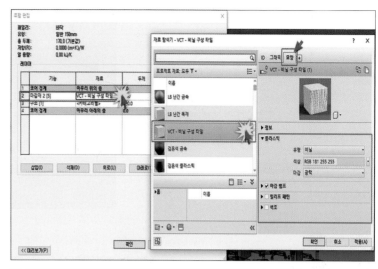

⑥ [수정] ➜ [천장] 선택

⑦ ④, ⑤번과 동일한 방법으로 [천장 타일 600×1200]을 선택 ➜ [재료 탐색기] ➜ [모양] 탭 ➜ [색상, 이미지, 강조 표시] 등의 재료 질감을 변경 가능

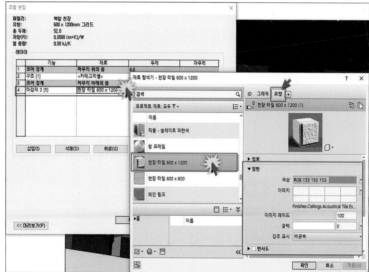

⑧ 뷰 컨트롤 막대 ➜ [ ] 클릭
⑨ [렌더링] 옵션을 그림과 같이 설정

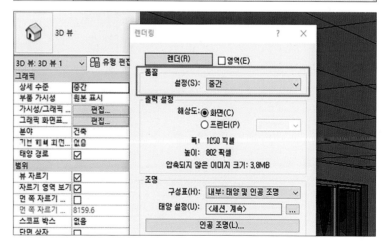

⑩ 최종 렌더링 결과물 확인

 WISDOM_Autodesk Revit

▌ [렌더] 버튼을 눌러 렌더링을 실행 후 [렌더] 대화상자에서 [화면 표시]의 [모델 표시] 클릭하면 렌더링 전의 모델을 확인할
수 있습니다.

① [화면표시] → [모델 표시] 클릭

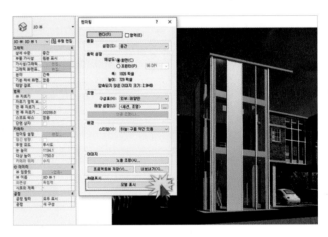

② 변경된 모델 뷰 확인

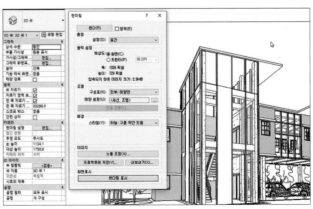

4.3 유용하고 흥미로운 추가 활용 팁으로 고수되기

1 실외 및 실내 조명의 세기(밝기) 조절

Revit에서는 앞에서 학습한 바와 같이 내부와 외부 조명 패밀리를 사용자가 자유롭게 설치할 수 있으며, 조명의 [세기] 변화를 주어 내.외부 공간의 분위기를 조절할 수 있습니다. 실내와 실외 조명은 동일한 방법으로 [세기]를 조절할 수 있습니다.

① [예제] [5-3.rvt] 파일 열기

② [프로젝트 탐색기] ➜ [3D 뷰] ➜ [3D 뷰 1] 더블 클릭

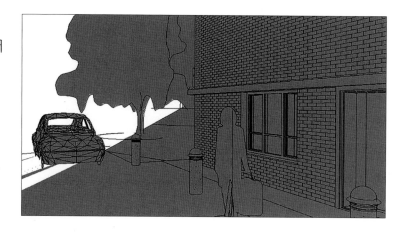

③ [수정] ➜ 천장에 설치된 조명 하나를 선택 ➜ [유형 편집] 대화상자 ➜ [유형매개변수 : 측광] ➜ [초기 강도] ➜ [값] 클릭 ➜ [와트수 : 5]로 변경 ➜ [확인] 클릭 ➜ 다시 [확인] 클릭

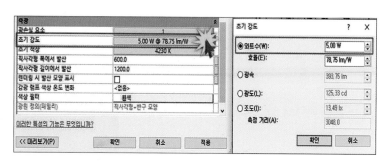

④ [뷰 컨트롤 막대] ➜ [☀] ➜ [태양 설정] ➜ [일조 연구 : 계속]으로 변경 ➜ [시간 : 오후 10 : 00]로 변경 ➜ [확인] 클릭

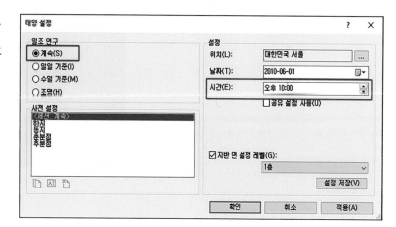

⑤ [프로젝트 탐색기] ➜ [3D 뷰] ➜ [3D 뷰1] 더
블 클릭 ➜ 키보드에서 [RR] 입력 ➜ [렌더
링] 대화상자 ➜ [품질 : 중간], [구성표 : (내
부 : 인공 조명)]으로 변경 ➜ [렌더] 버튼 클
릭

⑥ [렌더링] 대화상자 ➜ [이미지] ➜ [노출 조정]
➜ [노출 값 : 5]로 변경

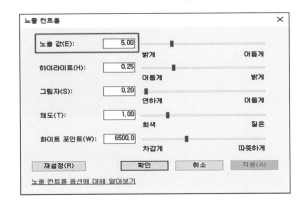

⑦ 변경된 렌더링 이미지 확인

2 고급 렌더링 설정의 이해

Revit은 기본으로 설정된 값을 이용하여 편리하게 렌더링 할 수 있습니다. 그러나 품질의 변화를 주기 위하여 사용자가 원하는 값으로 변경이 가능합니다.

① 키보드에서 [RR]을 입력 ➔ [설정 : 편집] 클릭

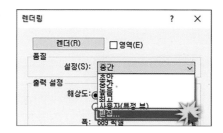

② [렌더 품질 설정] 대화상자 ➔ [편집] ➔ [사용자(특정뷰) : 사용자로 복사] 클릭(고급 설정을 기준으로 값의 변화를 줄 수 있는 상태로 세부 항목 활성화)

※ 수준별, 시간별은 변화의 시작과 끝이 있는 반면 무제한은 계속 무제한으로 렌더가 되어 시간적인 낭비가 발생할 수 있으니 인지하고 작업해야 함

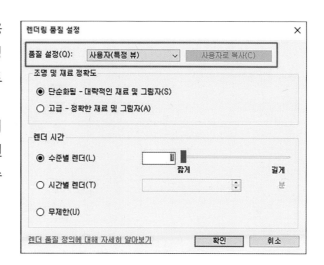

3 나만의 렌더링 배경 설정

Revit은 기본적으로 구름과 하늘의 관계가 미리 설정된 값을 사용할 수 있습니다. 그러나 사용자 임의로 배경 사진을 렌더링 장면에 삽입하여 색다른 렌더링 장면을 작성할 수 있습니다.

① 키보드에서 [RR] 입력 ➔ [렌더링] 대화상자 ➔ [배경] ➔ [스타일 : 이미지] 클릭

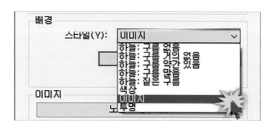

② [이미지 사용자화] 버튼 클릭 ➜ [배경 이미지]
대화상자 상단에서 [이미지] 버튼 클릭 ➜
[밤하늘.jpg] 파일을 찾아 선택 ➜ [열기] 클
릭

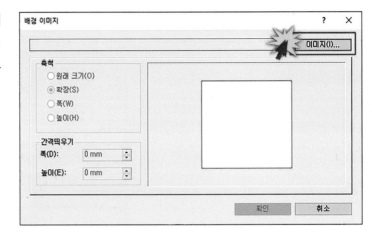

③ [밤하늘.jpg] 파일을 찾아 선택 ➜ [열기] 클
릭

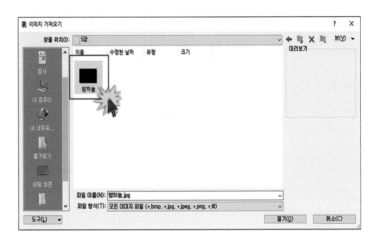

④ [확장] 선택 후 [확인] 클릭

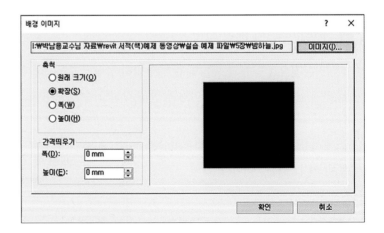

⑤ 그림과 같이 렌더링 결과물에서 [별들이 빛
    나는 밤하늘]의 이미지가 삽입되어 함께 렌
    더링 됨.

4 클라우드(Cloud) 렌더링 활용

Revit의 기본 렌더링 기능은 품질에 비해 렌더링 속도가 늦은 것이 아쉬움이었습니다. 이에 대한 대안으로서
Autodesk 사에서 제작된 대부분의 그래픽 프로그램에서는 [Autodesk Cloud] 렌더링 기능을 지원합니다.
클라우드 렌더링을 통해 다양한 렌더링 결과물을 작성할 수 있습니다.

① 🎬예제 [5-4.rvt] 파일 열기
② [프로젝트 탐색기] ➡ [3D 뷰] ➡ [3D 뷰 1] 더
    블 클릭

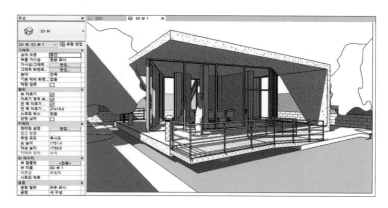

③ [뷰] 탭 ➡ [그래픽] 패널 ➡ [Cloud에서 렌더
    링] 클릭

④ 미리 가입된 [Autodesk ID 또는 이메일 주소]
와 [비밀번호] 입력 ➜ [로그인] 클릭

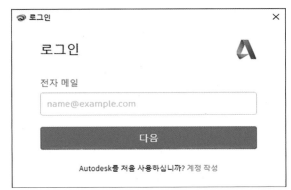

⑤ [Cloud에서 렌더링] 대화상자 ➜ 그림과 같
이 설정 ➜ 대화상자 하단의 [렌더] 버튼 클
릭

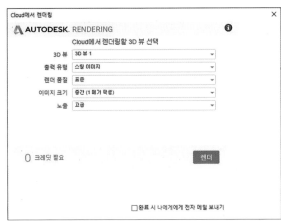

⑥ 화면 우측 상단 [정보센터]에 [렌더링 진행률
보기...] 메시지 클릭

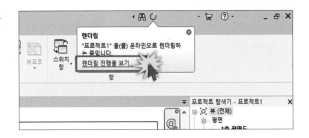

⑦ Rendering in AUTODESK 웹 페이지가
열기됨
(렌더링 중이거나 완료된 미리보기 이미지
를 확인 가능. 처음 사용하는 경우 [Rendering
in AUTODESK] 사이트가 열리기 전, 다시
한 번 [로그인]을 해야 하는 경우가 있으며,
다시 한 번 ID와 비밀번호를 입력한 후 로
그인하면 됨)

⑧ [렌더링 결과 이미지] 상단 우측의 항목클릭 →
   파노라마, 스테레오파노라마, 일조연구,
   조도, 턴테이블을 클릭하여 렌더링 이미지
   를 저장

⑨ [다운로드]를 클릭하면, 보다 다양한 형식으
   로 저장가능

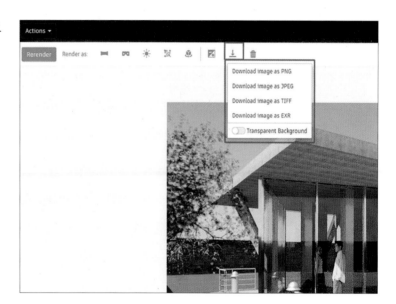

· [일조 연구] : 종일 음영 및 일사 효과를 파악할 수 있도록 진행 중인 설계의 일조 연구 수행

· [파노라마] : 사용자와 사용자의 고객이 장면을 대화식으로 탐색할 수 있도록 장년의 파노라마 작성

· [조도] : 자연 조명 및 인공 조명 효과를 더 잘 파악할 수 있도록 장면의 조도 시뮬레이션 수행

· [회전 테이블] : 프레젠테이션용 모형의 회전반 애니메이션작성. 렌더링 된 장면에 배경 화면 적용이 가능

⊙ 05. 다른 응용 프로그램과 연계

✏ 5.1 스케치업 Warehouse의 활용

① 스케치업 실행

② [보기, View] 탭 → [도구모음 (Toolbars)] → [이미지 갤러리, 3D Warehouse] 체크 → [닫기] 클릭

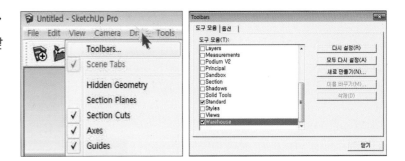

③ [이미지 갤러리, 3D Warehouse 툴바] → [🖼] 클릭

④ 웹 페이지 상단 찾기
ㅤ[_____ Search 🔍]에 [desk] 입력 → [Search 🔍] 클릭

⑤ 탐색된 책상 모델 중 [Office Desk] 클릭

⑥ [Download] 클릭 ➡ 스케치업 화면의 빨
강, 파랑, 녹색 축이 교차된 점에 다운로드
된 객체 기준점을 지정하여 배치 ➡ [파일
(P)] ➡ [저장]

⑦ Revit 실행 ➡ [삽입] 탭 ➡ [가져오기] 패널
➡ [CAD 가져오기] 클릭

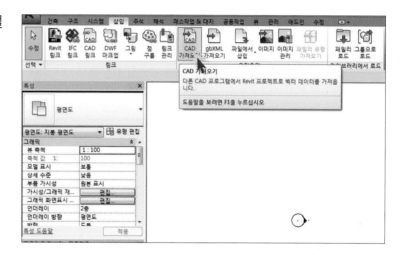

⑧ [파일 형식 : *.SKP] 변경 후 다운로드 모델
선택 ➡ [열기] 클릭(열기 버튼을 클릭하기
전 [위치 : 수동]으로 설정하면 삽입된 스케
치업 모델을 자유롭게 이동할 수 있음)

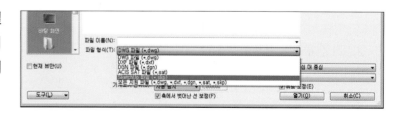

⑨ 삽입된 [스케치업 모델] 확인

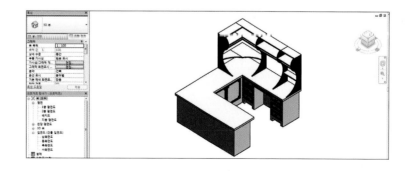

403

5.2 SketchUp에서의 Revit 모델 재질 적용

1 IFC 포맷으로 변환

Revit의 작업 파일을 IFC(Industry Foundation Classes) 포맷으로 변환하여 다양한 프로그램과 연동할 수 있습니다.

① 예제 [5-5.rvt] 파일 열기
② [파일] ➔ [내보내기] ➔ [IFC] 클릭

③ [IFC 내보내기] 창 ➔ [찾아보기] ➔ [저장 위치]와 [파일 이름] 지정 ➔ [저장] 클릭
④ SketchUp의 [파일] ➔ [가져오기, Import] ➔ 파일 형식을 [IFC 파일]로 변경 ➔ [5-5.ifc] 선택 후 [가져오기, Import] 클릭

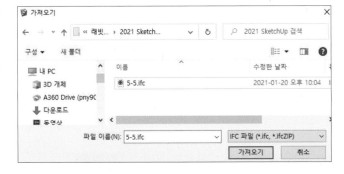

⑤ 삽입된 객체는 구성요소(컴포넌트)화 되어 있어 더블 클릭을 반복하여 [기단] 부분을 선택

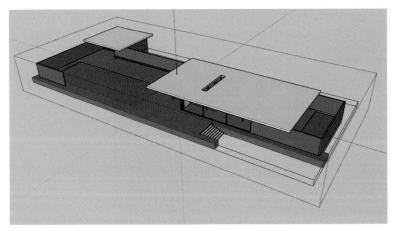

⑥ SketchUp 좌측 툴바 ➜ [페인트 통] 클릭
(단축키 : B)

⑦ 재질 트레이에서 [석재] 선택 ➜ 두 번째 [대
리석 카레라] 클릭

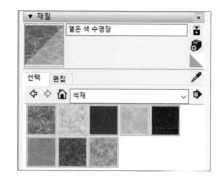

⑧ 선택된 [기단]에 마우스 좌측 버튼을 클릭하
여 재질 적용

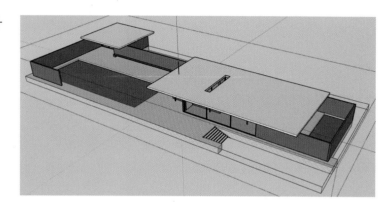

⑨ Space Bar 를 클릭하여 [선택 도구,　▶]로 전

환 ➜ 주위 빈 여백을 반복 클릭하여 수정
상태를 해제

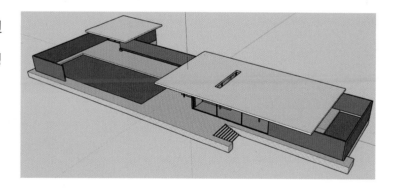

⑩ 더블 클릭을 반복하여 [수공간] 부분을 선택

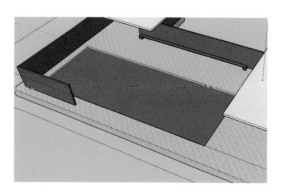

405

⑪ SketchUp 좌측 툴바 ➡ [페인트 통] 클릭
  (단축키 : B)

⑫ 재질 트레이에서 [물] 선택 ➡ 마지막 [옅은
  색 수영장] 클릭

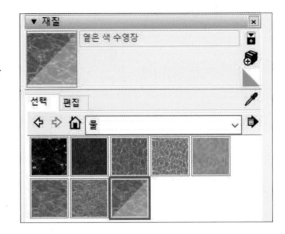

⑬ 선택된 [수공간]에 마우스 좌측 버튼을 클릭
  하여 재질 적용
  (재질 적용이 되지 않을 시 선택된 수공간
  객체를 키보드의 Delete 버튼을 클릭하여 중첩
  된 객체 삭제 후 재질 적용)

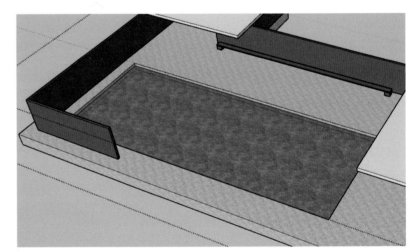

⑭ Space Bar 를 클릭하여 [선택 도구, ▶]로
  전환 ➡ 주위 빈 여백을 반복 클릭하여 수
  정 상태를 해제

⑮ 재질이 적용된 모델 확인

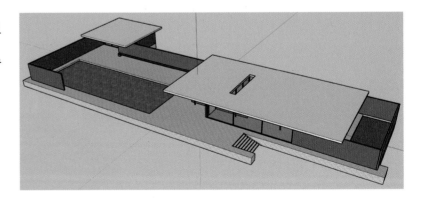

5.3 3DS MAX에서의 재질 적용 및 렌더링

⬛ FBX 포맷으로 변환

FBX 파일은 3D 형상 데이터뿐만 아니라 재질, 카메라 등을 포함하여 다른 3D 프로그램에서 사용할 수 있는 대표적인 그래픽 호환 파일 포맷입니다.

① 🔳예제 [4-3.rvt] 파일 열기
② [응용 프로그램 메뉴] ➡ [내보내기] ➡ [FBX]
　 클릭

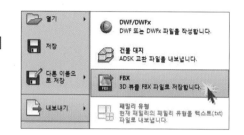

③ [파일 저장 위치]와 [파일 이름] 지정 ➡ [저장]
　 클릭

⬛ 재질 적용과 렌더링

① 3DS MAX 실행(가능한 한 Revit과 3DS
　 MAX의 버전이 동일해야 함)

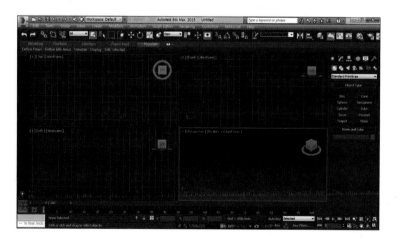

② [응용 프로그램 메뉴] ➡ [Import(불러오기)]
　➡ [Import(불러오기)] ➡ Revit에서 내보내
　기 한 [***.fbx] 파일 선택 ➡ [열기] 클릭

③ [FBX Import] 대화상자 ➡ [Presets] ➡
　[Current Preset] ➡ [Autodesk
　Architectural (Revit)] 선택 ➡ [확인(OK)]
　선택

④ 상단 도구 막대에서 [Select by Name]
　클릭

⑤ [금속 클래드 기둥 610mm 지름] 기둥을 모두
　선택 ➡ [OK] 버튼 클릭

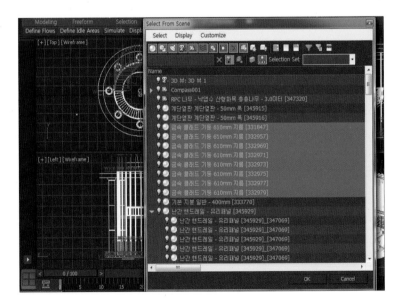

⑥ 키보드에서 [M] 입력 ➔ [재질 편집] 대화상
자 ➔ [슬롯] 하나 선택 ➔ [Diffuse] 항목의
[색상] 클릭 ➔ 그림과 같이 색상 변경 ➔
[Assign Material to Selection 🎱] 클릭
(나머지 요소들도 ④⑤⑥번과 동일한 방법
으로 재질 적용)

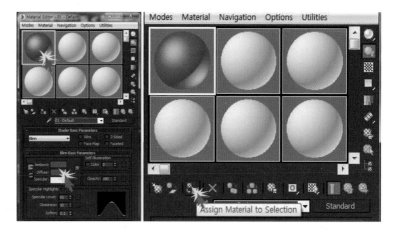

⑦ [Perspective view] 창을 클릭 ➔ 키보드에
서 [F10] 입력하여 [Rendering Setup] 대
화상자 열기
⑧ 하단의 [Render] 버튼 클릭

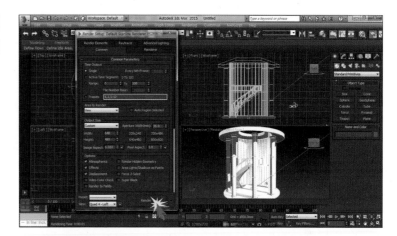

⑨ 렌더링 이미지 확인

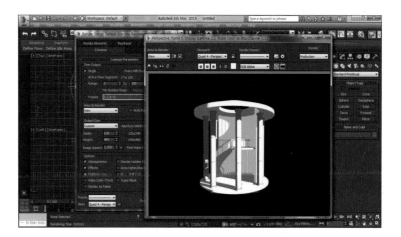

5.4 Lumion 및 Enscape, Twinmotion에서의 재질 적용 및 랜더링

1 Lumion에서의 렌더링

(1) FBX 포맷으로 변환

📘예제 파일을 루미온으로 삽입하기 위해서는 .fbx 파일 포맷으로 내보내기해야 합니다.

(2) 재질의 적용과 렌더링

① **📘예제** [5-6.rvt] 파일 열기

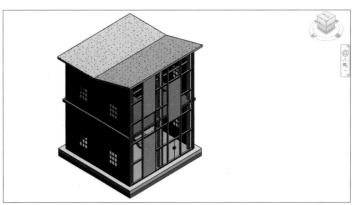

② [파일] ➔ [내보내기] ➔ [FBX] 클릭

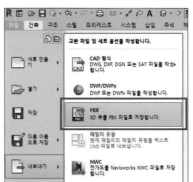

③ [파일 이름]을 그림과 같이 5-6으로 지정 ➔
　 [저장] 클릭

④ [루미온] 실행 ➜ [새로 생성] 클릭

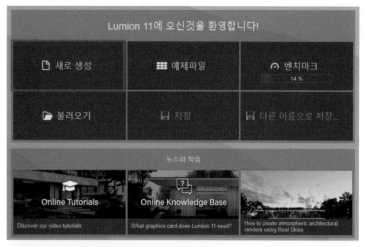

⑤ [새 프로젝트 생성] ➜ [Create plain
environment] 클릭

⑥ [IMPORT] ➜ [5-6.fbx] 선택 후 열기 ➜
[✔] 클릭

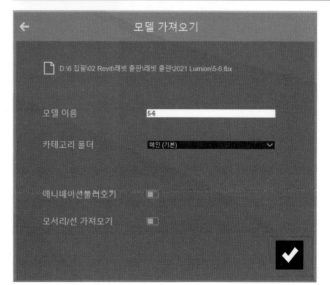

⑦ 건물 위치 지정 후 마우스 좌측 버튼 클릭
　 → [ESC] 클릭

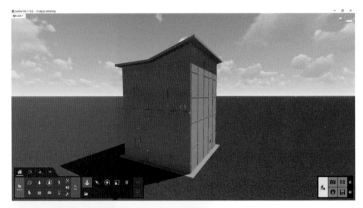

⑧ [재질] 클릭

⑨ 재질을 적용하고자 하는 벽을 마우스 좌측
　 버튼으로 클릭

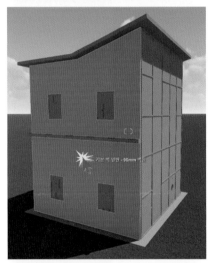

⑩ [재질 라이브러리] → [실외] → [벽돌] →
　 [Bricks 003 1024] 클릭

⑪ [재질 속성] ➜ [채색], [윤기], [반사율], [릴리
프], [텍스처 크기] 조정

⑫ [자세히 보기] 클릭 ➜ [나뭇잎] 클릭 ➜ 마
우스 좌측 버튼을 눌러 끌기 하여 [확산] 정
도 조정

 ➜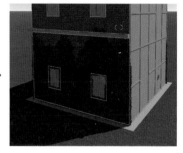

⑬ Revit 모델의 [유리] 클릭

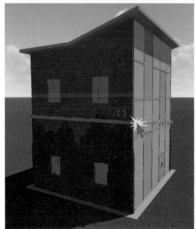

⑭ [재질 라이브러리] ➜ [실외] ➜ [유리] ➜
[Glass Panels 002] 클릭

⑮ [재질 속성]에서 다양한 유리 속성 조정

⑯ 우측 화면 하단 → [변경 사항 저장,　　　　] 클릭

⑰ 우측 화면 하단 → [이미지] 클릭

⑱ [카메라 저장,　　　] 클릭 → [렌더,　　　] 클릭

⑲ [이메일 1280×720] 클릭 → [파일 이름 및 파일 형식] 지정 후 [저장] 클릭 (포스터 모드 방향으로 해상도가 증가됨)

⑳ 렌더링 완료 ➡ [OK] 클릭 ➡ 렌더링 이미지 확인

 ➡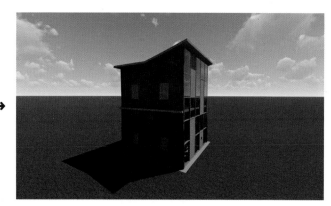

② Lumion과의 실시간 연동 및 렌더링

① Revit 화면 우측 상단의 [　　　　　　　　　] 클릭 후 [Lumion LiveSync] 앱 ➡ [다운로드] ➡ 다운로드 파일

실행하여 설치

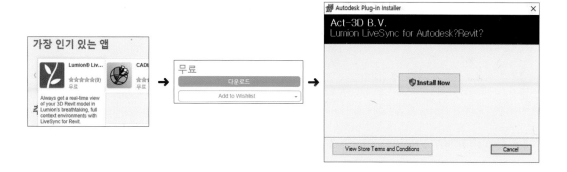

② Revit 메뉴 중 [Lumion 탭, 　　　　　　]

클릭 ➡ [Start LiveSync, ▶] 클릭

③ LiveSync 실행 (버전에 따라 연동이 안될 수 있음  . Revit의 재질을 그대로 표현 가능함)

❸ Enscape와의 실시간 연동 및 렌더링

① Revit 상단 메뉴 ➡ [Enscape, 드인 Enscape™ CAI] 탭 클릭

② Enscape 패널 중 Control 패널 ➡ [Start, Start Control] 클릭

Memo ❙ Autodesk **REVIT & NAVISWORKS**

③ Revit에서 설정한 Camera 뷰를 Enscape의 [Active Document] 패널에서 선택하면 해당 뷰가 즉시 연동됨.

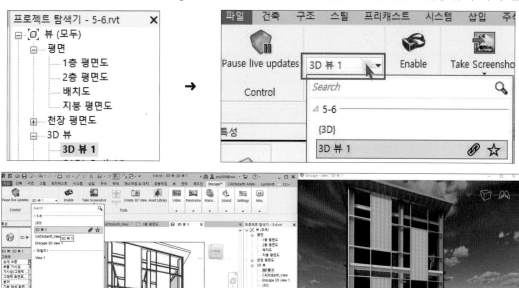

④ Revit 모델에서 정면의 목재 패널 선택(키보드의 Tab 버튼을 순차적으로 클릭하여 패널 선택) → [특성] → [유형 편집]

→ [재료] → [찾아보기, ...] 클릭

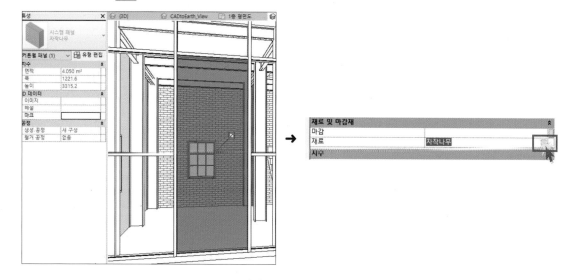

③ [재료 탐색기] ➡ [구리, 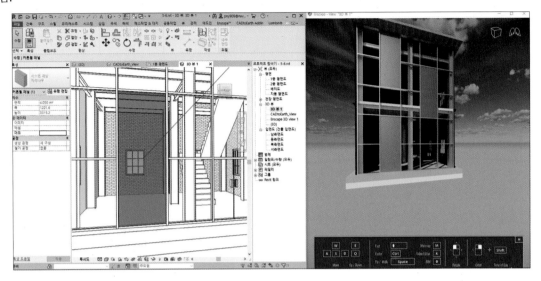 구리] ➡ [확인] ➡ [유형 특성] ➡ [적용] ➡ [확인] 클릭하면 다음과 같이 재질이 연동하여

변환됨.

④ Revit 상단 메뉴 ➡ [Enscape] 탭 ➡ [Tools] 패널 ➡ [Take Screenshot]을 클릭하여 렌더링 실행

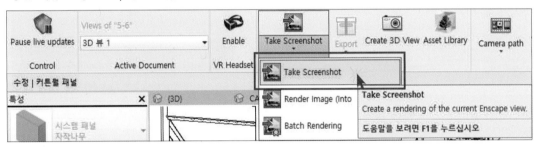

⑤ [Save screenshot] 창 ➡ [파일 이름 및 파일
   형식] 지정 ➡ [저장] 클릭

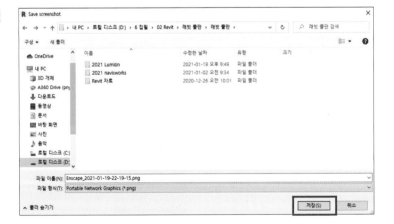

⑥ 렌더링 이미지 확인

4 Twinmotion에서의 렌더링

① 📭예제 [5-6.rvt] 파일 열기

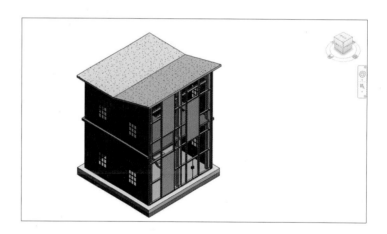

② [파일] ➔ [내보내기] ➔ [FBX] 클릭

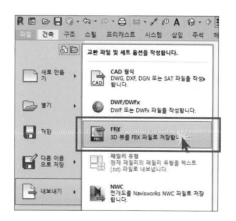

③ [파일 이름]과 [파일 형식]을 그림과 같이 지
정 ➜ [저장] 클릭

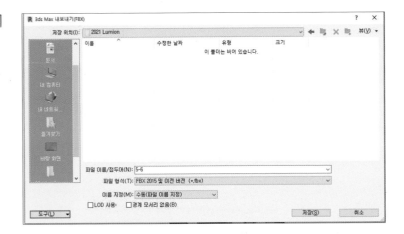

④ [Twinmotion] 실행 → [Import,] ➜

　Your file의 [Open]에서 [5-6.rvt] 파일을
찾아 등록 ➜ [OK] 클릭

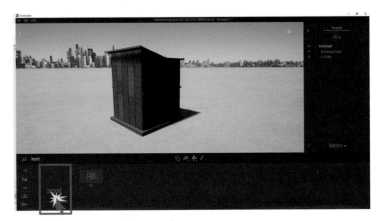

⑤ 화면 우측의 [펼침, ◁] 클릭 ➜ [5-6.fbx]
의 세부 구성 요소를 펼침

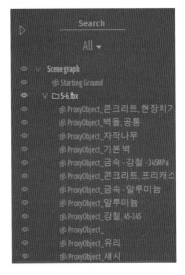

⑥ [ProxyObject_벽돌, 공통] 선택 후 화면 우측 [펼침, ] ➔ [Materials] ➔ [Brick] ➔ [Clean brick 02] 클릭

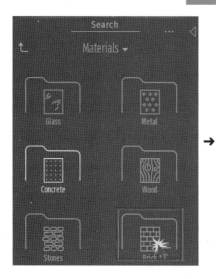

⑦ [Clean brick 02]을 마우스 좌측 버튼을 누른 채 선택된 벽면 부위 위에 끌어 놓기

⑧ [Materials] 창 ➔ [뒤로가기,] ➔ [Glass,] ➔ [Clear glass] 클릭

⑨ [Clear glass]을 마우스 좌측 버튼을 누른 채 유리면 부위 위에 끌어 놓기

⑩ 화면 하단의 [Media] 클릭

⑪ [Image, ] ➡ [Create image] 클릭하여 현 장면을 저장

⑫ [Export, ] ➡ [Image] ➡ [Image1] 등록된 장면 선택 ➡ [Start export] 클릭

⑬ 렌더링 이미지 저장 폴더를 지정 ➡ [폴더 선택] 클릭

⑭ 지정된 폴더에 저장된 렌더링 이미지 확인

5.5 AutoCAD에서 활용 가능한 도면 추출

❶ DWG 포맷으로 변환

Revit은 캐드에서 활용 가능한 3D 형상 데이터를 공유할 수 있는 DWG 파일 포맷으로 변환 가능합니다.

① **▣예제** [4-3.rvt] 파일 열기

② [프로젝트 탐색기] ➡ [평면도] ➡ [1층 평면도]
  더블 클릭

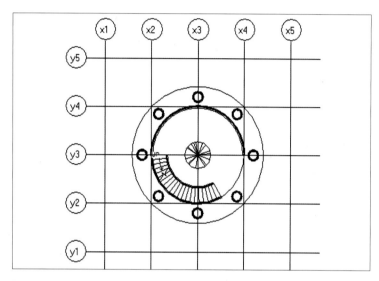

③ [응용 프로그램 메뉴] ➡ [내보내기] ➡ [CAD
  형식] ➡ [DWG] 클릭

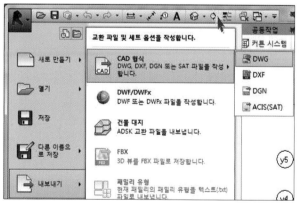

Memo | Autodesk **REVIT & NAVISWORKS**

④ [DWG 내보내기] 대화상자 ➡ [다음(x)]
클릭

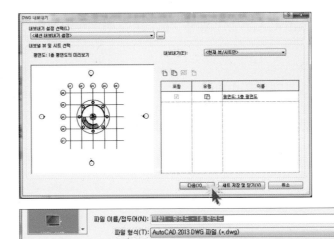

⑤ [저장 위치와 저장 파일명]을 설정 후 [확인]
클릭

② DWG 포맷 파일 열기

① Autocad 실행 ➡ [응용 프로그램 버튼] ➡
[열기] ➡ [도면] 클릭

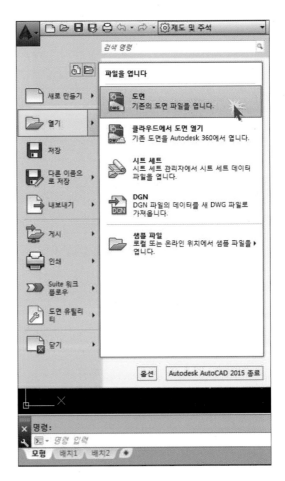

② 그림과 같이 Revit에서 저장한 파일 선택
　　→ [열기] 클릭

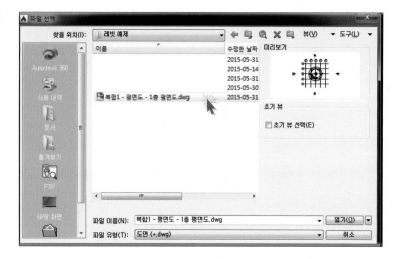

③ Autocad에 삽입된 Revit 모델과 [레이어]
　　확인

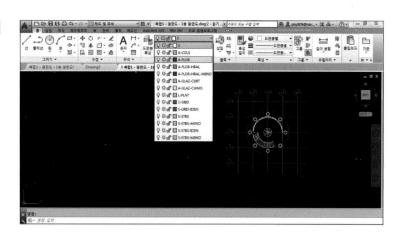

Memo **|** Autodesk **REVIT & NAVISWORKS**

AUTODESK® REVIT®

AUTODESK® NAVISWORKS

PART 06

실습 예제

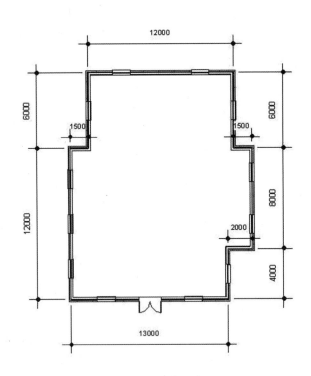

1층 평면도
① ─────────
1 : 300

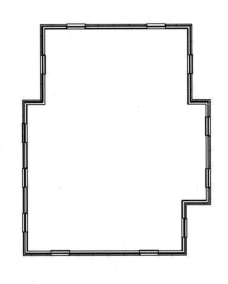

2층 평면도
② ─────────
1 : 300

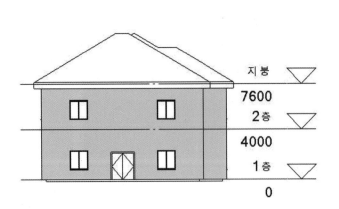

남측면도
③ ─────────
1 : 300

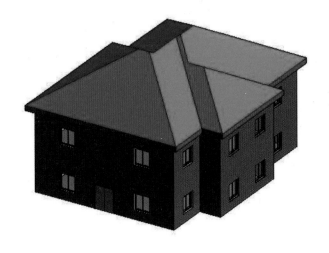

{3D}
④ ─────────

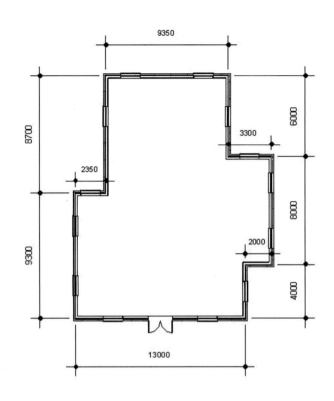

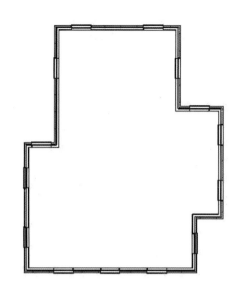

$\underbrace{1}$ **1층 평면도**
1 : 300

$\underbrace{2}$ **2층 평면도**
1 : 300

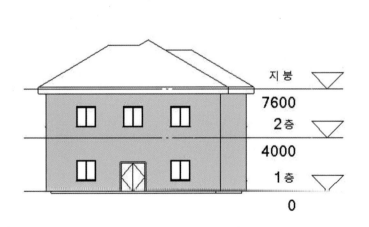

지붕 ▽
7600
2층 ▽
4000
1층 ▽
0

$\underbrace{3}$ **남측면도**
1 : 300

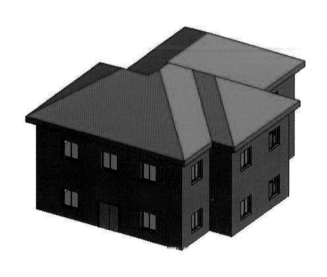

$\underbrace{4}$ **{3D}**

❖본 예제들은 참고용으로 제시되지 않는 치수 및 벽체 유형 등의 부재별 정보 값은 학습자 임의로 변경해도 무방합니다. **429**

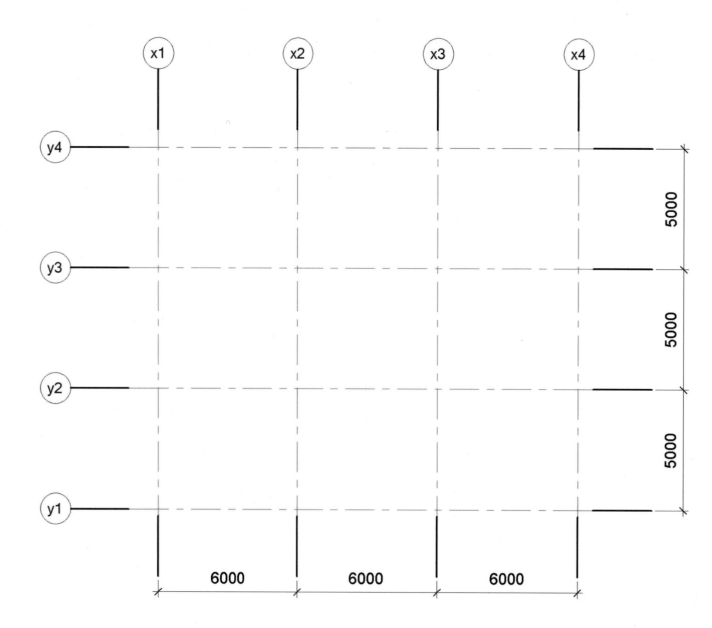

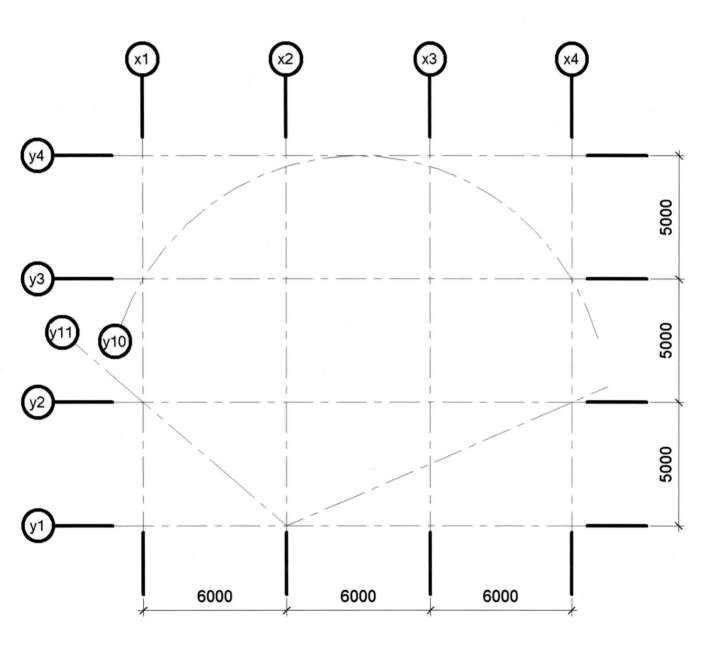

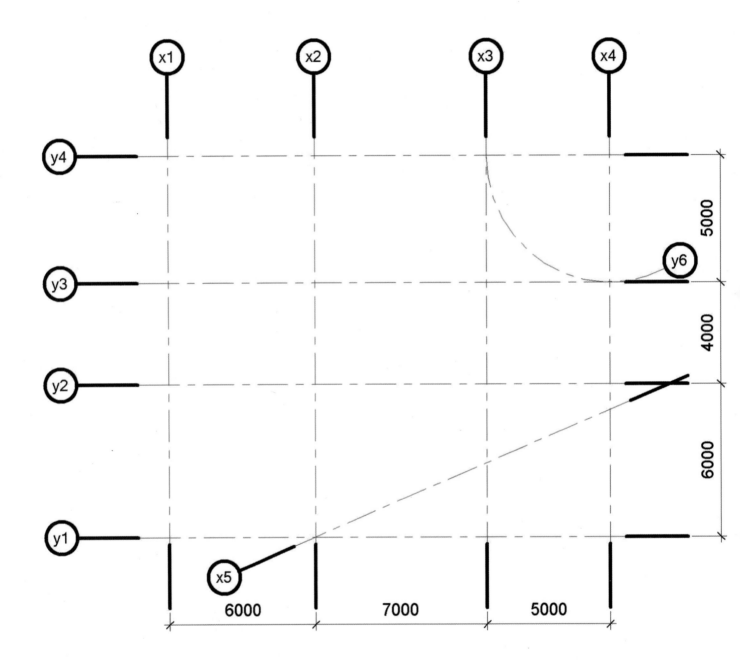

지 붕 ▽
12000

3층 ▽
8000

2층 ▽
4000

1층 ▽
0

❖본 예제들은 참고용으로 제시되지 않는 치수 및 벽체 유형 등의 부재별 정보 값은 학습자 임의로 변경해도 무방합니다. **433**

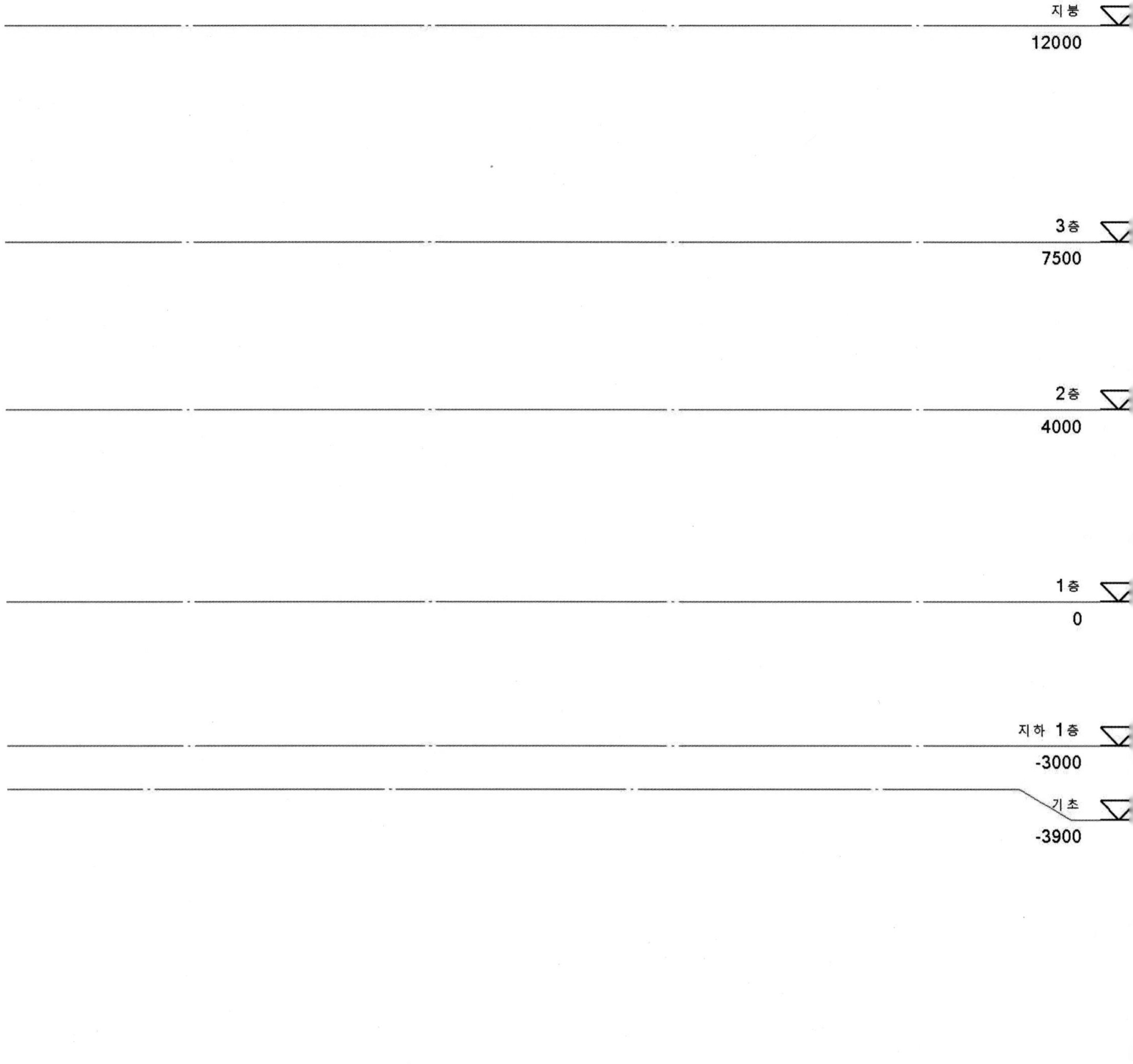

지붕 ▽
12000

3층 ▽
7500

2층 ▽
4000

1층 ▽
0

지하 1층 ▽
-3000

기초 ▽
-3900

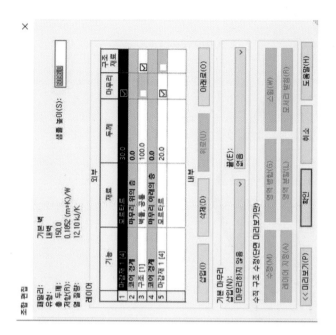

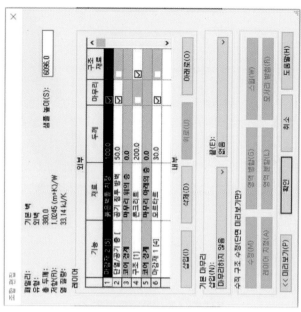

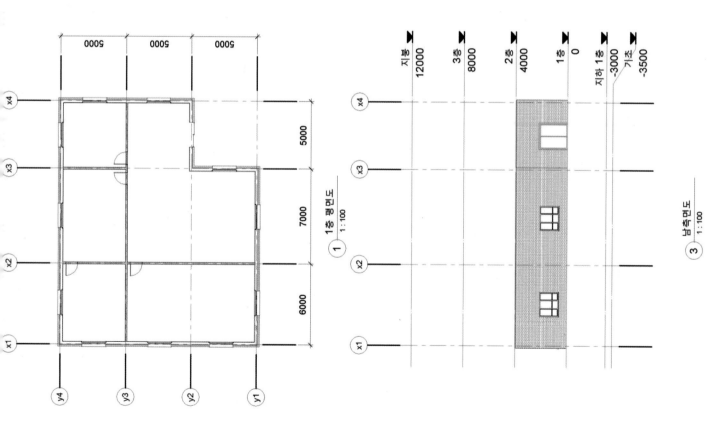

❖본 예제들은 참고용으로 제시되지 않는 치수 및 벽체 유형 등의 부재별 정보 값은 학습자 임의로 변경해도 무방합니다.   **435**

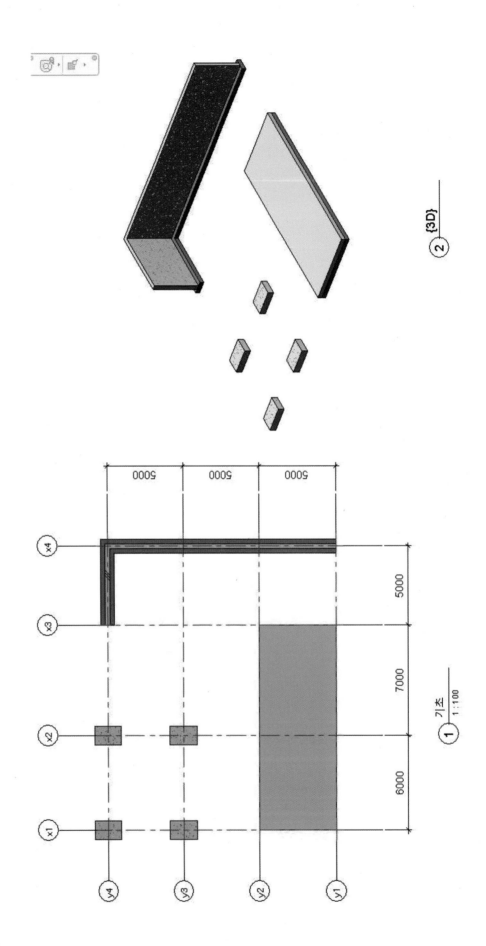

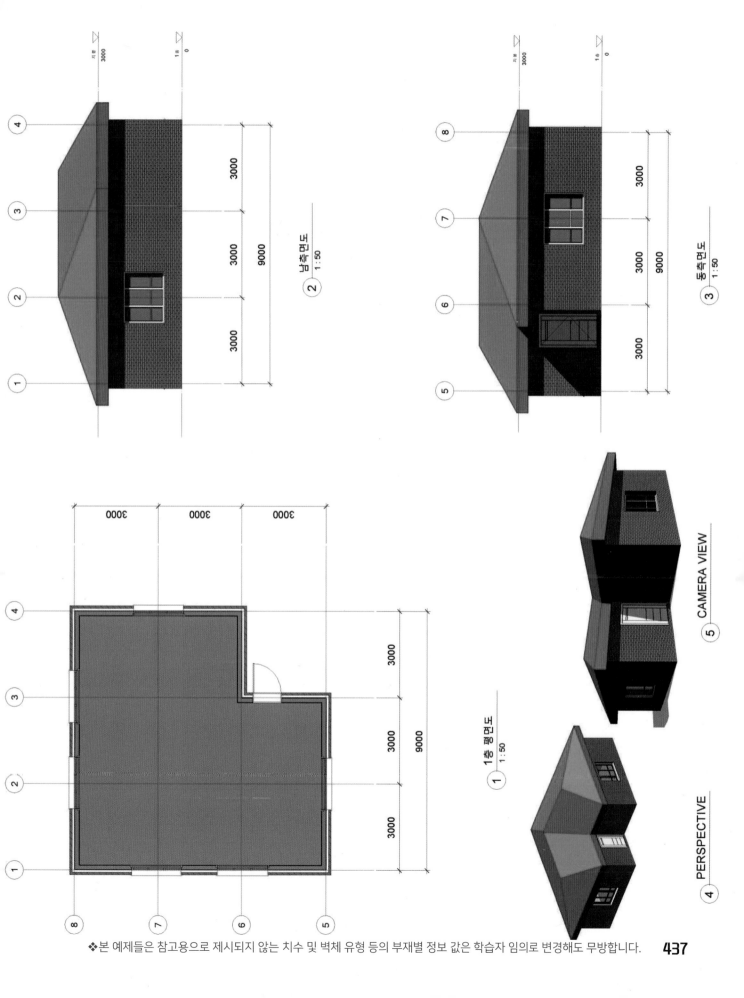

南측면도 1:50
②

동측면도 1:50
③

1층 평면도 1:50
①

PERSPECTIVE
④

CAMERA VIEW
⑤

❖본 예제들은 참고용으로 제시되지 않는 치수 및 벽체 유형 등의 부재별 정보 값은 학습자 임의로 변경해도 무방합니다.　437

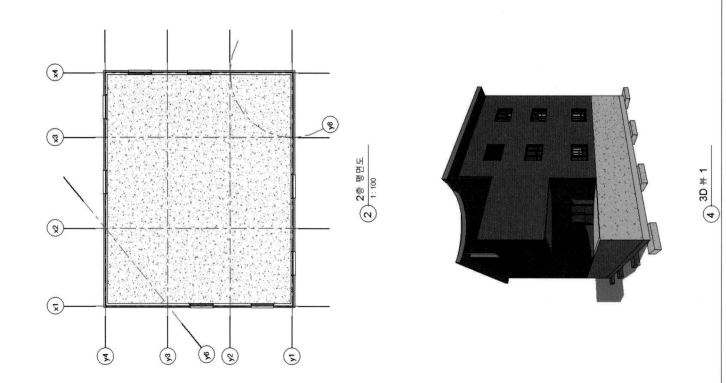

② 2층 평면도
1 : 100

④ 3D 뷰 1

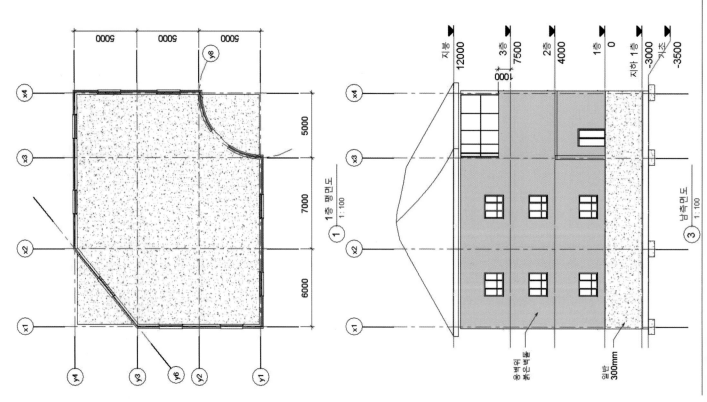

5000
5000
5000

5000
7000
6000

① 1층 평면도
1 : 100

지붕
12000

3층
7500

2층
4000

1층
0

지하 1층
-3000

기초
-3500

③ 남측면도
1 : 100

외벽
일반
300mm

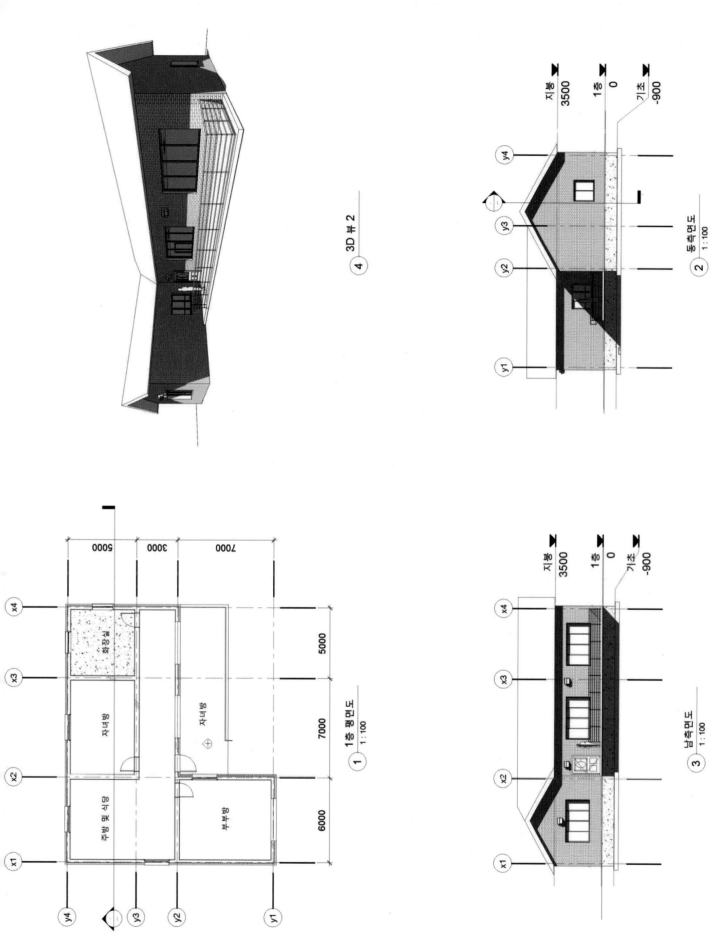

❖본 예제들은 참고용으로 제시되지 않는 치수 및 벽체 유형 등의 부재별 정보 값은 학습자 임의로 변경해도 무방합니다. **439**

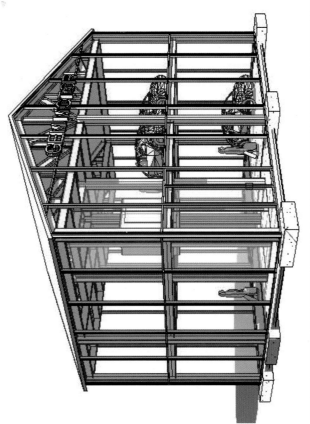

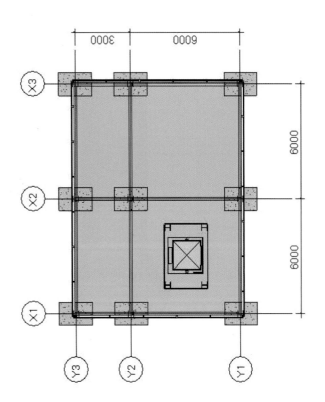

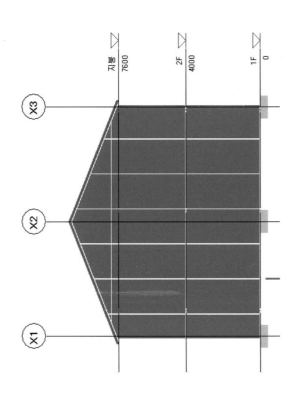

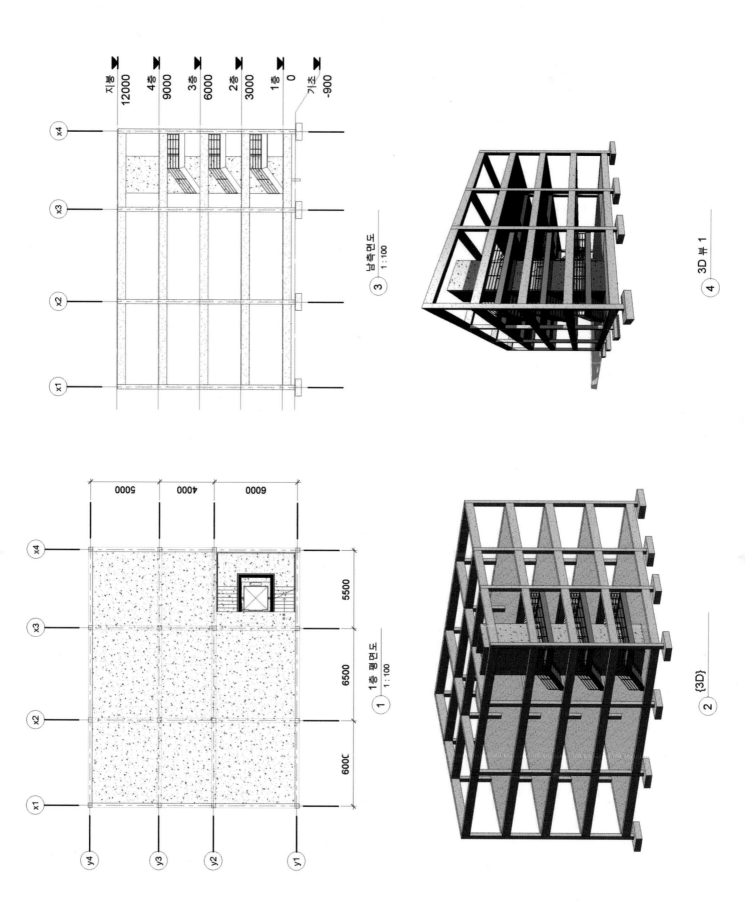

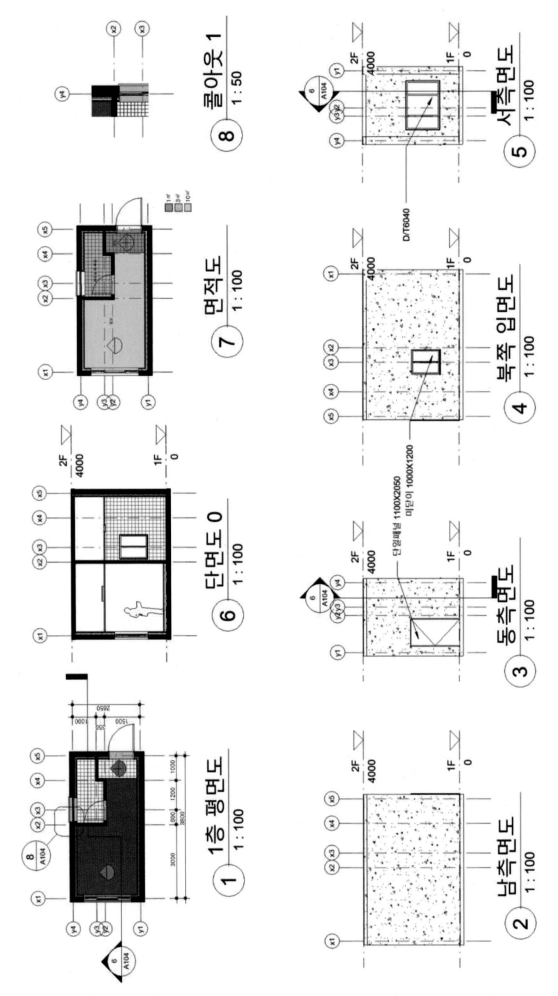

⑧ 콜아웃 1
1 : 50

⑦ 면적도
1 : 100

1㎡
3㎡
10㎡

⑤ 서측면도
1 : 100

D/T6040

④ 북쪽 입면도
1 : 100

단열패널 1000X1200

⑥ 단면도 0
1 : 100

③ 동측면도
1 : 100

단열패널 1100X2050
미닫이 1000X1200

① 1층 평면도
1 : 100

2850
1000
350
1500
1000
1200
600
3800
3000

② 남측면도
1 : 100

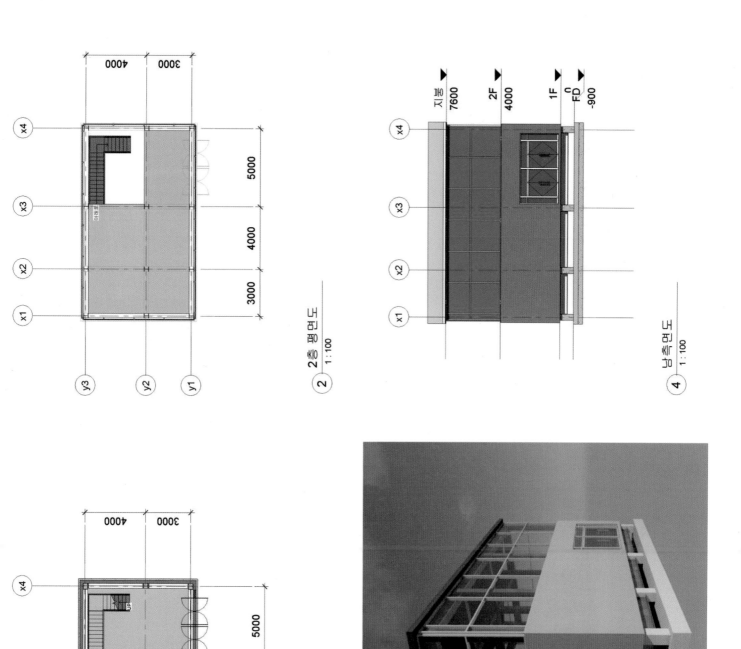

2층 평면도 1:100 ②

남측면도 1:100 ④

1층 평면도 1:100 ①

❖ 본 예제들은 참고용으로 제시되지 않는 치수 및 벽체 유형 등의 부재별 정보 값은 학습자 임의로 변경해도 무방합니다.　**443**

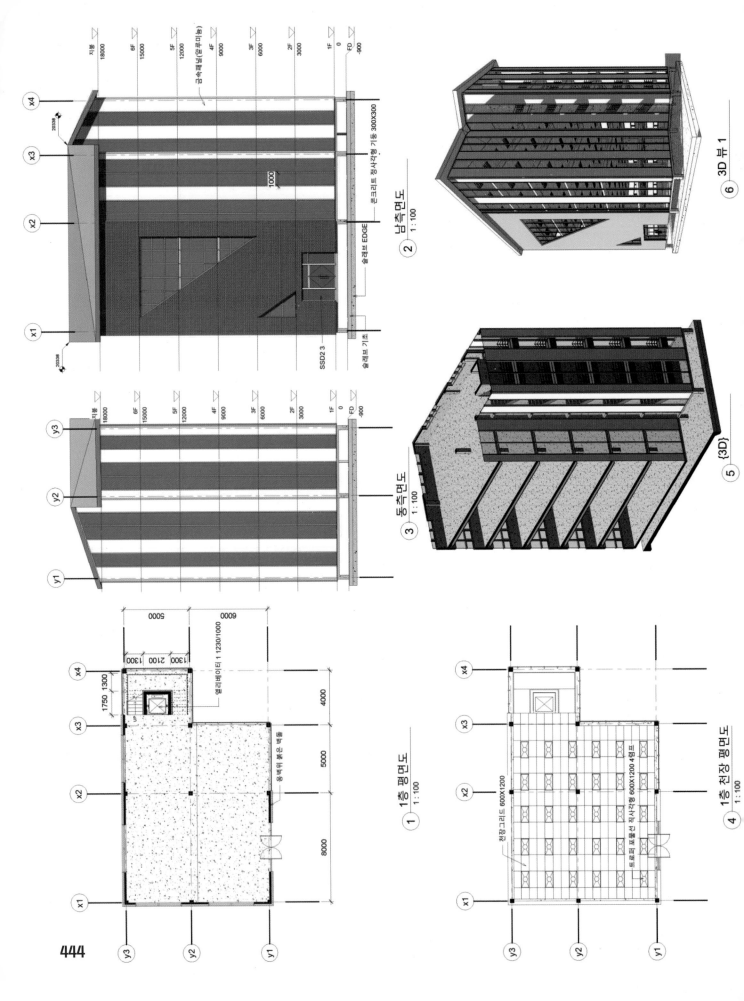

지붕 18000
6F 15000
5F 12000
4F 9000
3F 6000
2F 3000
1F 0
FD -900

금속패널(알루미늄)

콘크리트 정사각형 기둥 300X300

1000

슬래브 EDGE

SSD2 3

슬래브 기초

20338
20338

② 남측면도 1:100

지붕 18000
6F 15000
5F 12000
4F 9000
3F 6000
2F 3000
1F 0
FD -900

③ 동측면도 1:100

⑥ 3D 부 1

⑤ {3D}

5000
6000
1300 2100 1300
1750 1300

엘리베이터 1 1230/1000

4000
5000
8000

옹벽위 붉은 벽돌

① 1층 평면도 1:100

천정 그리드 600X1200

토로퍼 포물선 직사각형 600X1200 4램프

④ 1층 천장 평면도 1:100

444

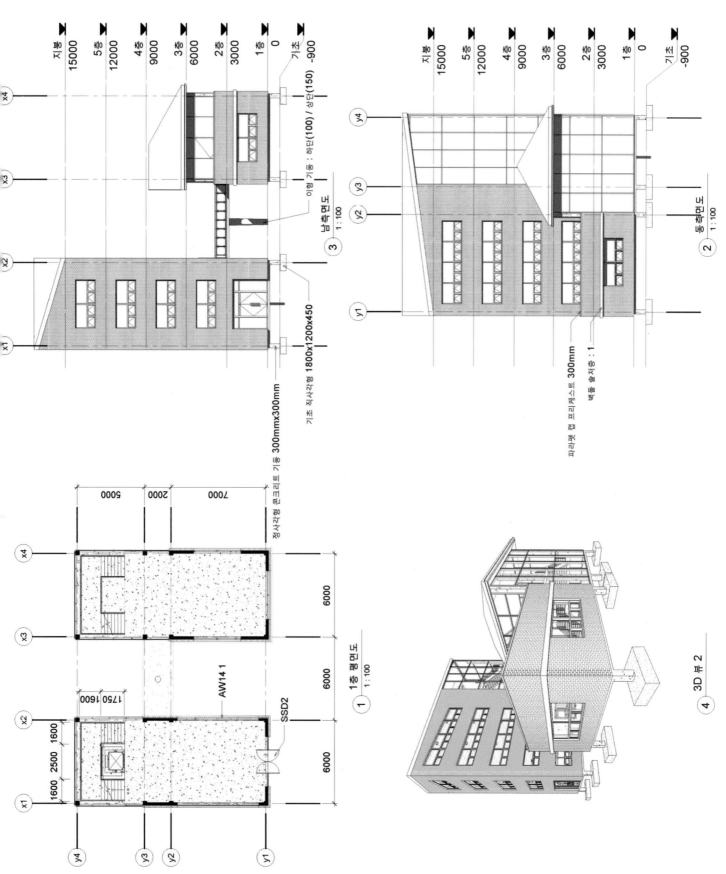

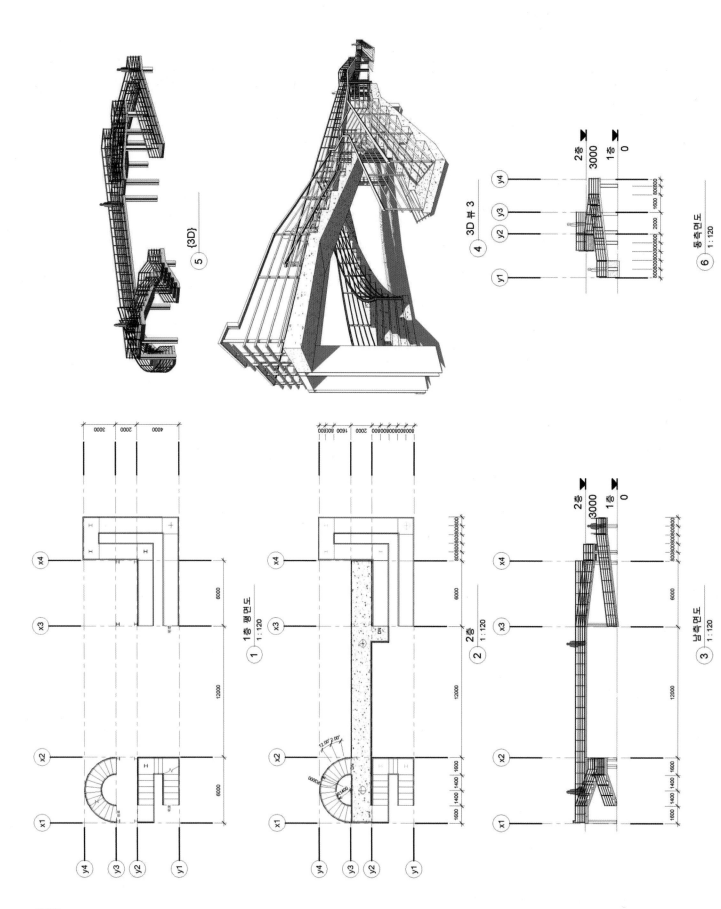

1층 평면도
1 : 120
① 1:120

2층
2 : 120
② 1:120

남측면도
3 : 120
③ 1:120

3D 뷰 3
④

{3D}
⑤

동측면도
6 : 120
⑥ 1:120

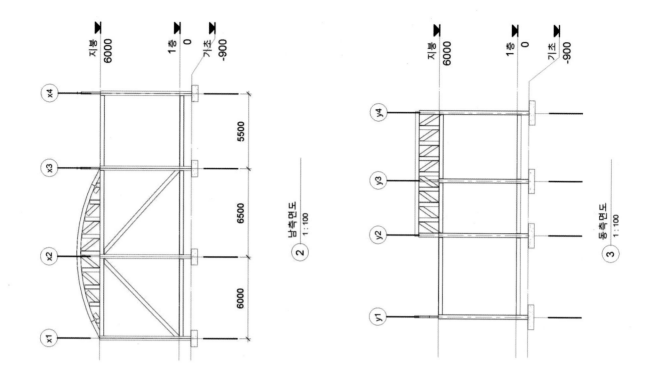

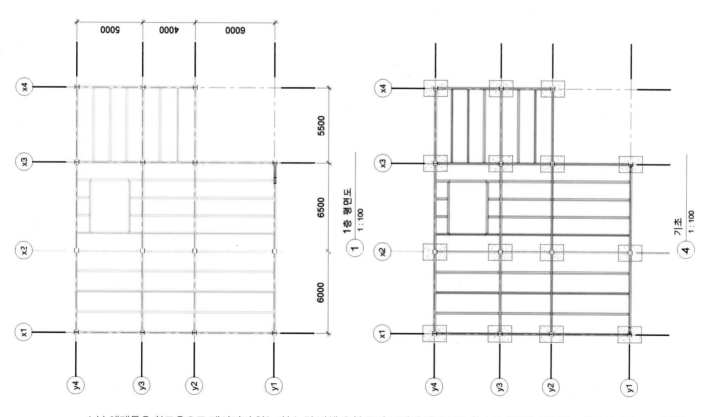

❖본 예제들은 참고용으로 제시되지 않는 치수 및 벽체 유형 등의 부재별 정보 값은 학습자 임의로 변경해도 무방합니다.

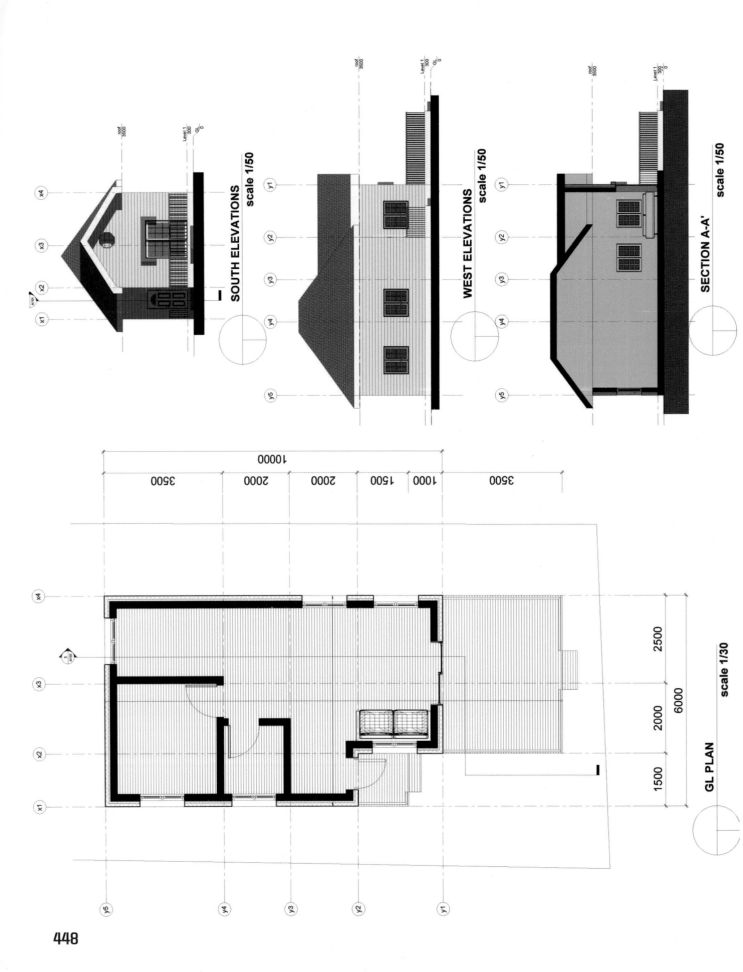

SOUTH ELEVATIONS
scale 1/50

WEST ELEVATIONS
scale 1/50

SECTION A-A'
scale 1/50

GL PLAN
scale 1/30

448

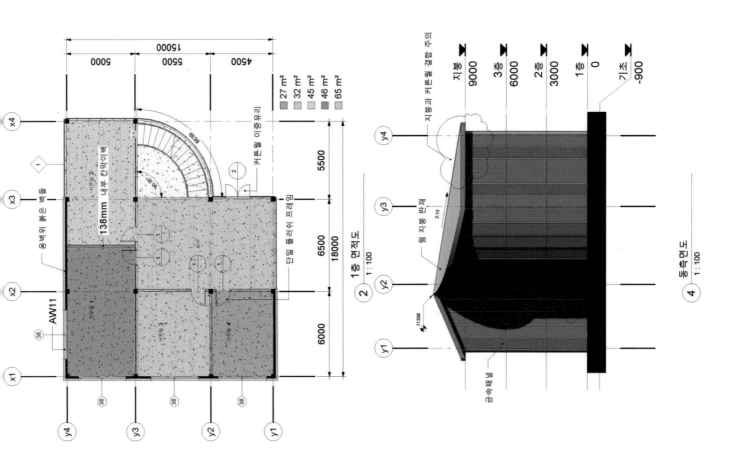

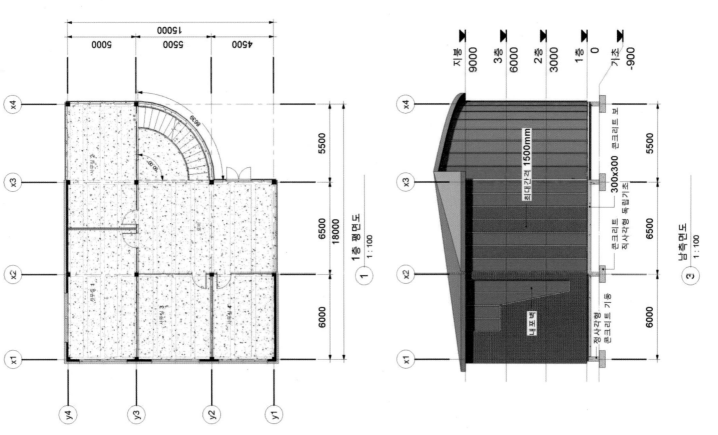

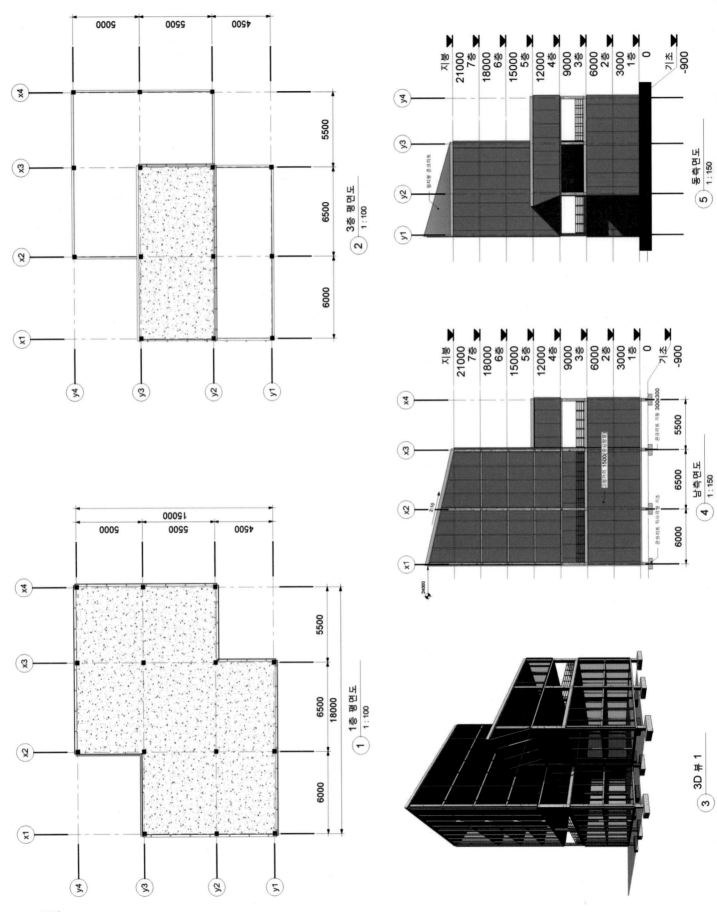

5000 5500 4500

③x4 ③x3 ④x2 ④x1

5500

6500

6000

2 3층 평면도
1:100

y4 y3 y2 y1

지붕
21000 7층
18000 6층
15000 5층
12000 4층
9000 3층
6000 2층
3000 1층
0
기초 -900

y4 y3 y2 y1

5 동측면도
1:150

옹지용 콘크리트

지붕
21000 7층
18000 6층
15000 5층
12000 4층
9000 3층
6000 2층
3000 1층
0
기초 -900

x4 x3 x2 x1

4 남측면도
1:150

5500

6500

6000

콘크리트 기둥 300x300

역방향 ↑1500(출입방향)

2-t0

콘크리트 독사각형 기초

24000

15000
5000 5500 4500

x4 x3 x2 x1

5500

6500

18000

6000

1 1층 평면도
1:100

y4 y3 y2 y1

3 3D 뷰 1

450

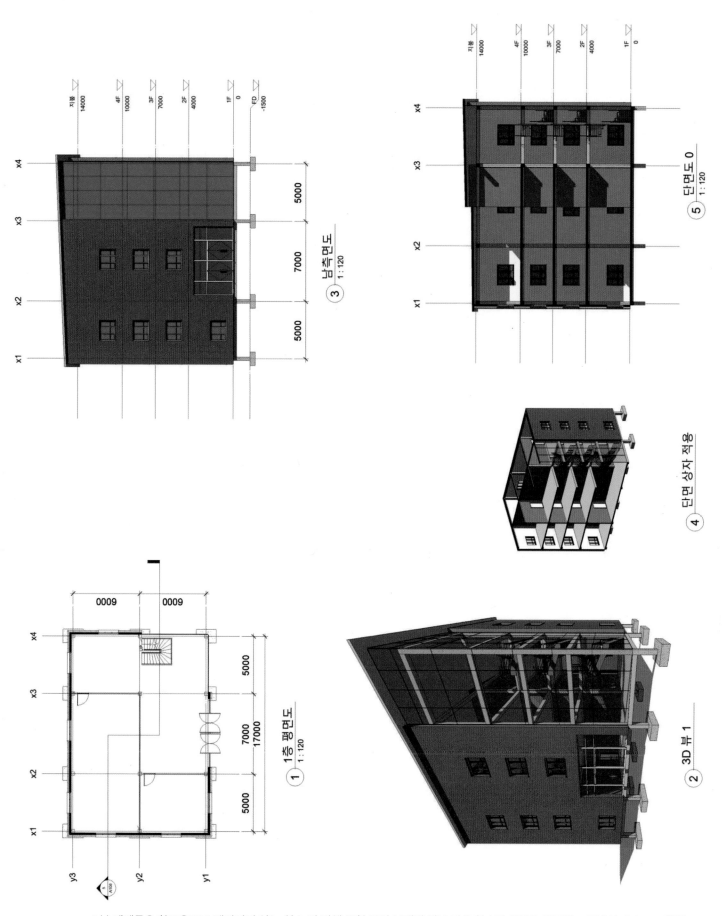

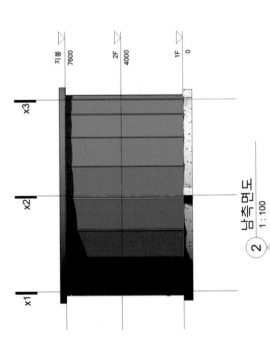

4 투시도
1:1

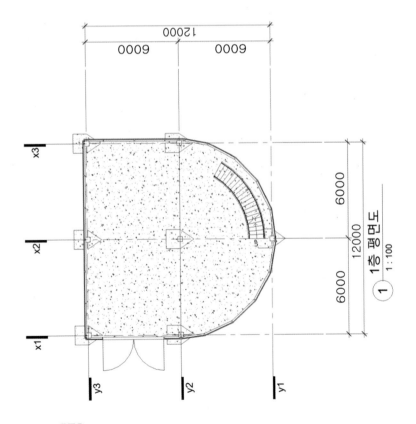

3 서측면도
1:100

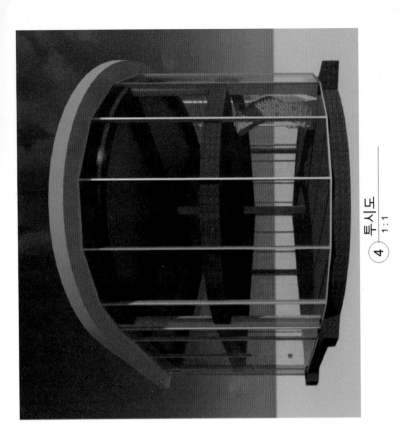

1 1층 평면도
1:100

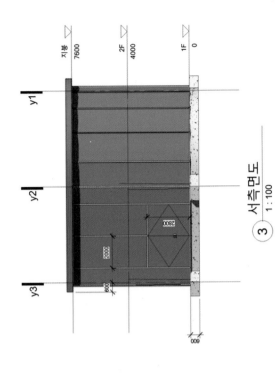

2 남측면도
1:100

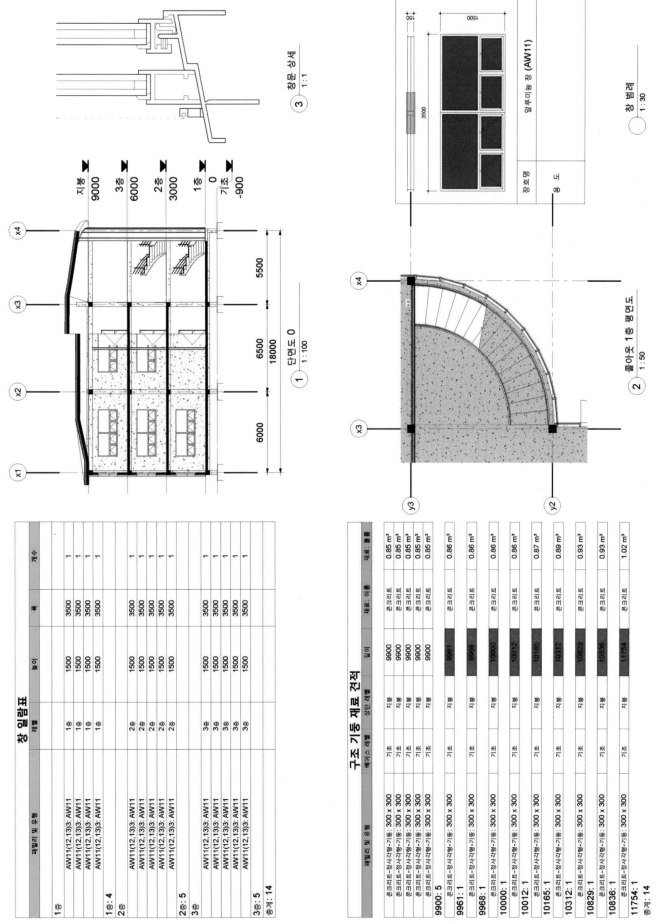

❖본 예제들은 참고용으로 제시되지 않는 치수 및 벽체 유형 등의 부재별 정보 값은 학습자 임의로 변경해도 무방합니다.

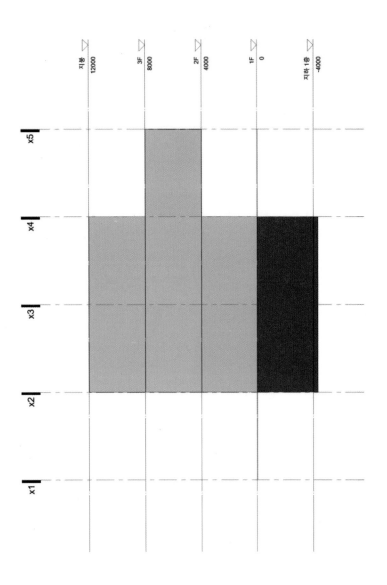

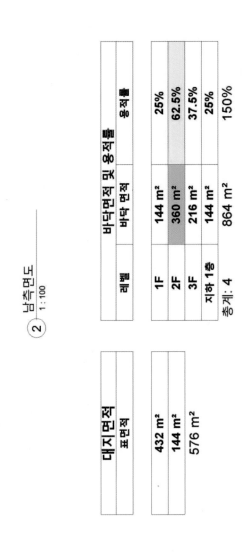

② 남측면도
1 : 100

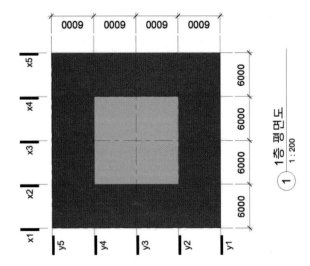

① 1층 평면도
1 : 200

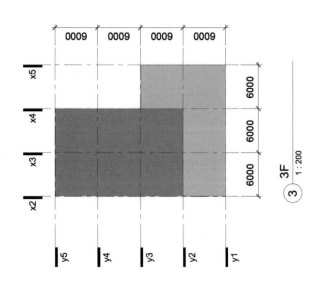

③ 3F
1 : 200

대지면적	
표면적	
	432 m²
	144 m²
	576 m²

바닥면적 및 용적률		
레벨	바닥 면적	용적률
1F	144 m²	25%
2F	360 m²	62.5%
3F	216 m²	37.5%
지하 1층	144 m²	25%
총계: 4	864 m²	150%

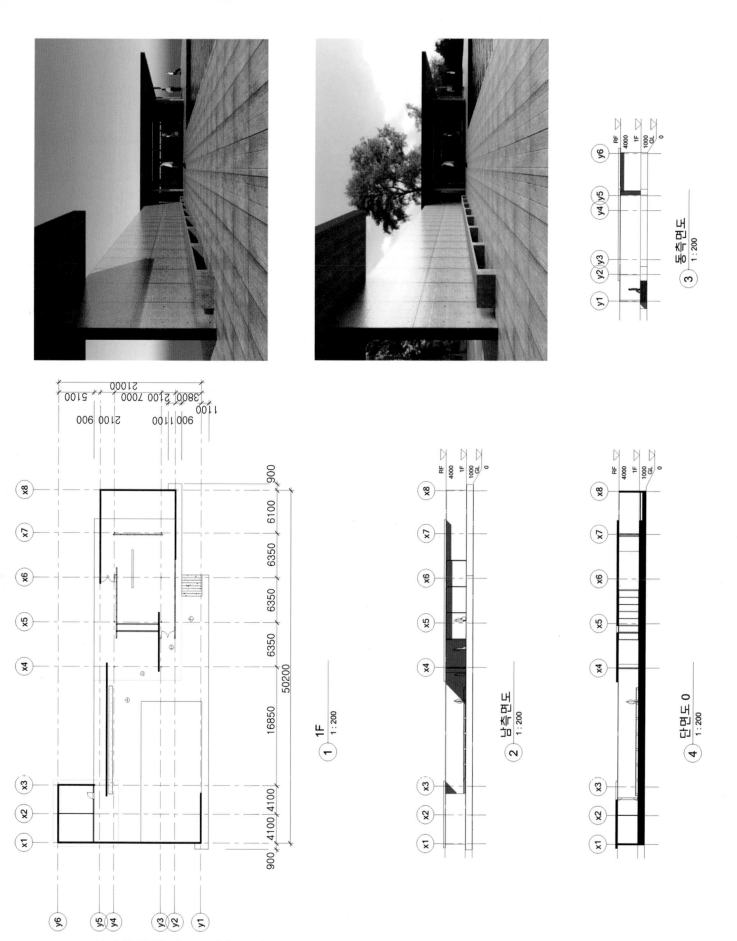

❖본 예제들은 참고용으로 제시되지 않는 치수 및 벽체 유형 등의 부재별 정보 값은 학습자 임의로 변경해도 무방합니다. **455**

AUTODESK® REVIT®   AUTODESK® NAVISWORKS

PART 07

나비스웍스를 활용한 BIM 정보의 검토

07

나비스웍스를 활용한 BIM 정보의 검토

01. 나비스웍스와의 설레이는 첫 만남

1.1 나비스웍스 소개

1 나비스웍스의 정의

Autodesk Navisworks는, Revit 등과 같은 BIM 도구를 이용하여 작성된 데이터를 활용해서 설계하거나 시공 상의 오류를 사전에 점검 및 분석해서, 다양한 시뮬레이션과 협업을 지원하는 종합적인 BIM 프로젝트 검토 솔루션입니다.

나비스웍스의 공정 관리 및 부재 간의 간섭 검토, 보행 시뮬레이션 등의 기능은, 건축물의 시공에 앞서 내재된 다양한 문제점을 사전에 감지하고 관련 구성원 간의 원활한 의사소통과 협업을 실현함으로써 과다한 공사비용과 공사기간의 지연 등을 최소화 할 수 있도록 도와줍니다.

2 나비스웍스의 주요 기능

① 모델과 데이터의 통합 : 해당 프로젝트를 전체적으로 검토할 수 있게 프로젝트에 포함된 데이터를 모델에 통합
② 탐색 : 프로젝트 모델을 다양한 시점에서 관찰 가능
③ 시각화 : 현장감 있는 렌더링 이미지 제공 및 애니메이션 제작
④ 간섭 검토 : 부재 간 상호 간섭(충돌) 파악
⑤ 협업 : 수정 지시 및 태그 활용

1.2 나비스웍스의 인터페이스 이해

1 인터페이스 구성 요소별 기능과 특징

① 응용 프로그램 버튼 [ ] : 새로 만들기,
열기, 저장, 다른 이름으로 저장, 인쇄, 내
보내기 등의 기능을 수행 가능

② 신속 접근 메뉴
 : 프로그램 운
용상 자주 사용되는 명령어들을 아이콘화
하여 모아 둔 메뉴 막대

③ 제목 표시줄 제목 없음 : 검
토를 위한 파일을 열거나 검토 중인 내용을
저장하면 제목표시줄에 해당 파일의 이름
이 나타남.

④ 정보센터 clash :
궁금한 명령어를 입력 후 Enter↵ ➡ 우측 그
림과 같이 해당 명령어의 내용과 사용법 확
인 및 학습 가능

⑤ 고정 가능창 : 검토를 효율적으로 수행하기 위한 다양한 창을 장면 뷰의 좌우아래에 삽입할 수 있음. 특히, [홈] 탭
➡ [선택 및 검색] 패널의 [선택 트리] ➡ [표시] 패널의 [특성] ➡ [도구] 패널의 [Clash Detective](간섭 검토) &
[TimeLiner](공정)은 자주 사용되는 창임.

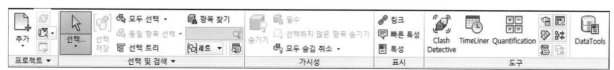

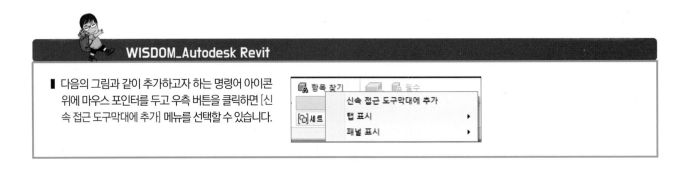

■ 다음의 그림과 같이 추가하고자 하는 명령어 아이콘 위에 마우스 포인터를 두고 우측 버튼을 클릭하면 [신속 접근 도구막대에 추가] 메뉴를 선택할 수 있습니다.

② 삽입 창의 고정 및 해제

삽입된 창의 고정 여부는 상단 [📌] 핀을 클릭하여 제어 가능함.

③ 기타 고정 가능창 열기

[뷰] 탭 ➜ [작업공간] 패널 ➜ [창] ➜ 다양한 기능의 고정 가능창을 [체크]하여 열기 가능

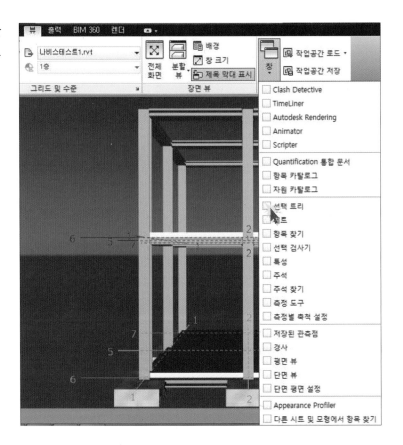

4 장면 뷰의 이해

① [장면 뷰] : BIM 형상 자료 등을 자유롭게
살펴보며 검토 가능

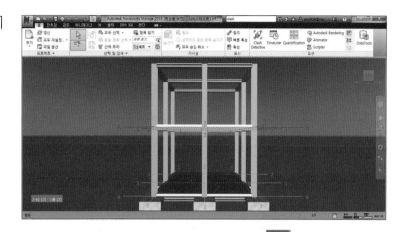

② [탐색 막대] : 장면 뷰에 보이는 BIM 형상 모델을 검토하기 위한 다양한 탐색 도구 사용 가능

③ [상태 막대 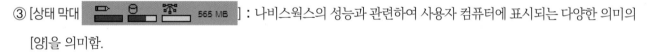] : 나비스웍스의 성능과 관련하여 사용자 컴퓨터에 표시되는 다양한 의미의
[양]을 의미함.

- [쓰기(연필, 사용) 진행률 ⬛▭] : 작성된 현재의 뷰 양을 의미함. 파란색의 바가 가득 차 있으며 100%를 의미하며,
해당 장면 뷰에 모든 형상이 누락 없이 보이는 것을 의미함.

- [디스크 진행률 ⬛▭] : 컴퓨터 하드디스크에서 읽은, 현재의 BIM 자료의 양을 의미함. 100%는 형상 및 특성 정보
를 포함한 전체 BIM 자료가 메모리에 로드된 것을 의미함. 처리되는 자료의 양이 많을 경우 디스크가 빨간색으로
표시됨.

- [웹 서버 진행률 ▦▭] : URL의 열기 명령을 실행하였을 경우 표시됨. 웹에서 다운받은 현재의 BIM 자료의 양을 의
미함

- [시트 검색기 ◁◁◁ 1/1 ▷▷▷ ▤] : 시트 검색기는 현재 열려 있는 파일에 있는 모든 시트와 모형을 검색하
고 나열 가능

461

WISDOM_Autodesk Revit

▌[장면뷰]를 확대하고 싶으신가요?

키보드에서 [F11] 기능키를 입력하면 장면 뷰를 화면 전체로 확장 가능

Memo ▌Autodesk **REVIT & NAVISWORKS**

1.3 나비스웍스의 사용 가능한 파일 형식

1 열기 가능한 파일 형식

나비스웍스 매니저 2016은 Revit 및 AutoCAD, Sketch-up 등 다양한 응용 프로그램에서 작성된 BIM 데이터 읽기 가능합니다.

[열기 가능한 파일]

형식	확장자	형식	확장자
Navisworks	.nwd .nwf .nwc	Revit	.rvt .rte .rfa
Inventor	.lpt .iam .ipj	FBX	.fbx
MiscroStation Design	.dgn .prp .prw	Riegl	.3dd
PDS Design Review	.dri	Simens	.jt
3D Studio	.3ds .prj	RVM	.rvm
ASCII Laser File	.asc .txt	SketchUp	.skp
SolidWorks	.prt .sldprt .asm *.sldasm	CATIA	.model .Session .exp .dlv3 .CATPart .CATProduct .CAT
ACIS SAT	.sat	CIS/2STEP	.stp .step
DWF	.dwf .dwfx .w2d	STL	.stl
Faro	.fls .fws .iQscan .iQmod .iQwsp	Trimble	ASCII laser file
IFC	.ifc	VRML	.wrl .wrz
IGES	.igs .iges	Z+F	.zfc .zfs
InformatixMAN	.man .cv7	NX	.prt
AutoCAD	.dwg, .dxf, .sat	Leica	.pts .ptx

[연계 가능한 외부 데이터 소스 파일]

형식
Microsoft Project MPX
Primavera 프로젝드 긴리 6-8
Primavera P6 (웹 서비스)
Primavera P6 V7 (웹 서비스)
Primavera P6 V8.2 (웹 서비스)
CSV 파일
Microsoft Project 2007, 2016

2 나비스웍스 전용 기본 파일 형식

Autodesk Navisworks에서 사용되는 세 가지 기본 파일 형식은 nwd, nwf 및 nwc입니다.

- 나비스웍스 캐시 파일(*.nwc) : Revit에서 작성된 파일을 나비스웍스에서 검토하고자 할 경우 최초로 변환되는 파일 형식
- 나비스웍스 파일 폴더(*.nwf) : Revit Architectrue(건축) + Structure(구조) + Mep(설비)에서 작성된 각각의 *.nwc 형식의 파일을 상호 링크하는 폴더 개념의 파일 형식
- 나비스웍스 통합 파일(*.nwd) : *.nwf 형식의 파일을 형상(모형과 특성) 정보를 포함한 하나의 단일 파일로 작성해주는 파일 형식

3 나비스웍스 전용 파일로 열기 가능한 파일 변환 방법

① 📄**예제** Revit에서 [5-6.rvt] 파일 열기

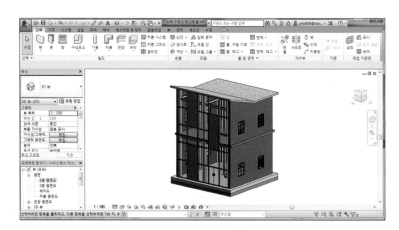

② [에드인] 탭의 [외부] 패널 ➡ [외부 도구]에서 [Navisworks 2021] 클릭
(Navisworks 프로그램 또는 변환 관련 애드인이 미리 컴퓨터에 설치되어 있어야 함.

③ [저장 폴더 위치와 저장 파일 이름]을 설정 ➜
　[저장] 클릭

WISDOM_Autodesk Revit

▌ 나비스웍스에서는 *.rvt 파일 형식을 열기 못하나요?

• 확장자 명이 *.rvt 형식의 파일을 직접 선택하여 열기할 수도 있지만 *.nwc 파일 형식 보다 열기 속도가 현저히 늦어짐.

• 가능한 레빗에서 *.nwc 형식의 파일로 변환시킨 후, 나비스웍스에서 열기 권장

Memo ▌ Autodesk **REVIT & NAVISWORKS**

📥 02. BIM 형상 정보 관측

✏ 2.1 다양한 형상 관측

1 마우스를 활용한 형상 관측

① [줌 도구] : [장면 뷰] 클릭 ➜ 마우스 휠 회전 ➜ 장면 뷰 축소 및 확대 가능

② [초점 이동 도구] : [장면 뷰] 클릭 ➜ 마우스 휠 길게 클릭 후 이동 ➜ 장면 뷰 이동

③ [궤도 도구] : [장면 뷰] 클릭 ➜ Shift +마우스 휠 길게 클릭 후 이동 ➜ 장면 뷰 회전

2 탐색 도구를 활용한 형상 관측

① [바탕화면] ➜ 나비스웍스 매니저 실행

② [응용 프로그램 메뉴] ➜ [열기] ➜ [나비스웍스 테스용.nwc] 선택 후 [열기] 클릭

③ [관측점] 탭 ➜ [탐색] 패널 ➜ [사실감] ➜ [3인칭] 체크 ➜ [장면 뷰]에 아바타가 나타남

④ 내부 1층에 원활히 진입하기 위하여 [관측
점] 탭 ➜ [렌더 스타일] 패널 ➜ [모드]의 드
롭다운 버튼 ➜ [와이어프레임] 클릭

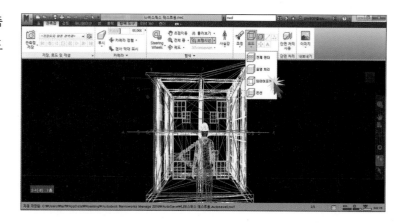

⑤ [관측점] 탭 ➜ [탐색] 패널 ➜ [보행시선]을
클릭

⑥ 마우스 포인터에 발바닥 형상이 나타나면
마우스 좌측 버튼을 누른 채 앞으로 밀면 전
진하게 됨 ➜ 건물 내부의 중앙에서 정지

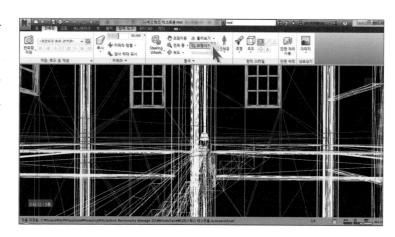

⑦ [관측점] 탭 ➜ [탐색] 패널 ➜ [사실감]의 드
롭다운 버튼 ➜ [중력] 항목을 체크 ➜ [아바
태]가 있는 위치에 마우스 포인터를 클릭하
여 [발바닥] 표시로 변경 ➜ 한번 더 [아바태]
가 있는 위치에 마우스 포인터를 클릭 ➜
↑↓←→ 방향 키를 눌러 조금씩 움직이면
1층 바닥면에 아바타가 안착됨.

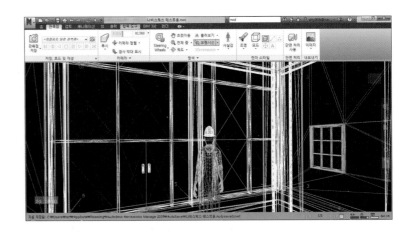

⑧ [관측점] 탭 ➔ [렌더 스타일] 패널 ➔ [모드]의
드롭다운 버튼 ➔ [전체 렌더]를 클릭

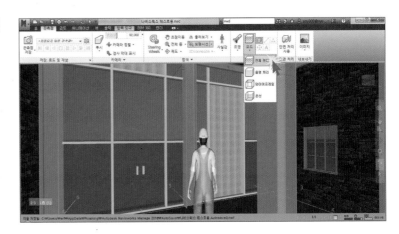

⑨ 키보드의 ⬆⬇⬅➡ 방향키를 활용하여 공
간을 이동 ➔ [관측점] 탭 ➔ [탐색] 패널 ➔
[둘러보기] 클릭 ➔ 마우스 좌측 버튼을 클
릭 한 채 움직이면 그림과 같이 마치 보행자
의 고개를 자유롭게 돌려 주변을 관찰 가능
함.

WISDOM_Autodesk Revit

▌ 둘러보기 중 키보드의 Ctrl+Z을 누르면 순차적으로 이전 보기 뷰로 돌아갑니다.

3 단면 처리 기능을 활용한 형상 관측

① 응용 프로그램 메뉴 ➔ [열기] ➔ [나비스웍
스 테스용.nwc] 파일 선택 후 [열기] 클릭

② [관측점] 탭 ➔ [단면 처리] 패널 ➔ [단면 처리
사용] 클릭

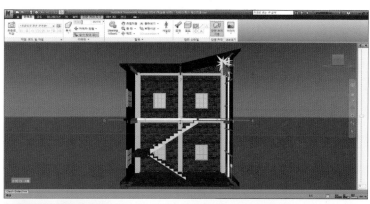

③ [단면 처리 도구] 탭 ➔ [변형] 패널 ➔ [선택 영
역 맞춤] 클릭하면 화면상에 단면 형상과 이동
을 위한 축을 확인 가능 ➔ 세 개의 축 중 하나
를 클릭 후 끌기 하여 단면 형상의 깊이 조정

④ [변형] 패널 ➔ [↻ 회전] 클릭 ➔ [단면 처리 회전
축] 클릭 후 끌기 ➔ 다양한 방향의 단면 형
상 보기 가능

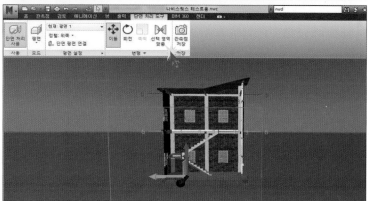

WISDOM_Autodesk Revit

▌ 단면 처리 도구 활용을 위해 마우스 포인터 사용법을 알아볼까요?

1 마우스 포인터를 사용자가 원하는 축
에 올려두면 [노란색]으로 변환 ➔ 클
릭 후 끌기하면 [단면 형상] 깊이 조정
가능

2 마우스 포인터를 사용자가 원하는 축
과 축 사이의 사각면에 올려두면 [노란
색]으로 변환 ➔ 클릭 후 끌기하면 [단
면 형상] 화면 이동 가능

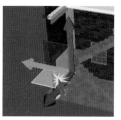

3 [변형] 패널 ➔ [↻ 회전] 클릭 후 마우스
포인터를 사용자가 원하는 축과 축 사
이의 반호면에 올려두면 [노란색]으로
변환 ➔ 클릭 후 끌기하면 [단면 형상]
회전 가능

4 [평면 설정] 패널 ➔ [정렬 : 유형]을 선

택하여 [↻ 회전] 도구를 사용하지 않고
편리하게 단면 형상 보기 가능

⚫ 2.2 관측점의 저장 및 활용

🔟 관측점의 저장

① [응용 프로그램 버튼] ➜ [열기] ➜ [나비스웍스
관측점 저장용.nwf]] 파일 선택 후 [열기]
클릭

② [뷰] 탭 ➜ [작업공간] 패널 ➜ [창] ➜ [저장된
관측점] 항목 체크

③ 장면 뷰 좌측에 보여지는 ➜ [저장된 관측점]

색인 [ ] 클릭

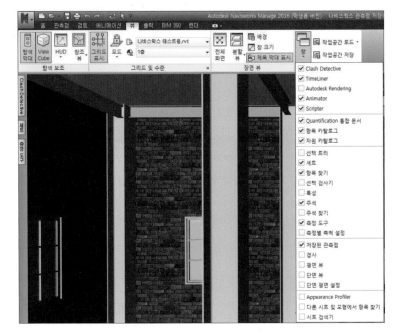

④ 고정 가능창이 펼쳐지면 상단의 자동 숨기기 핀 | 저장된 관측점 | 을 클릭하여 아래와 같은 핀의 형태로 변경

⑤ [관측점] 탭 ➡ [탐색] 패널 ➡ [보행시선] 클릭 ➡ 마우스 포인터가 발자국 [ ] 형상으로 변환되면 [장면 뷰]를 짧게 클릭

⑥ 키보드의 ↑ 버튼 누른 채 그림과 같이 계단을 올라서게 함.

⑦ [저장된 관측점] 창의 빈 공간에 마우스 포인터를 올려두고 우측 버튼 클릭 ➜ 펼쳐진 우측 메뉴 중 [관측점 저장(S)] 항목 클릭

⑧ [관측점의 명칭 : 1층 계단 올라섬]으로 변경

⑨ ⑥⑦⑧번과 동일한 방법으로 계단참으로 아바타 이동 후 [계단참에 올라섬]으로 [관측점] 저장

⑩ ⑥⑦⑧번과 동일한 방법으로 계단참으로 아바타를 이동 후 [2층 진입 전 충돌 부재 발견]으로 [관측점]을 저장

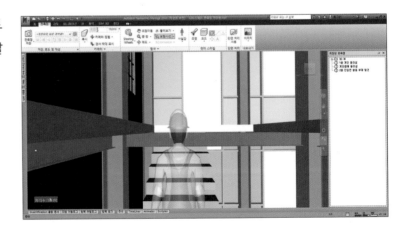

2 관측점에서의 수정 지시 및 태그 기입

① [응용 프로그램 버튼] ➔ [열기] ➔ [나비스웍스 관측점 수정지시.nwf] 선택 후 [열기] 클릭

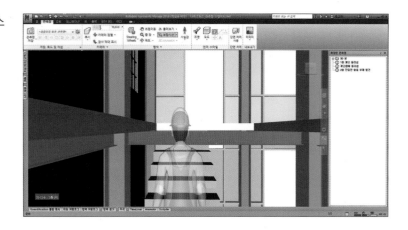

② [검토] 탭 ➔ [태그] 패널 ➔ [태그 추가]를 클릭

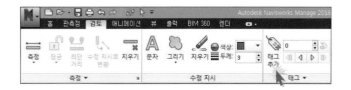

③ 아바타의 계단 이동을 방해하고 있는 [보]를 더블 클릭 ➔ [주석 추가] 위치점 지정

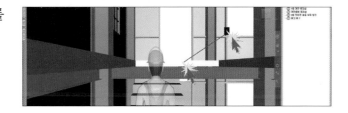

④ [주석 추가] 대화상자 ➔ [보로 인한 2층 진입 불가함] 입력 후 [확인] 클릭

⑤ 우측 [저장된 관측점] 창 ➔ 추가된 [태그 뷰 1] 더블 클릭 ➔ [2층 진입 전 수정 지시]로 명칭 변경

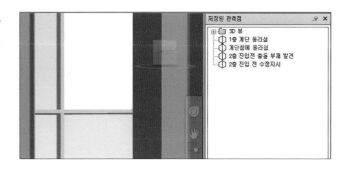

⑥ [계단] 클릭 ➡ [주석 추가 위치점] 지정 ➡ 화
면 좌측 상단 [주석 추가] 대화상자 빈 란에
➡ [계단의 위치 재검토]라는 내용을 입력 후
[확인] 클릭

⑦ 우측 [저장된 관측점] 창 ➡ 추가된 [태그 뷰
2] 더블 클릭 ➡ [연결 계단 위치 재검토]로 명
칭 변경

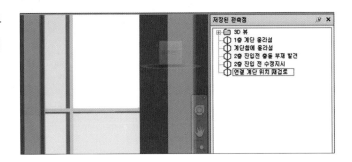

⑧ [저장된 관측점] 창 ➡ [2층 진입 전 수정지시]
클릭

⑨ [뷰] 탭 ➡ [작업 공간] 패널 ➡ [창] ➡ [주석]
체크 ➡ [저장된 관측점] 창에서 저장된 해당
[태그 뷰]를 클릭하면 나비스웍스 화면 하단
에 주석의 세부 내용 확인 가능

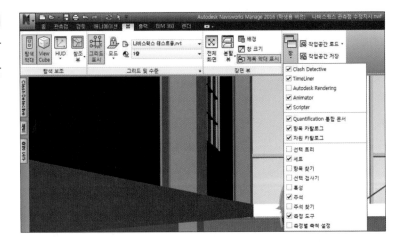

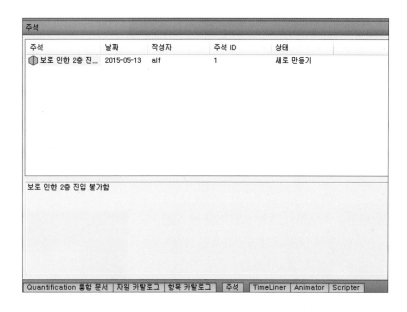

⑩ [저장된 관측점] 창 ➔ [계단참에 올라섬] 클릭

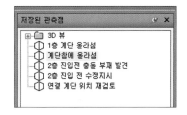

⑪ [검토] 탭 ➔ [수정 지시] 패널 ➔ [그리기] ➔
　[⬭ 타원] 클릭

⑫ [장면 뷰]에서 좌측 그림과 같이 보와 기둥이
　만나는 부분에 마우스 시작점을 지정 후 좌
　측 버튼을 누른 채 대각선 방향으로 끌기

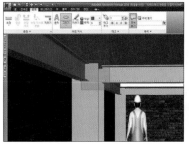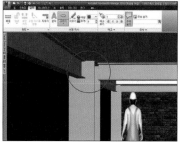

⑬ [수정 지시] 패널 → [문자] 클릭

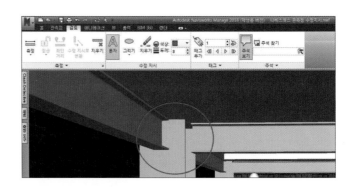

⑭ 마우스 포인터가 연필 모양 변환 → 타원 내부 클릭 → [기둥과 보의 간섭 확인 요망]이란 내용 입력 후 [확인] 클릭

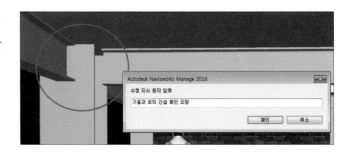

⑮ 문자 삽입 결과 확인

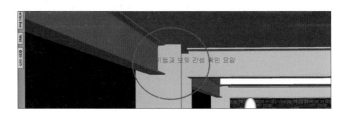

❸ 관측점에서의 측정 기능 활용

① [응용 프로그램 버튼] → [열기] → [나비스웍스 관측점 수정지시 및 태그.nwf] 선택 후 [열기] 클릭

② [검토] 탭 → [측정] 패널 → [측정] → [점 간] 클릭

③ [검토] 탭 → [측정] 패널 → [잠금] 드롭다운 버튼을 클릭하여 그림과 같이 [X축]을 선택

④ 그림과 같이 [보] 위에 [X축]으로 그림과 같이 시작점과 목표점 지정하여 길이 측정

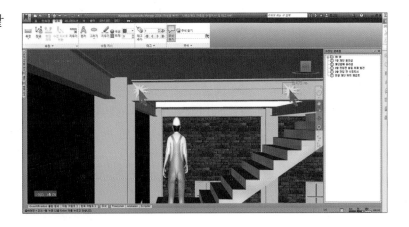

⑤ [검토] 탭 ➔ [측정] 패널 ➔ [측정] ➔ [각도] 클릭

⑥ [검토] 탭 ➔ [측정] 패널 ➔[잠금] ➔ [Z축] 클릭

⑦ 그림과 같이 [보]면에 수평 기준점 지정 후 [보] 끝면에 수평 시작점과 마우스 포인터를 아래로 내려 [기둥] 수직면에 수직 끝점 지정

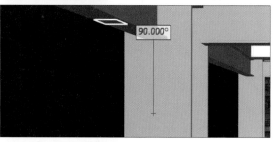

⑧ [검토] 탭 ➡ [측정] 패널 ➡ [] 클릭하면

[측정값] 삭제 가능, [ ] 클릭하면 [장면 뷰]와 [저장된 관측점] 창에 [측정값] 등록 가능

 WISDOM_Autodesk Revit

■ 로 변환된 측정값을 삭제하고 싶으시나요?

① [검토] 탭 ➡ [수정 지시] 패널 ➡ [지우기] 클릭
② 마우스 포인터를 누른 채 시작점과 대각선 방향의 점을 지정하여 [수정 지시로 변환]된 측정 내용을 사각형 범위에 넣으면 삭제됨

2.3 관측점 보고서와 애니메이션 작성

1 관측점 보고서의 작성

① [응용 프로그램 메뉴] ➜ [열기] ➜ [나비스웍스
관측점 보고서 작성.nwf] 선택 후 [열기] 클릭

② [저장된 관측점] 창 내부의 빈 곳에 마우스 포
인터를 올려 둔 후 우측 버튼 클릭 ➜ [관측
점 보고서 내보내기] 클릭

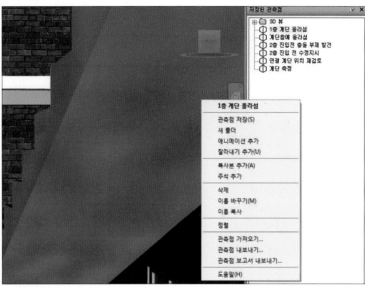

③ 그림과 같이 저장될 파일의 [위치와 이름]을
설정 후 [저장] 클릭

④ 관측점이 저장된 폴더 안에 각각의 관측점
시작 이미지가 저장되어 있는지 확인 ➜
[*.html]을 더블 클릭

⑤ 열기된 [관측점 보고서] 확인

2 보행 동선 애니메이션 작성

① [응용 프로그램 메뉴] ➜ [열기] ➜ [나비스웍스
　관측점 저장용.nwf] 선택 후 [열기] 클릭

② [애니메이션] 탭 ➜ [작성] 패널 ➜ [기록]
　클릭

③ 키보드의 방향키를 활용 ➜ 그림과 같이 [아
　바타] 이동

④ [애니메이션] 탭 ➜ [기록] 패널 ➜ [중지] 클릭 ➜ [저장된 관측점] 창에 [애니메이션1]이 생성됨.

⑤ [저장된 관측점] 창 ➜ [애니메이션1] 선택 ➜ [애니메이션] 탭 ➜ [내보내기] 패널 ➜ [] 클릭

⑥ [애니메이션 내보내기] 대화상자 ➜ 세부 사항을 그림과 같이 설정 ➜ [확인] 버튼을 클릭

⑦ 파일 저장 [위치와 이름] 지정 ➜ [저장] 클릭

⑧ 동영상 파일로 변환 실행

⑨ 변환된 애니메이션 파일은 [동영상 플레이
　어]를 통하여 확인 가능

Memo ▎Autodesk **REVIT & NAVISWORKS**

✎ 2.4 유용하고 흥미로운 추가 활용 팁으로 고수되기

1 조명 유형에 따른 관측 장면의 특징

[관측점] 탭 ➜ [렌더 스타일] 패널 ➜ [4가지 조명 유형] 선택 ➜ [실내 공간 조명의 밝기] 조절 가능

전체 라이트

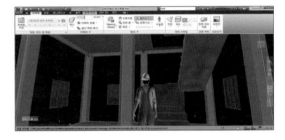

장면 라이트

헤드라이트

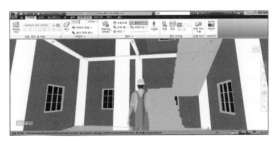

라이트 없음

2 경사 막대의 활용

① [관측점] 탭 ➜ [카메라] 패널 ➜ [경사 막대 표
시] 클릭

② [장면 뷰] 우측에 [경사 막대]가 표시됨 ➜ 아
래의 [수치값 : 0]으로 입력

③ 아바타의 시선이 일직선상의 뷰로 정렬됨.

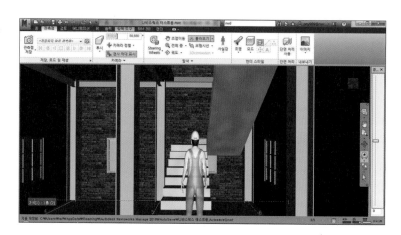

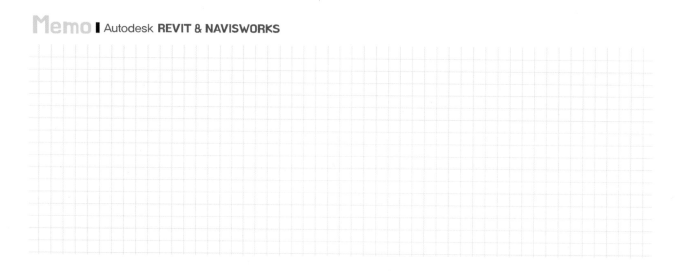

Memo ▎Autodesk **REVIT & NAVISWORKS**

📥 03. BIM 형상 부재들의 간섭 검토

✏️ 3.1 부재 간 간섭 검토의 필요성

설계도서 작성에서 시공으로 건축 과정이 전환될 경우 설계도서는 번번이 시공 현장에서 변경되기도 합니다. 이러한 이유는 현장의 상황, 그리고 설계도서의 오류로 인한 부재간의 중복 등을 이야기할 수 있습니다. 특히, 부재간의 중복으로 인한 물량 산출의 오류는 건설비용의 과다를 초래할 수 있습니다. 이에, 설계 과정에서 [부재 간 간섭 검토]는 매우 필요한 검토 과정입니다.

✏️ 3.2 부재 간 간섭 검토

1 선택 부재 간 간섭 테스트

① [응용 프로그램 검토] ➡ [열기] ➡ [나비스웍스 간섭 검토용.nwf] 파일 선택 후 [열기] 클릭

② [홈] 탭 ➡ [도구] 패널 ➡ [Clash Detective] 클릭

③ [Clash Detective] 대화상자 ➡ 우측 상단의 [테스트 추가] 클릭

④ [Clash Detective] 대화상자 ➡ [선택] 탭 ➡ [선택 A : UC-범용 기둥-기둥]와 [선택 B : 보] 선택 ➡ [테스트 실행] 클릭
(화면 하단에 [Clash Detective] 창이 작게 보이면 아래의 그림과 같이 [창] 경계선을 마우스로 클릭 후 위로 끌기 하여 펼칠 수 있음)

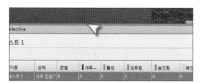

⑤ [부재 간 간접 결과] ➜ [간섭 1] 클릭

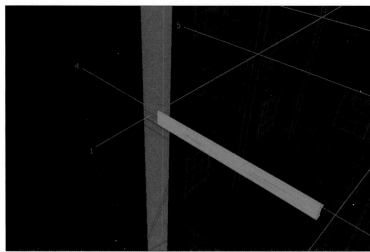

⑥ [부재 간 간접 결과] 이미지 확인

② 간섭 검토 보고서의 작성

① [Clash Detective] 대화상자 ➜ [보고서] 탭
　 클릭 ➜ [보고서 형식]을 [HTML(테이블 형
　 식)]으로 변경 ➜ [보고서 쓰기] 클릭

② 파일 저장 [위치와 이름] 지정 → [저장] 클릭

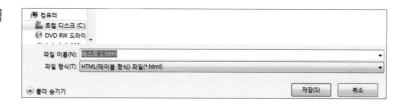

③ 저장된 [*,html] 더블 클릭 → [간섭 보고서]
　확인

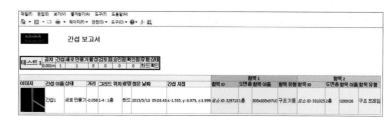

WISDOM_Autodesk Revit

▌[표시 설정]을 활용하면 간섭 부재 간의 검토가 편리해집니다.

[Clash Detective] 대화상자 하단의 우측 [표시 설정] 클
릭 → [기타 항목 숨기기] 클릭 → 다른 부재들은 화면에서
사라지고 간접 부재들만 표현됨.

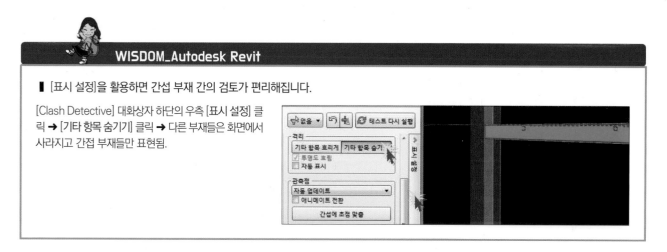

Memo ▌Autodesk **REVIT & NAVISWORKS**

📥 04. 4D 공정 시뮬레이션 작성

✏️ 4.1 공정 시뮬레이트의 필요성

건설 과정에서 [공정표]는 미리 공사의 전체 과정을 계획하고 실제 공사 진척 사항과 비교하여 정해진 공사기간 안에 건축물을 건설하기 위한 중요한 계획 사항입니다. Revit에서는 [횡선식] 유형의 공정 시뮬레이트를 제공하여, 실제 시공 전 건축물 축조 과정을 미리 살펴 볼 수 있게 합니다.

✏️ 4.2 공정 시뮬레이트의 작성

1️⃣ 선택 트리를 활용한 공정 시뮬레이트

① [응용 프로그램 메뉴] ➔ [열기] ➔ [나비스웍스 공정 시뮬레이션용.nwf] 선택 후 [열기] 클릭

② [뷰] 탭 ➔ [작업 공간] 패널 ➔ [창] ➔ [TimeLiner], [선택 트리] 체크

③ 화면 좌측 상단의 [선택 트리]와 화면 하단의 [TimeLiner] 탭 클릭 ➔ 그림과 같이 창을 고정(창의 고정 : [자동 숨기기] 핀 [📌] 클릭)

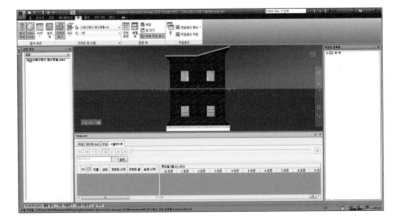

④ [TimeLiner] 창 ➡ [작업 추개] 클릭 ➡ 그림
　과 같이 [11개]의 작업 추가

⑤ 추가된 작업의 [이름]과 [계획된 시작]·[계획된
　끝]·[실제 시작]·[실제 끝]의 날짜 그리고 작업
　유형은 그림 참조

⑥ 작업 [이름]을 선택 후 키보드의 기능키 F2
　를 클릭하면 이름 변경 가능

⑦ [선택 트리] 창 ➡ ⊞ 표시 클릭 ➡ 그림과
　같이 [트리] 펼침

⑧ [선택 트리]에서 [TimeLiner] 이름과 동일한
　층별 부재 선택

⑨ [TImeLiner] 이름으로 끌기 하여 선택 부재
　삽입

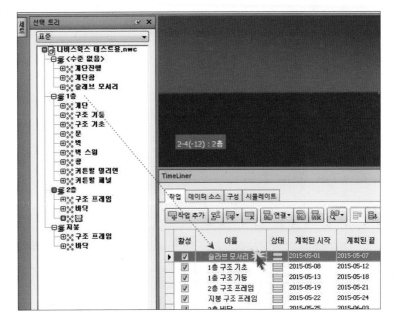

⑩ [TimeLiner] 대화상자 ➔ [TImeLiner]의 탭
　중 [시뮬레이트] 탭 클릭

⑪ [설정] 버튼 클릭

⑫ [시뮬레이션 설정] 대화상자 ➔ [시작 날짜]와
　[끝 날짜]를 그림과 같이 설정하고 [확인]
　클릭

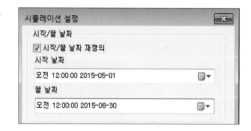

⑬ [TimeLiner] 대화상자 ➔ [▷] 클릭 ➔ [공정 시뮬레이션] 확인

시뮬레이션 장면 1

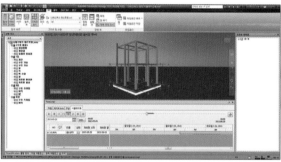

시뮬레이션 장면 2

시뮬레이션 장면 3

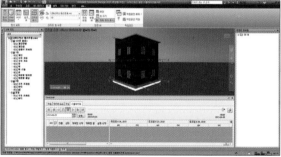

시뮬레이션 장면 4

2 공정 시뮬레이션 동영상 작성

① [응용 프로그램 메뉴] ➜ [열기] ➜ [나비스웍스
   공정 시뮬레이션 완성본.nwf] 선택 후 [열기]
   클릭

② [애니메이션] 탭 ➜ [내보내기] 패널 ➜ [애니
   메이션 내보내기] 클릭

③ [애니메이션 내보내기] 대화상자 ➜ 세부 사
   항을 그림과 같이 설정하고 [확인] 클릭

④ 파일 저장 [위치와 이름]을 설정한 후 [저장]
   클릭

⑤ 동영상으로 변환 진행

⑥ 저장된 [애니메이션] 파일 선택하여 동영상
   플레이어로 확인

491

🔽 05. 검토 모델의 부재별 애니메이션

✏️ 5.1 애니메이터의 필요성

애니메이터(Animator)는 BIM 관계자와의 원활한 협의와 시각화를 위해 부재별 동적 변화가 부여된 건축물의 축조과정 애니메이션을 작성에 활용됩니다. Animator는 TimeLiner와는 달리 시각화 프레젠테이션에 초점을 둡니다.

1️⃣ 애니메이터의 활용

① [응용 프로그램 메뉴] ➜ [열기] ➜ [나비스웍스 공정 시뮬레이션용.nwf] 선택 후 [열기] 클릭

② [뷰] 탭 ➜ [작업 공간] 패널 ➜ [창] ➜
[Animator], [선택 트리] 체크

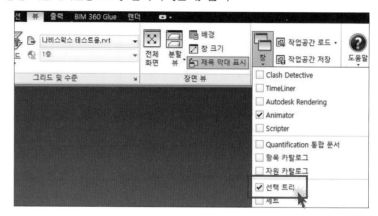

③ [Animator] 창 ➜ [➕] 클릭 ➜ [장면 추가] 클릭

④ [선택트리] ➜ [1층] ➜ [구조 기초] 클릭

⑤ [Animator] ➜ [장면 1] 위에 마우스 포인트를 두고 우측버튼 클릭 ➜ [애니메이션 세트 추가] ➜ [현재 선택 기반] 클릭

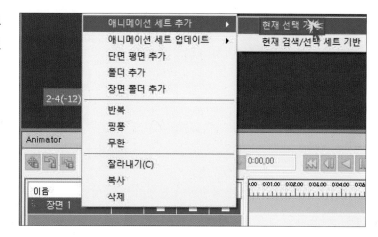

⑥ [fd]로 이름을 변경

⑦ [애니메이션 세트 변환 🔲] 버튼 클릭 ➜ 좌표 축을 기준으로 [구조 기초]를 그림과 같이 이동

⑧ [캡쳐 키프레임 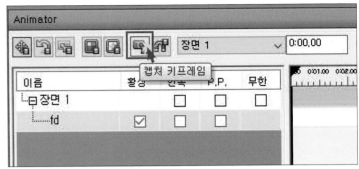] 버튼을 클릭하여 현재
   의 변환 상태를 저장

⑨ [타임 배]의 [삼각형]을 마우스 좌측 버튼으
   로 클릭 후 우측으로 드래그하여 위치를 재
   지정

⑩ [캡쳐 키프레임 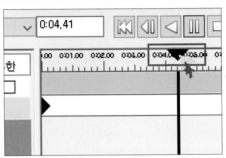] 버튼을 클릭하여 현재의 변환 상태를 저장

⑪ [변환] 좌표의 값을 아래의 그림과 같이 입
   력하고 [엔터] 버튼을 클릭

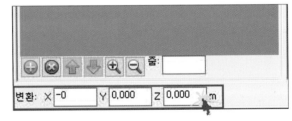

⑫ 다시 [캡쳐 키프레임] 버튼을 클릭하여 현재의 변환 상태를 저장

⑬ [장면 1] ➜ [반복] 체크 ➜ [▷] 클릭하여
   재생

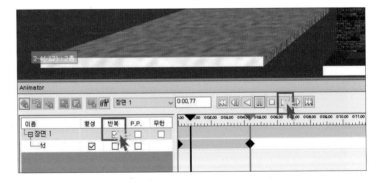

⑭ [선택 트리] ➜ [1층] ➜ [벽] 클릭
⑮ [Animator] ➜ [장면 1] 위에 마우스 포인트를 두고 우측버튼 클릭 ➜ [애니메이션 세트 추가] ➜ [현재 선택 기반] 클릭
⑯ [wa]로 이름을 변경

⑰ [끝에 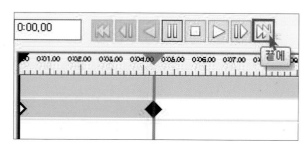] 버튼을 클릭하여 [키 프레임]을
끝으로 이동

⑱ [애니메이션 세트 변환] 버튼 클릭 ➜ 좌
표 축을 기준으로 [벽]을 그림과 같이 이동

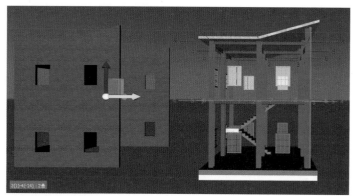

⑲ [캡쳐 키프레임] 버튼을 클릭하여 현재의 변환 상태를 저장

⑳ [애니메이션 세트 회전] 클릭

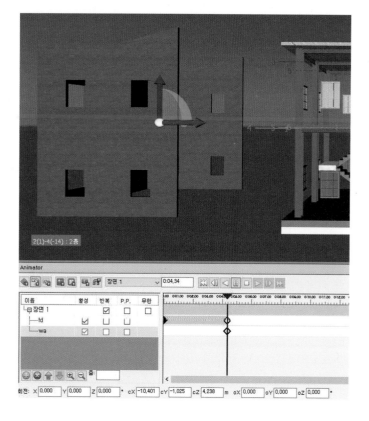

㉑ [Y] ➜ [90]으로 회전 값 입력 후 [엔터]

㉒ [캡쳐 키프레임 🖼️] 버튼을 클릭하여 현재의 변환 상태를 저장

㉓ [타임 배]의 [삼각형]을 마우스 좌측 버튼으로 클릭 후 우측으로 드래그하여 위치를 재지정

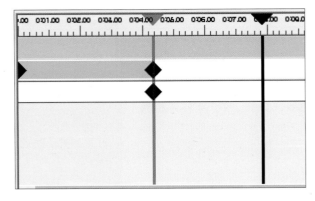

㉔ [캡쳐 키프레임 🖼️] 버튼을 클릭하여 현재의 변환 상태를 저장

㉕ [프레임] 끝 [마름모] 위에 마우스 포인트를 올려 두고 우측 버튼 클릭 ➜ [편집] 클릭

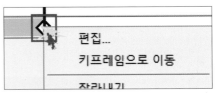

㉖ [변환]값과 [회전]값을 모두 [0]으로 변환 ➜ [확인] 클릭

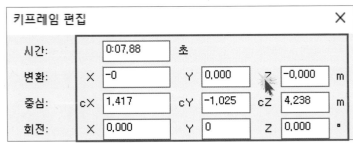

㉗ [캡쳐 키프레임 🖼️] 버튼을 클릭하여 현재의 변환 상태를 저장

㉘ [선택 트리] ➜ [CTRL 버튼을 누른 채 선택 트리 1층과 2층의 창 선택]

㉙ [Animator] ➜ [장면 1] 위에 마우스 포인트를 두고 우측버튼 클릭 ➜ [애니메이션 세트 추가] ➜ [현재 선택 기반] 클릭

㉚ [wl]로 이름을 변경

㉛ [끝에 🔀] 버튼을 클릭하여 [키 프레임]을 끝으로 이동(이미 끝에 위치된 경우 해당 없음)

㉜ [애니메이션 세트 변환 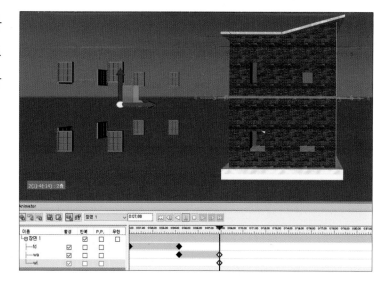] 버튼 클릭 ➡ 좌
표 축을 기준으로 [창]을 이동 ➡ [캡쳐 키프
레임 🖳] 버튼을 클릭하여 현재의 변환 상
태를 저장

㉝ [애니메이션 세트 축척 🖳] 클릭 ➡ X, Y, Z
축척값을 [2]로 변경 ➡ [캡쳐 키프레임 🖳]
버튼을 클릭하여 현재의 변환 상태를 저장

㉞ [타임 바]의 [삼각형]을 마우스 좌측 버튼으로 클릭 후 우측으로 드래그하여 위치를 재지정(0:12.00 시간 위치
값을 입력하여 정확하게 조정해도 무방함)

㉟ 캡쳐 키프레임 🖳] 버튼을 클릭하여 현재의 변환 상태를 저장

㊱ [프레임] 끝 [마름모] 위에 마우스 포인트를 올려 두고 우측 버튼 클릭 ➡ [편집] 클릭

㊲ [변환]값 = [0] [축척] = [1]로 변환 ➜ [확인]
클릭

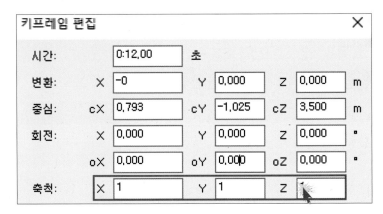

㊳ [캡쳐 키프레임 🔲] 버튼을 클릭하여 현재의
변환 상태를 저장

㊴ [뒤로 🔣] 클릭 ➜ [▷] 클릭하여 재생
확인

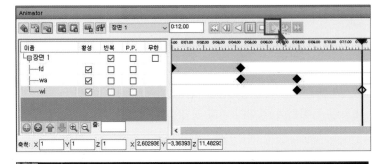

㊵ [애니메이션] 탭 ➜ [재생] 패널 ➜ [객체 애니
메이션] ➜ [장면 1] ➜ [내보내기] 패널 ➜
[애니메이션 내보내기]

㊶ [소스]와 [출력]을 아래와 같이 설정 ➜ [확
인] 버튼을 클릭하여 애니메이션 파일 작성

📥 06. 검토 모델의 렌더링

✏️ 6.1 선택 트리를 활용한 BIM 모델의 재질 변화

나비스웍스로 불러들인 모델은 기본적으로 Revit에서 재질이 부여된 모델입니다. 그러나 나비스웍스에서 선택 트리를 활용하여 쉽게 재질 변화시킬 수 있습니다.

① [응용프로그램 메뉴] ➜ [열기] ➜ [나비스웍스 테스트용.nwc] 선택 후 [열기] 클릭

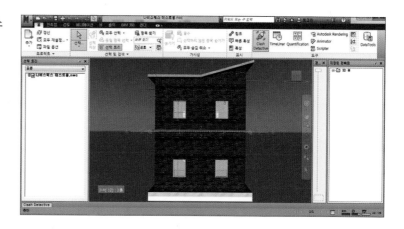

② [렌더] 탭 ➜ [시스템] 패널 ➜ [Autodesk Rendering] 클릭

③ [선택] 트리 ➜ 그림과 같이 [1층] 트리 펼침

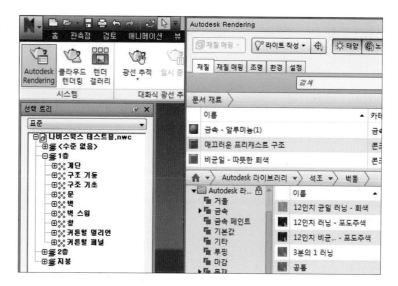

④ [Autodesk Rendering] 대화상자 ➜
[Autodesk 라이브러리] 폴더 ➜ [금속] 라이
브러리 클릭

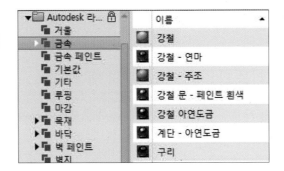

⑤ [금속] 라이브러리 ➜ [구리] 클릭 후 끌기 ➜
[1층] 선택 트리 ➜ [커튼월 멀리언]에 적용

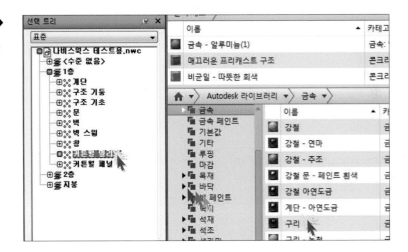

⑥ [Autodesk Rendering] 대화상자 ➜ [문서
재료] ➜ [구리]가 삽입된 것을 확인

⑦ [문서 재료] → [구리] → [슬롯 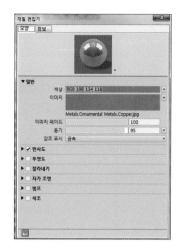] 더블 클릭 → [재질 편집기] → [구리] 재료 편집 가능

⑧ [재질 편집기] → [색상] 클릭 → [청색]으로 변경 → [이미지 페이드 : 50]으로 변경 → 기존 재질의 색상과 청색이 섞임.

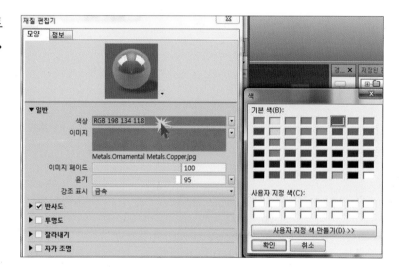

⑨ [재질 편집기] 대화상자 → [일반] → [이미지] → [Metals.Omamental Metals.Copper. jpg] 재료명 클릭

⑩ [재료 편집기 파일 열기] 대화상자에서 사용
　자가 [펭귄] 이미지를 선택 후 [열기] 클릭
　(펭귄 이미지가 없으면 다른 이미지를 선택
　하여도 무방함)

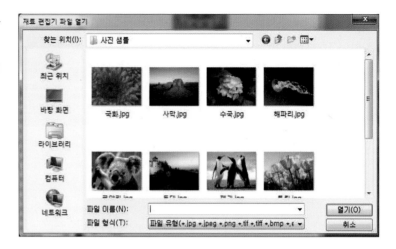

⑪ 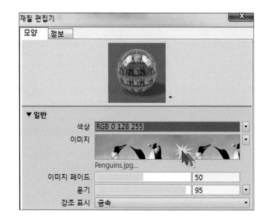 더블 클릭

⑫ [재질 편집기] ➔ [축척] ➔ [폭]과 [높이] 변경
　➔ 상단 미리보기 이미지의 크기 변경 확인

⑬ 변화된 재질이 적용된 [커튼월 멀리언] 확인

📝 6.2 클라우드(Cloud) 렌더링

① [응용프로그램 메뉴] ➔ [열기] ➔ [나비스웍스
테스트용.nwc] 선택 후 [열기] 클릭

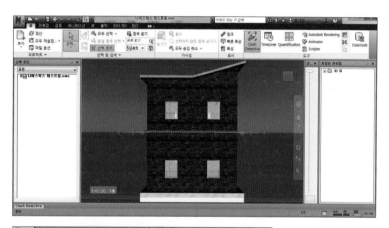

② [렌더] 탭 ➔ [시스템] 패널 ➔ [클라우드 렌더
링] 클릭

③ Autodesk 홈페이지에 가입된 이메일 주소
(ID)와 비밀번호를 입력(본 기능을 이용하
기 위해서는 Autodesk에 가입 필수)

④ [클라우드 렌더링] 대화상자 ➔ [파일 형식 : png] 변경 후 [알파] 체크 ➔ [렌더링 시작] 클릭

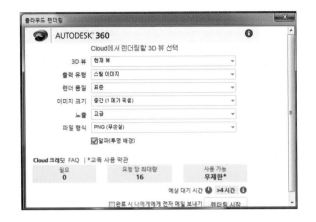

⑤ [클라우드 렌더링] 진행

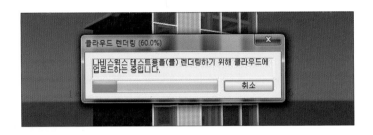

⑥ 화면 우측 상단의 [정보 센터] ➔ [사용자 이메일] ➔ [완료된 렌더링 보기] 클릭

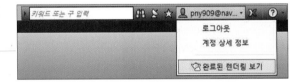

⑦ [Rendering in Autodesk A360] 웹 페이지로 이동 ➔ 렌더링 진행 확인 가능

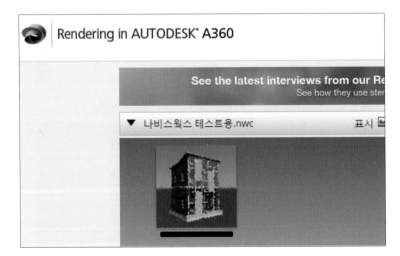

⑧ 렌더링 완료 ➜ [] 클릭 ➜ [이미지 다운
로드] 클릭 ➜ [렌더링 결과 이미지] 다운로드

⑨ 다운로드 된 이미지 확인

✏ 6.3 재질 편집 메뉴의 이해

🔲 재질의 유형과 특성

그림과 같은 재질 특성을 편집하여 구체적
인 재질 효과를 변경할 수 있습니다. 재질의 유
형에 따라 추가 특성을 사용할 수 있습니다.

① 반사

반사는 밝은 객체의 표면에 반사된 장면을 시뮬레이션 합니다. 반사 맵을 제대로 렌더링하려면 재질이 밝아야 하고
반사 이미지 자체의 해상도가 높아야 합니다(최소 512×480 픽셀). 직접 슬라이더 및 기울기 슬라이더는 표면의 반
사 강조 광도 및 반사 수준을 제어합니다.

② 투명도

완전히 투명한 객체는 빛이 통과할 수 있습니다. 1.0에서는 재질이 완전히 투명하고, 0.0에서는 재질이 완전히 불투명합니다. 투명도의 효과는 패턴 배경에서 미리 볼 때 가장 잘 나타납니다.

투명도 값이 0보다 큰 경우에만 투명도 특성 및 굴절 색인 특성을 편집할 수 있습니다. 젖빛 유리와 같은 반투명 객체는 빛을 통과시키지만 일부 빛을 객체 내에서 분산시킵니다. 0.0에서는 재질이 투명하지 않지만 1.0에서는 최대한 투명합니다.

③ 굴절 색인

광선이 재질을 통과할 때 굴절되어 객체 반대쪽의 객체 모양을 왜곡시키는 정도를 제어합니다. 예를 들어 1.0에서는 투명 객체 뒤의 객체가 왜곡되지 않습니다. 1.5에서는 객체가 유리구슬을 통해 보는 것처럼 크게 왜곡됩니다.

④ 잘라내기

잘라내기 맵은 재질을 부분적으로 투명하게 만들어 텍스처의 회색조 해석을 기준으로 절취선 효과를 적용합니다. 잘라내기 매핑에 사용할 이미지 파일을 선택할 수 있습니다. 맵의 밝은 영역은 불투명하게 렌더링 되고 어두운 영역은 투명하게 렌더링 됩니다. 젯빛 또는 반투명 효과에 대한 투명도를 사용하면 반사도가 유지됩니다. 잘라내기 영역은 반사되지 않습니다.

⑤ 자가 조명

자가 조명은 객체의 일부분에 광택을 적용합니다. 예를 들어 광원을 사용하지 않고 네온을 시뮬레이션하려면 0보다 큰 자체 발광 값을 설정하면 됩니다. 다른 객체에는 라이트가 주사되지 않으며 자체 발광 객체는 그림자를 받지 않습니다. 맵의 흰색 영역은 완전히 자체 발광되도록 렌더링 됩니다. 검은색 영역은 자체 발광 없이 렌더링 됩니다. 회색 영역은 회색조 값에 따라 부분적으로 자체 발광되도록 렌더링 됩니다.

⑥ 필터 색상

비춰지는 표면 위에 색상 필터 효과를 작성합니다.

광도는 시뮬레이션 하는 재질이 포토메트릭 광원 내에서 라이트를 받도록 합니다. 이 필드에서 선택한 값에 따라 방사되는 라이트의 양이 결정됩니다. 이 값은 포토메트릭 단위로 측정됩니다. 다른 객체에는 라이트가 주사되지 않습니다. 색상 온도는 자체 발광 색상을 설정합니다.

⑦ 범프

매핑에 사용할 이미지 파일 또는 절차 맵을 선택할 수 있습니다. 범프 매핑은 객체가 고르지 않거나 불규칙한 표면으로 나타나게 합니다. 범프 매핑된 재질이 포함된 객체를 렌더링 할 경우 맵의 밝은(흰색) 영역은 올라온 것처럼 보이고 어두운(검은색) 부분은 내려간 것처럼 보입니다. 이미지에 색상이 있는 경우에는 각 색상의 회색조 값을 사용합니다. 범프 매핑은 렌더링 시간을 상당히 증가시키지만 사실성을 더해줍니다.

표면의 부드러움을 제거하거나 올록볼록하게 보이도록 하려는 경우에 범프 맵을 사용합니다. 그러나 범프 맵은 객체의 프로파일에 영향을 주지 않고 자체 그림자가 될 수 없기 때문에 범프 맵의 깊이 효과는 제한되어 있음을 염두에 둡니다. 표면을 상당히 깊이 있게 하려는 경우에는 모델링 방법을 사용해야 합니다. 범프는 객체를 렌더링하기 전에

면 법선을 섭동하여 작성된 시뮬레이션입니다. 따라서 범프는 범프 매핑된 객체의 윤곽에 나타나지 않습니다. 범프 맵 슬라이더가 울퉁불퉁함의 정도를 조정합니다. 값이 클수록 릴리프가 높게 렌더링 되고 값이 음수이면 릴리프가 반대가 됩니다. 양을 사용하여 범프의 높이를 조정할 수 있습니다. 값이 클수록 릴리프가 높게 렌더링 되고 값이 작을수록 릴리프가 낮게 렌더링 됩니다. 회색조 이미지는 효과적인 범프 맵을 만듭니다.

⑧ 색조

흰색과 혼합된 색상의 색조 및 채도 값을 설정합니다.

❷ 새로운 재질 슬롯 생성

① [Autodesk Rendering] 대화상자 ➜ [문서 재료] ➜ [금속-알루미늄(1)] 클릭 ➜ 마우스 우측 버튼 클릭 후 [세부 메뉴] 펼침 ➜ [복제] 클릭

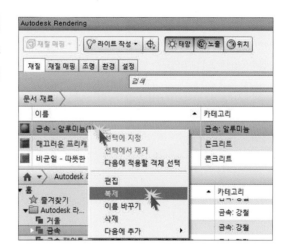

② [금속-알루미늄(2)] 생성

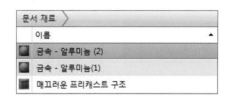

③ [금속-알루미늄(2)] 클릭 ➜ 마우스 우측 버튼 클릭 ➜ [이름 바꾸기] 클릭 ➜ 이름 변경

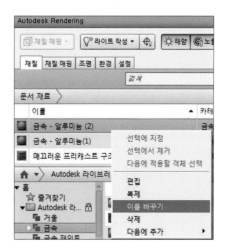

저자 약력

[박남용]

건축공학박사

현) 전문건설공제조합 기술교육원 건축정보설계(BIM)과 전임교수

현) 한국기술교육대학교 능력개발원 건축분야 강사

현) 한국기술교육대학교 온라인평생교육원 건축분야 강사

현) ITGO 건축분야 온라인 콘텐츠 운영강사

현) Autodesk(Autocad, Revit) 국제 공인 강사

현) SketchUp 국제 공인 강사

현) 직업능력개발훈련교사(건축설계감리 · 건축시공 · 건축설비설계)

[안혜진]

미술학석사

현) 서울사이버대학교 건축공간디자인과 겸임교수

현) 서울전문학교 디자인학부 외래교수

현) 그린컴퓨터아카데미 BIM 강사

현) 이엔에스코리아 디자인팀 실장

현) 강서폴리텍대학교 외래교수

현) 직업능력개발훈련교사(건축설계감리 · 디자인 · 문화 컨텐츠 · 영상제작)

예|제|로|쉽|게|따|라|하|는
REVIT & NAVISWORKS

| 공 저 자 | 박남용 · 안혜진

| 초판 1쇄 | 2016년 3월 7일
| 개정 1쇄 | 2021년 3월 5일

| 발 행 인 | 최영민
| 발 행 처 | 피앤피북
| 주   소 | 경기도 파주시 신촌2로 24
| 전   화 | 031-8071-0088
| 팩   스 | 031-942-8688
| 전자우편 | pnpbook@naver.com
| 출판등록 | 2015년 3월 27일
| 등록번호 | 제406-2015-31호

| I S B N | 979-11-91188-00-4 (93540)
| 정   가 | 36,000원